SCHRAMBERG

Dauermagnete, Elektrobleche und Messtechnik

Wilhelm Cassing / Nora Leuning /
Ludger Rensing / Martin Grönefeld /
Sebastian Wältring

Dauermagnete, Elektrobleche und Messtechnik

expert

Bibliografische Information der Deutschen Nationalbibliothek
Die Deutsche Nationalbibliothek verzeichnet diese Publikation in der Deutschen Nationalbibliografie; detaillierte bibliografische Daten sind im Internet über http://dnb.dnb.de abrufbar.

DOI: https://doi.org/10.24053/9783381116928

– Ein Unternehmen der Narr Francke Attempto Verlag GmbH + Co. KG
Dischingerweg 5 · D-72070 Tübingen

Internet: www.expertverlag.de
eMail: info@verlag.expert

Druck: Elanders Waiblingen GmbH

ISBN 978-3-381-11691-1 (Print)
ISBN 978-3-381-11692-8 (ePDF)
ISBN 978-3-381-11693-5 (ePub)

MIX
Papier | Fördert gute Waldnutzung
FSC® C016368

Inhalt

Vorwort

In der heute so hochmodernen Technik der Industrieländer ist einem nicht technisch geschulten Anwender oftmals nicht bekannt, wie etwas im Detail funktioniert. Der ständig zunehmende Einsatz von Elektronik, Sensortechnik und Magnettechnik lässt den funktionalen Zusammenhang oft im Dunkeln. Die Funktion scheint wie von unsichtbaren Kräften, wie von Geisterhand abzulaufen. Magnete haben einen bedeutenden Anteil an dieser Automatisierungstechnik, obwohl wir ihre Funktion kaum bewusst wahrnehmen, da die Feldlinien unsichtbar und im Verborgenen arbeiten.

Dem Leser diese geheimnisvolle Wirkung und Funktionsweise näher zu bringen, ist Aufgabe dieses Buches. Dazu werden die Grundlagen des Magnetismus mit den zughörigen Grundgleichungen, die aktuellen Dauermagnetwerkstoffe, die weichmagnetischen SiFe-Verbindungen in ihrer Wirkung durch das Magnetfeld, die grundlegenden Berechnungen des magnetischen Kreises sowie die Möglichkeiten der Magnetisierung und der dazugehörigen Messtechnik vorgestellt.

Die weitaus größte Stückzahl von Magneten wird in der Automobilindustrie eingesetzt, denn gerade hier ist eine verschleißfreie Messung von Längen und Drehwinkeln unabdingbar. Die innovative Kraft dieser Produktion ist besonders hervorzuheben, sowohl im Investitionsgüterbereich als auch bei der Serienanwendung. Hier sind aktuell die Elektromotoren ein Ansporn zu neuen Entwicklungen.

Neue Werkstoffe und Herstellungsverfahren tragen dem Rechnung. Der zweite große Sektor in der Anwendungstechnik ist die metallverarbeitende Industrie. An dritter Stelle ist die Automatisierungstechnik zu erwähnen, sofern es sich um ferromagnetische Produkte im Handlungsbereich handelt.

Dieses Grundlagenwerk richtet sich an alle Leser, die erste Erfahrungen mit dem Umfeld der Magnettechnik sammeln möchten.

Mein besonderer Dank gilt den Co-Autoren, die maßgeblich zum Gelingen dieses Buches beigetragen haben, sowie dem expert verlag, der das Erscheinen überhaupt erst ermöglicht hat.

Werne, im November 2024 Wilhelm Cassing

1 Grundlagen des Magnetismus

L. Rensing

1.1 Die historische Entwicklung

Erste magnetische Phänomene wurden in China ca. 2000 v. Chr. entdeckt. Dortige Seeleute nutzten schon sehr früh schwimmende Splitter von Magnetit (Fe_3O_4) als Kompass, genannt „Südweiser". Durch die schwimmende Lagerung wurden diese natürlich vorkommenden Dauermagnete bereits mit geringen Kräften in eine Nord-Süd-Richtung ausgelenkt. Die Navigation mit Hilfe eines Kompasses ermöglichte eine Navigation abseits der Küstenlinien oder bei eingeschränkter Sicht. Mit den Kreuzzügen kam die Verwendung des Kompasses nach Europa. Vermutlich haben die Wikinger dieses Prinzip schon lange vorher genutzt. Erst William Gilbert (1544 bis 1603) beschreibt die Erde als Magneten mit zwei Polen. In der Folge wurde es ruhiger um Entdeckungen auf dem Gebiet des Magnetismus. Erst im 19. Jahrhundert befassten sich zahlreiche Forscher und Wissenschaftler mit der damals noch neuen Elektrotechnik. Schnell wurde erkannt, dass ein Zusammenhang zwischen Elektrotechnik und Magnetismus besteht. Im Folgenden eine Auswahl an Personen und deren Entdeckungen.

Im Jahr 1820 entdeckte Hans Christian Ørsted die magnetische Wirkung des elektrischen Stroms. Bei einem Experiment zur Elektrizität bemerkte er eine sich bewegende Kompassnadel, sobald ein Strom durch seine Versuchsapparatur floss.

Jean-Baptiste Biot und Félix Savart formulieren 1820 das Biot-Savart-Gesetz. Es beschreibt das Magnetfeld elektrischer Ladungen.

André-Marie Ampère entdeckte ebenfalls 1820 die Kraftwirkung zwischen zwei stromdurchflossenen Leitern.

1831 erkannte Michel Faraday das mit magnetischen Feldern ein elektrischer Strom generiert werden kann. Er legte die Grundlagen für das Induktionsgesetz.

1833 stellte Emil Lenz die Lenz'sche Regel auf. Diese Regel besagt, dass die Richtung der induzierten Ströme deren Ursache entgegengesetzt ist.

Um 1850 wandte William Thomson (Lord Kelvin) die Thermodynamik auf die kurz zuvor von Faraday gemachten Entdeckungen zum Induktionsgesetz an und beschreibt die Permeabilität und die Suszeptibilität.

1864 veröffentlicht James Clerk Maxwell die nach ihm benannten Maxwellgleichungen. Diese beschreiben den Zusammenhang zwischen elektrischen und magnetischen Feldern und deren Wechselwirkung mit der Materie.

Edwin Hall veröffentlicht 1879 ein Phänomen, bei dem ein stationäres Magnetfeld eine elektrische Spannung quer zur Stromrichtung hervorruft, die nach ihm benannte Hall-Spannung mit dem Hall-Effekt.

Viele weitere Entdeckungen säumten die folgenden Jahre. Hervorzuheben ist die Entdeckung des GMR-Effektes im Jahr 1988 durch Albert Fert und Peter Grünberg.

Erste praktische Anwendungen für den Magnetismus und besonders den Elektromagnetismus wurden mit der Telegrafie geschaffen. Im Jahr 1833 legen Gauß und Weber mit einem Telegrafen die Grundlagen der modernen Telekommunikation.

Unter Anwendung des Induktionsgesetzes nach Michael Faraday entwickelte Werner von Siemens im Jahr 1866 eine erste Dynamomaschine. Bereits 1860 konstruiert Antonio Pacinotti einen Generator, der auch als Motor zu verwenden war.

Mit der Entwicklung der Telegrafie und der Erzeugung von elektrischem Strom durch einen Generator begann in den folgenden Jahren eine rasante Elektrifizierung der Welt. Elektrisches Licht setzte sich durch. Eisenbahnen und Straßenbahnen wurden elektrifiziert. Die Telegrafie und später die Telefonie ermöglicht eine schnelle und direkt Kommunikation über große Entfernungen.

Mit der Entwicklung der ersten Computer wurde Mitte des 20. Jahrhunderts eine neue Tür für den Magnetismus geöffnet. Beginnend bei Ringkernspeichern über die Verwendung der damals schon bekannten magnetischen Bandspeicher bis hin zu Disketten als Speichermedium. Disketten wurden in den folgenden Jahren von Festplattenlaufwerken abgelöst. Die Entdeckung des GMR-Effektes im Jahr 1982 ermöglichte in der Anwendung eine signifikante Erhöhung der Informationsdichte auf einer Festplatte. Erste Festplatten, die den GMR-Effekt nutzten, wurden Ende der 1990er Jahre auf dem Markt gebracht. Diese waren bei gleicher Speicherkapazität deutlich kleiner als vorherige Modelle.

1.2 Die Erzeugung eines Magnetfeldes

Anhand eines stromdurchflossenen Leiters erkannte schon Hans Christian Ørsted im Jahr 1820 seine Wirkung auf eine in der Nähe befindliche Kompassnadel. Dieser stromdurchflossene Leiter ist stets von einem ringförmigen Magnetfeld umgeben. In Abbildung 1 sind die magnetischen Feldlinien durch Eisenfeilspäne sichtbar gemacht worden.

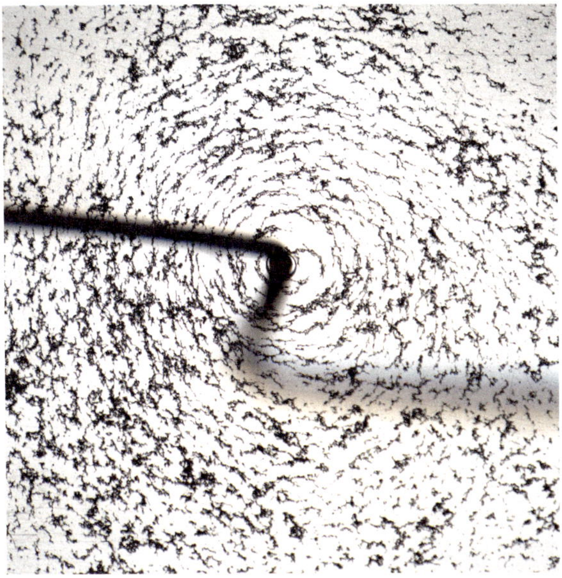

Abb. 1: Magnetfeld um einen stromdurchflossenen Leiter (Maciej J. Mrowinski (https://commons.wikimedia.org/wiki/File:Magnetic_field_around_wire.jpg), https://creativecommons.org/licenses/by-sa/4.0/legalcode)

Die Richtung der Feldlinien kann man sich unter Verwendung der „Rechten-Hand-Regel“ einfach merken. Umfasst man den Leiter mit seiner rechten Hand so, dass der ausgestreckte Daumen in Richtung des Stromflusses (technische Stromrichtung) zeigt, dann zeigen die gekrümmten Finger den Verlauf und die Richtung des Stromflusses.

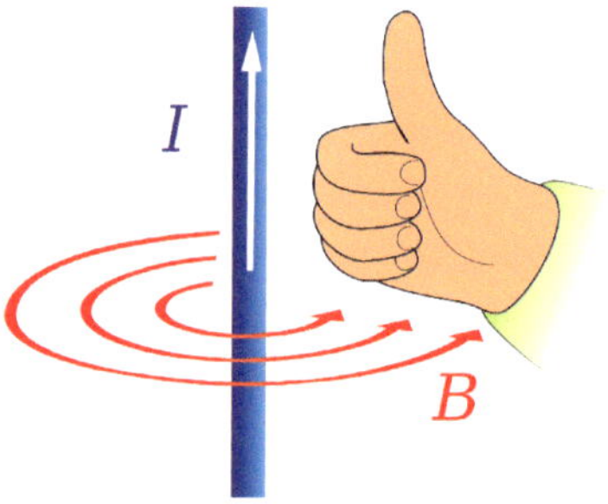

Abb. 2: Rechte-Hand-Regel (Quelle: Jfmelero (https://commons.wikimedia.org/wiki/File:Manoderecha.svg), https://creativecommons.org/licenses/by-sa/4.0/legalcode)

1.3 Das Ampère'sche Gesetz zur Beschreibung des Feldes eines Leiters

Das Magnetfeld eines stromdurchflossenen Leiters wird im Ampère'schen Gesetz beschrieben. Es wird ein Bezug zwischen dem Strom I durch eine Fläche und das dabei erzeugte Magnetfeld $\overrightarrow{B}$ bzw. $\overrightarrow{H}$ geschaffen.

$$\oint_S \vec{B} \cdot d\vec{s} = \mu_0 \cdot I$$

bzw.

$$\oint_S \overrightarrow{H} \cdot d\overrightarrow{s} = I$$

Mit $\mu_0 = 4\pi \cdot 10^{-7} \frac{Vs}{Am}$ als magnetische Permeabilität des Vakuums und $d\overrightarrow{s}$ als ein infinitesimales, orientiertes Teilstück der geschlossenen Kurve S.

Es besagt, dass das magnetische Feld B proportional zum Strom I ist.

1.4 Die elektromagnetische Induktion

Während das Ampère'sche Gesetz die Erzeugung von Magnetfeldern und deren Stärke beschreibt, beschreibt die elektromagnetische Induktion die Erzeugung einer elektrischen Spannung U durch ein sich änderndes Magnetfeld $d\phi$ je Zeiteinheit dt.

$$U = -\frac{d\phi}{dt}$$

In der obigen Schreibweise erkennt man, dass die Höhe der induzierten Spannung proportional zur Änderung des Magnetfeldes und antiproportional von der Zeitdauer der Änderung abhängig ist.

Das Ampère'sche Gesetz und die elektromagnetische Induktion sind die technologische Grundlage aller elektromagnetischen Maschinen.

1.5 Das Feld einer Spule

In den meisten Fällen sind die Magnetfelder eines einzelnen Leiters nicht ausreichend für die jeweilige Anwendung. Wickelt man den Leiter zu einer Spule auf, lassen sich deutlich größere Felder erzeugen. Die Stärke des Feldes ist dabei proportional zur Anzahl der Windungen n und zum Strom I.

$$H = \frac{I \cdot n}{l}$$

bzw.

$$B = \mu_0 \frac{I \cdot n}{l}$$

Mit der magnetischen Durchflutung $\Theta = I \cdot n$ in der Einheit A

In Abbildung 3 sind die Feldlinien einer Zylinderspule dargestellt.

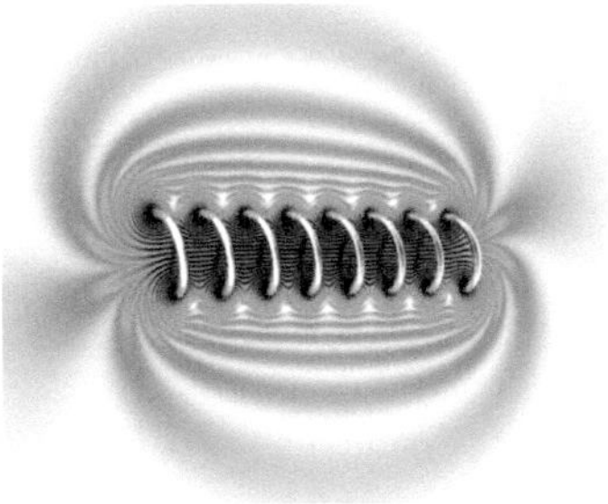

Abb. 3: Magnetfeld einer Zylinderspule

(Quelle: Svjo (https://commons.wikimedia.org/wiki/File:Solenoid-6.jpg), „Solenoid-6“, https://creativecommons.org/licenses/by-sa/3.0/legalcode)

Um die Pollage einer Spule zu bestimmen, kann erneut die Rechte-Hand-Regel angewandt werden. Dabei umfasst die rechte Hand die Spule und die gekrümmten Finger zeigen in Richtung des Stromflusses. Der abgespreizte Daumen zeigt dann in Richtung des Nordpoles der Spule (siehe Abbildung 4).

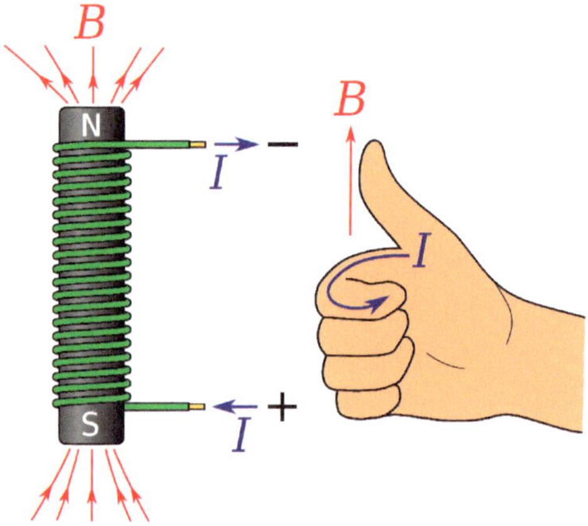

Abb. 4: Rechte-Hand-Regel zur Bestimmung der Pollage (Quelle: anonym (https://commons.wikimedia.org/wiki/File:Coil_right-hand_rule.svg), „Coil right-hand rule“, als gemeinfrei gekennzeichnet, Details auf Wikimedia Commons: https://commons.wikimedia.org/wiki/Template:PD-self)

Neben der Anzahl der Windungen und der Stromstärke kann das Magnetfeld einer Spule auch durch geeignete Materie im Spulenkern beeinflusst werden.

In einer Luftspule bzw. im Vakuum ist nur die relative Permeabilität des Vakuum μ_r zu berücksichtigen:

$$B = \mu_0 \cdot H$$

Befindet sich Materie in der Spule, ist deren relative Permeabilität μ_r zu berücksichtigen. Diese materialspezifische Zahl ist einheitenlos.

$$B = \mu_0 \cdot \mu_r \cdot H$$

Material	μ_r
Nickel	< 1000
Kobalt	< 200
Eisen	< 10.000
Stahl	< 1500

Tab. 1: Ausgewählte relative Permeabilitäten ferritischer Stoffe und Materialien

1.6 Die technische Erzeugung von Magnetfeldern

Unterschiedliche technische Anwendungen erfordern unterschiedlich große Magnetfelder. Die einfachste Form einer Spule mit der Windungszahl eins ist eine Drahtschleife zur Erzeugung kleiner Felder. Mit größerer Windungszahl werden auch die erreichbaren Felder proportional größer. Um die Baulänge oder auch Wicklungslänge zu begrenzen, werden Spulen häufig mehrlagig gewickelt. Eine Sonderform der Spulen sind Helmholtzspulen (s. Abb. 5). Diese werden verwendet zur Erzeugung eines homogenen Feldes in dem Raum zwischen den beiden Spulen. Der Abstand der Spulen ist gleich dem Radius einer Einzelspule. Neben der Erzeugung von Magnetfeldern werden Helmholtzspulen häufig für Messanwendungen verwendet.

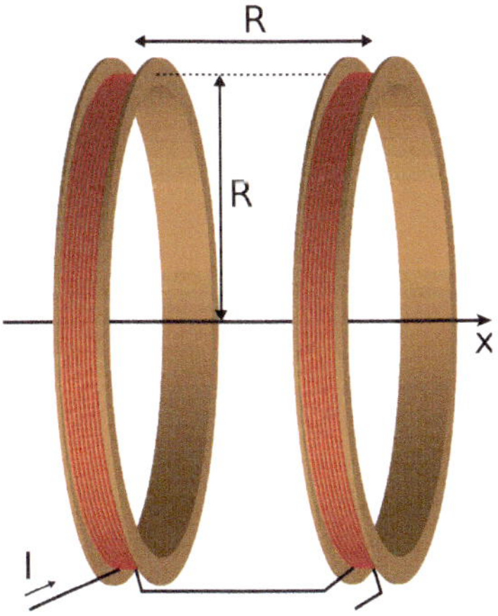

Abb. 5: Helmholtzspulenanordnung (Quelle: Jakob Enevoldsen (https://commons.wikimedia.org/wiki/File:Helmholtz_coil.svg), https://creativecommons.org/licenses/by-sa/4.0/legalcode)

Zur Erzeugung größerer Felder werden Eisenkerne in den Zylinderspulen genutzt. Durch Verwendung von Polschuhen und Spulenkernen aus einer Eisen-Kobalt-Legierung sind Flussdichten bis etwa 2,5 T realisierbar. Weit größere Felder lassen sich mit Spulen aus Supraleitern oder Bittermagneten (Abb. 6) erreichen. Damit sind Flussdichten von über 30T möglich. Allerdings ist bei Supraleitern eine sehr niedrige Temperatur des Leitermaterials erforderlich. Diese beträgt etwa 4K (–273 °C) oder bei metallischen Hochtemperatursupraleitern etwa 77K (–196 °C).

Besonders die Bittermagnete, entwickelt in den 1930er von Francis Bitter, sind heute häufig in Magnetisierspulen im Einsatz. Sie sind aufgebaut aus vielen Lagen Kupferscheiben mit dazwischen liegenden Isolierschichten. Der Strom fließt schraubenförmig durch diese Anordnung. Aufgrund der großen Kupferflächen kann die erzeugte Wärmeenergie sehr gut abgeführt werden.

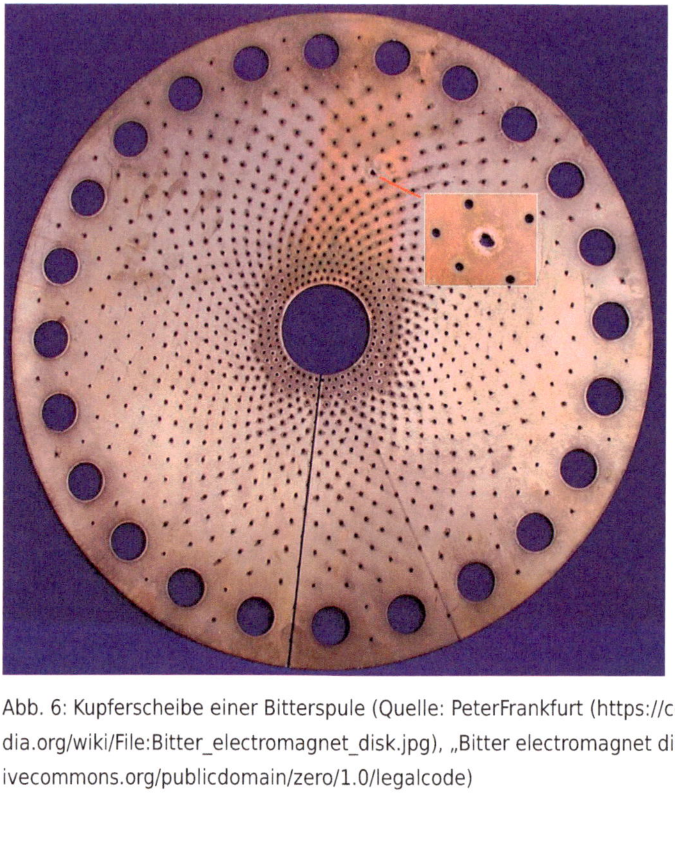

Abb. 6: Kupferscheibe einer Bitterspule (Quelle: PeterFrankfurt (https://commons.wikimedia.org/wiki/File:Bitter_electromagnet_disk.jpg), „Bitter electromagnet disk“, https://creativecommons.org/publicdomain/zero/1.0/legalcode)

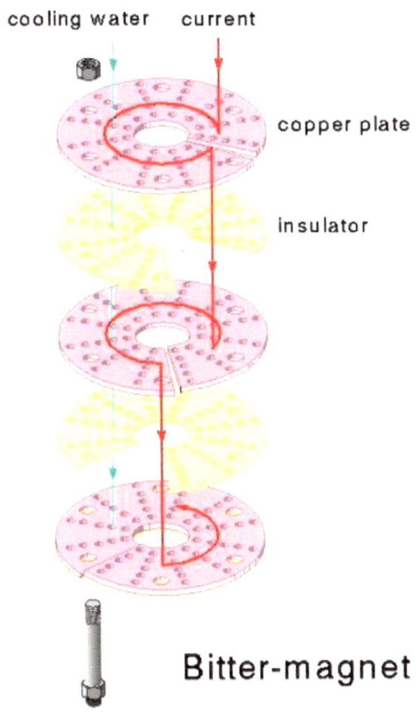

Abb. 7: Schematischer Aufbau eines Bitter-Magneten
(Quelle: High Field Magnet Lab Radboud University Nijmegen (NL), (https://www.ru.nl/hfml/research/bitter-solenoid-magnet-explained/)

1.7 Die Grundlagen des Permanentmagnetismus

Beim Permanentmagnetismus handelt es sich um einen quantenmechanischen Effekt, der z. B. am Atommodel nach Niels Bohr vereinfacht erklärt werden kann. Er beschreibt die Atome mit den negativ geladenen Elektronen (e^-) die den mehrfach positiv geladenen Atomkern (p^+) auf verschiedenen Ebenen (Schalen) umkreisen. Diese bewegten Ladungsträger erzeugen einen Bahnstrom und damit ein eigenes magnetisches Feld (Dipol). Es gelten die Grundsätze des oben beschriebenen Ampère'schen Gesetzes. Die Elektronen rotieren dabei nicht nur um den Atomkern, sondern auch um sich selbst. Diese Eigenrotation, genannt Spin, erzeugt ein eigenes Magnetfeld des Elektrons. Die Drehrichtung des Spins kann zwei unterschiedliche Richtungen annehmen: „Spin up" oder „Spin down". Durch Überlagerung der unterschiedlichen magnetischen Momente aus dem Bahnstrom und den Elektronenspins stellt sich beim Ferromagnetismus ein resultierendes magnetisches Moment des Atoms ein. Zeigen benachbarte Atome ein identisches Verhalten mit einer gleichen Richtung des eigen magnetischen Momentes, ist der permanente Magnetismus auch makroskopisch durch ein magnetisches Moment nachweisbar.

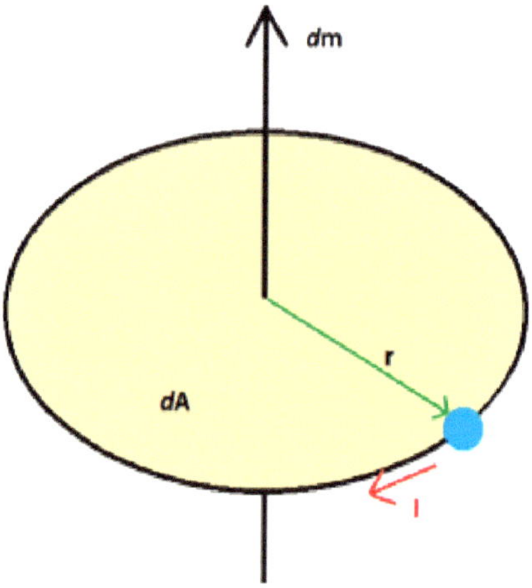

Abb. 8: Schematische Darstellung eines Elektrons auf seiner Bahn (Schale)

1.8 Die Ausprägungen des Magnetismus

Alle Stoffe zeigen ein spezifisches Verhalten im Einfluss eines Magnetfeldes, auch wenn der allgemeine Sprachgebrauch nur zwischen magnetischer und nicht magnetischer Materie unterscheidet. Als magnetisch werden im Allgemeinen nur ferromagnetische und ferrimagnetische Stoffe erkannt. Die „nicht magnetisch" oder „amagnetisch" gekennzeichneten Stoffe, z. B. austenitischer Stahl, zeigen auch ein spezifisches, wenn auch geringes Verhalten in einem Magnetfeld. Bei hinreichend großen Felder oder entsprechend empfindlicher Sensorik ist auch hier ein Effekt messbar.

Zu unterscheiden sind die zwei grundsätzlichen Phänomene des Diamagnetismus und des Paramagnetismus.

Diamagnetismus

Beim Diamagnetismus bildet sich beim Anlegen eines äußeren Feldes ein Magnetfeld im Innern aus. Dieses interne Feld B_i ist dem äußeren Feld B_a

entgegengesetzt und hat das Bestreben die Feldlinien des externen Feldes aus dem inneren Material zu verdrängen.

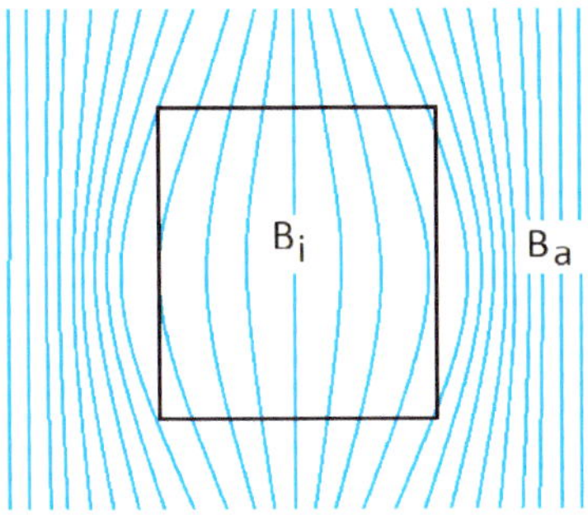

Abb. 9: Diamagnetischer Stoff im B-Feld

Diamagnetische Werkstoff haben eine relative Permeabilität μ_r leicht unterhalb von 1. Lediglich Supraleiter haben zum Zeitpunkt der supraleitenden Eigenschaft ein $\mu_r = 0$. Sie sind dann ideale diamagnetische Werkstoffe und in Ihrem Inneren frei von Magnetfeldern. Lediglich in eine minimale äußere Randschicht kann ein externes Magnetfeld eindringen. Weitere diamagnetische Materialien sind z. B. Kupfer, Gold, Silber und Wasser.

Paramagnetismus

Beim Paramagnetismus bildet sich ein internes Feld in gleicher Richtung zum externen Feld aus. Dadurch wird das externe Feld verstärkt.

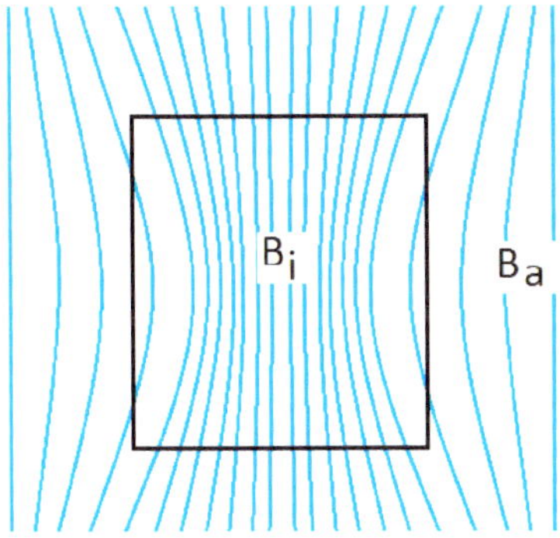

Abb. 10: Paramagnetischer Stoff im B-Feld

Paramagnetische Werkstoff haben eine relative Permeabilität μ_r leicht oberhalb von eins. Paramagnetische Materialien sind z. B. Aluminium, Magnesium und Platin.

Alle anderen magnetische Effekte sind Erscheinungsformen des kollektiven Magnetismus.

Ferromagnetismus

Von großer technischer Bedeutung und zugleich die bekannteste Ausprägung ist der Ferromagnetismus. Dessen Werkstoffe weisen bei Raumtemperatur ein μ_r von deutlich größer 1 bis zu >100.000 auf. Im externen Magnetfeld richten sich alle atomaren Momente parallel zueinander und parallel zum externen Feld aus. Das Feld wird verstärkt und der ferromagnetische Körper erscheint nach außen als Magnet.

Antiferromagnetismus

Beim antiferromagnetischen Stoff zeigen die benachbarten magnetischen Momente auf atomarer Ebene stets in die entgegengesetzte Richtung. Da der Betrag der einzelnen Momente gleich groß ist, heben sich die Momente gegenseitig auf. Das Material erscheint nach außen unmagnetisch.

Ferrimagnetismus

Beim Ferrimagnetismus sind ähnlich wie beim Antiferromagnetismus benachbarte Momente entgegengesetzt. Die einzelnen Momente sind unterschiedlich groß und heben sich dadurch nur unvollständig auf. Dadurch erscheint der Stoff nach außen magnetisch. Diese Form des Magnetismus tritt nicht in einem reinen Stoff, sondern immer nur in Legierungen auf. Ein bekanntes Beispiel ist Magnetit (Magneteisenstein). Es handelt sich dabei um Fe^3O^4. Der Eisenanteil besteht dabei aus Fe^{2+} und Fe^{3+}. Dessen unterschiedliches magnetische Moment heben sich nicht vollständig auf. Der Stoff erscheint makroskopisch als Magnet. Ein bekanntes ferrimagnetische Material sind Hartferritmagnete

Zusammenfassend zeigt die Abb. 11 das grundsätzliche Verhalten von ferromagnetischer (μ_f), paramagnetischer (μ_p) und diamagnetischer (μ_d) Materie in einem Feld H. Es ist als Vergleich die Kurve (μ_0) für das Vakuum mit dargestellt.

Es gilt: $B = \mu_0 \bullet \mu_r \bullet H$

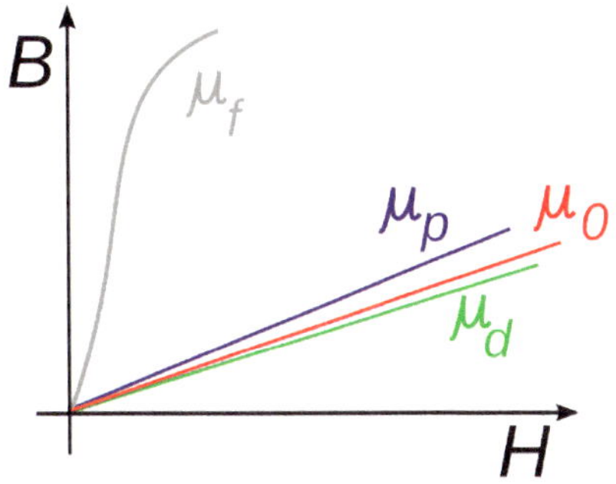

Abb. 11: Vergleich der magnetischen Permeabilität (Quelle: Zureks (https://commons.wikimedia.org/wiki/File:Permeability_by_Zureks.svg), „Permeability by Zureks", als gemeinfrei gekennzeichnet, Details auf Wikimedia Commons: https://commons.wikimedia.org/wiki/Template:PD-self)

1.9 Die magnetische Hysterese B(H)-Kennlinie

Die B(H)-Kennlinie oder auch B(H)-Kurve zeigt das Verhalten von Material in einem externen Magnetfeld. Dieses lässt sich einfach mit einer Spule mit Windungszahl n erklären. In der Mitte der Spule wird eine Hallsonde zur Messung der Flussdichte B positioniert. Befindet sich kein Material bzw. Vakuum in der Spule ist $B = \mu_0 \cdot H$ in A/m bzw. kA/m. Streng genommen gilt dieser Zusammenhang nur für Messungen im Vakuum. Für den täglichen Gebrauch kann bei vielen Betrachtungen das μ_r von Luft als 1 angenommen werden. Dadurch werden Messungen und Berechnungen deutlich vereinfacht. Man sieht das B und H nur durch den Umrechnungsfaktor μ_0 miteinander verbunden sind.

Bestromt man nun die oben beschriebene Spule der Länge l mit einem stetig steigenden Gleichstrom I, so steigt linear zur Feldstärke H auch die Flussdichte B.

$$B = \mu_0 \bullet H \;\; mit \;\; \mu_0 = 4\pi \bullet 10^{-7} Vs/Am$$

$$H = \frac{I \bullet n}{l}$$

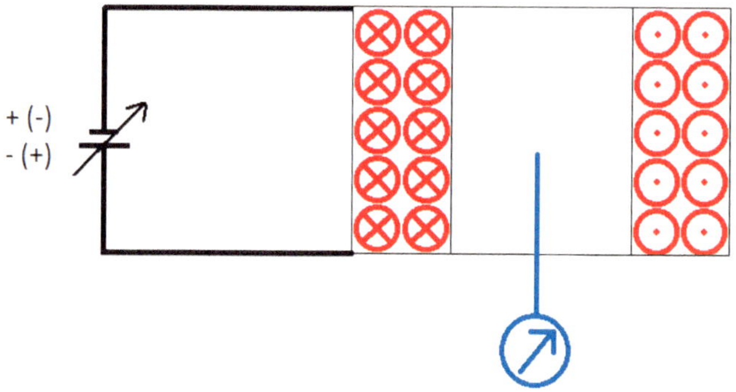

Abb. 12: Luftspule mit Hallsonde an einer veränderbaren Stromquelle

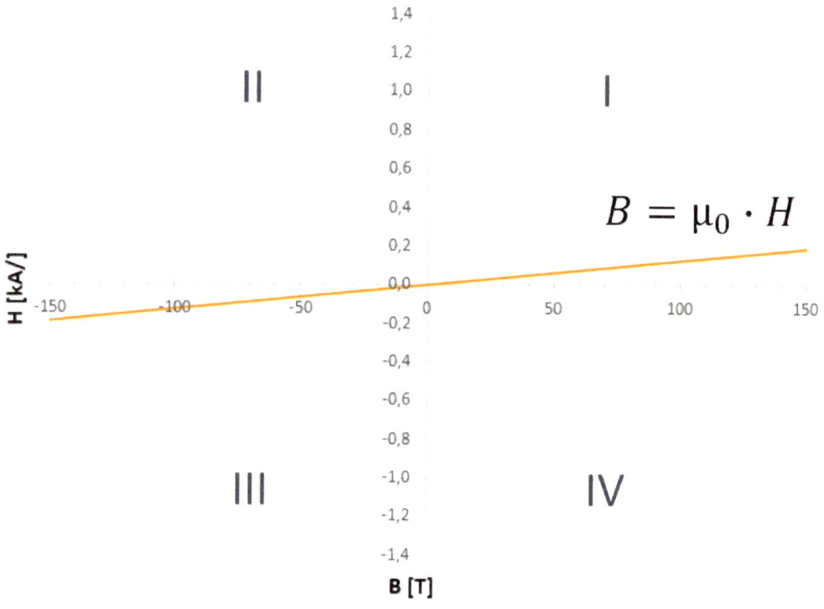

Abb. 13: B(H)-Kurve der Luftspule

In der in Abb. 13 dargestellten Kurve wird dieser lineare Zusammenhang zwischen der Feldstärke H und der Flussdichte B deutlich.

1.10 Die Magnetisierungskennlinie

Wird nun zusätzlich magnetisierbares Material in die Spule gelegt, wie in Abb. 14, zeigt sich ein anderes Verhalten. Dieses Material hat vorher makroskopische unmagnetisiert zu sein.

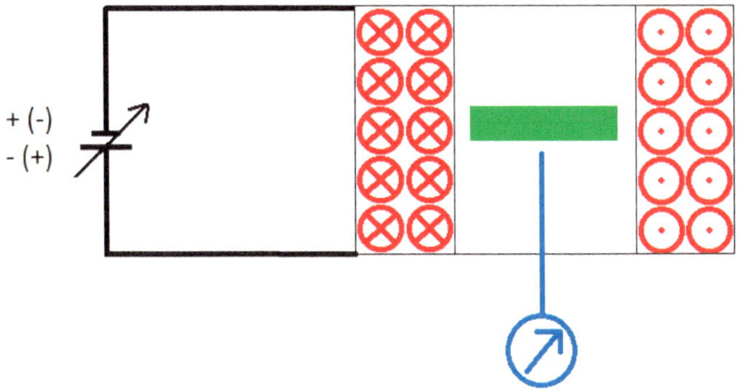

Abb. 14: Spule mit Material und Hallsonde an einer veränderbaren Stromquelle

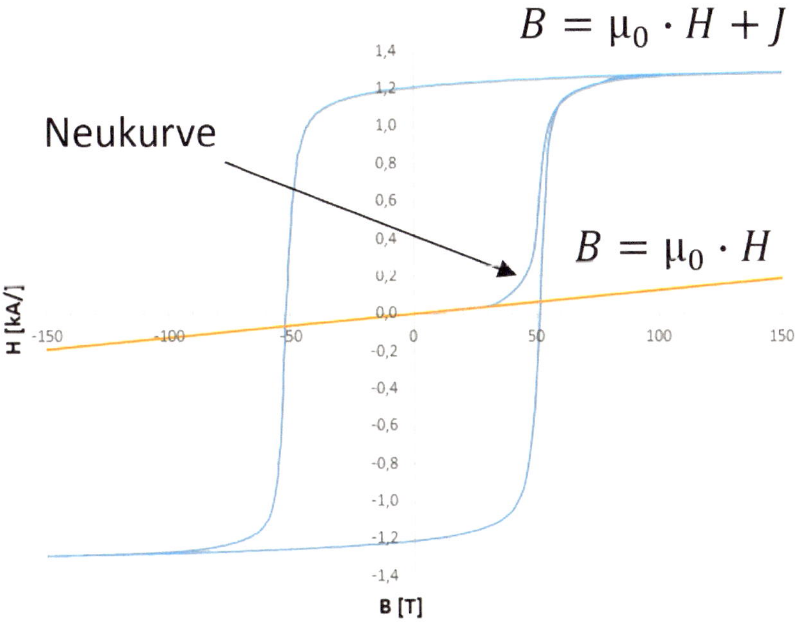

Abb. 15: B(H)-Kurve der Spule mit ferro- oder ferrimagnetischem Material

Wird nun der Strom kontinuierlich erhöht, so ergibt sich eine Kurve wie in Abb. 15 zu sehen. Dort ist die Magnetierungskurve eines Hartferritmagneten dargestellt. Die Flussdichte B folgt zunächst der Vakuumkurve um dann je nach Material steil anzusteigen. Anschließend nähert sich die Kurve einer Linie, parallel zur Vakuumkurve, an. Dieser Bereich der Kurve wird Neukurve genannt und nur bei völlig unmagnetisiertem Material durchlaufen. Folgt die Kurve der parallelen Vakuumkurve, ist das Material magnetisch gesättigt. Dieser erste Quadrant der Magnetisierungskurve wird bei der überwiegenden Anzahl von Dauermagneten nur einmal, beim Magnetisieren durchlaufen. Nach dem Abklingen des externen Feldes, bzw. umkehren der Stromrichtung folgt das Material der Magnetisierungskurve in den 2. Quadranten. Im 2. Quadranten, auch Entmagnetisierungskennlinie genannt, befindet sich der sogenannte Arbeitsbereich von Dauermagneten.

Bei ferromagnetischem Material sind auf kristalliner Ebene die Elementarmagnete in einzelnen Bereichen oder Domänen angeordnet. Diese auch Weiss'sche Bezirke genannten Domänen sind separat betrachtet, magnetisch orientiert. Liegt ein externes Feld an, folgen diese Elementarmagnete dem externen Feld. Sind bei größer werdendem Feld zwei benachbarte Domänen identisch orientiert, verschieben sich die Trennwände zwischen den Domänen. Diese sogenannte Blochwandverschiebung innerhalb einer Domäne erfolgt sprungartig und wird Barkhausen-Sprung genannt. Nimmt man diese Sprünge z. B. induktiv auf, kann man sie hörbar machen als Barhausenrauschen. In der zerstörungsfreien Materialprüfung wird dieses Phänomen technisch verwendet, um Materialgüten und Werkstoffe zweifelsfrei zu unterscheiden.

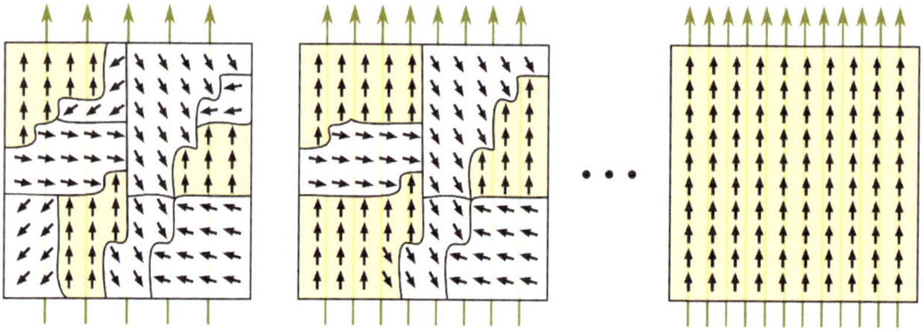

Abb. 16: Weiss'sche Bezirke im externen Feld (Quelle: MikeRun (https://commons.wikimedia.org/wiki/File:Growing-magnetic-domains.svg), https://creativecommons.org/licenses/by-sa/4.0/legalcode)

In der folgenden Abb. 17 schauen wir uns einige markante Punkte im Detail an einem Hartferritmagneten vom Typ HF28/26 an. Da diese Kurve für jeden Magnetwerkstoff und jedes magnetisierbare Material unterschiedlich und damit charakteristisch ist, wird sie auch Magnet- oder Materialkennlinie genannt. Auffällig ist, dass in dem Diagramm in Abb. 15 zwei Kurven dargestellt sind. Die B-Kurve der Flussdichte und die J-Kurve der Polarisation. Die in blau dargestellte B-Kurve zeigt die Flussdichte B über der Feldstärke H. Die in orange dargestellte J-Kurve zeigt nur die Polarisation J des Materials. Es handelt dabei sich um die B-Kurve, reduziert um den Anteil der Luftflussdichte.

$J = B - \mu_0 \cdot H$

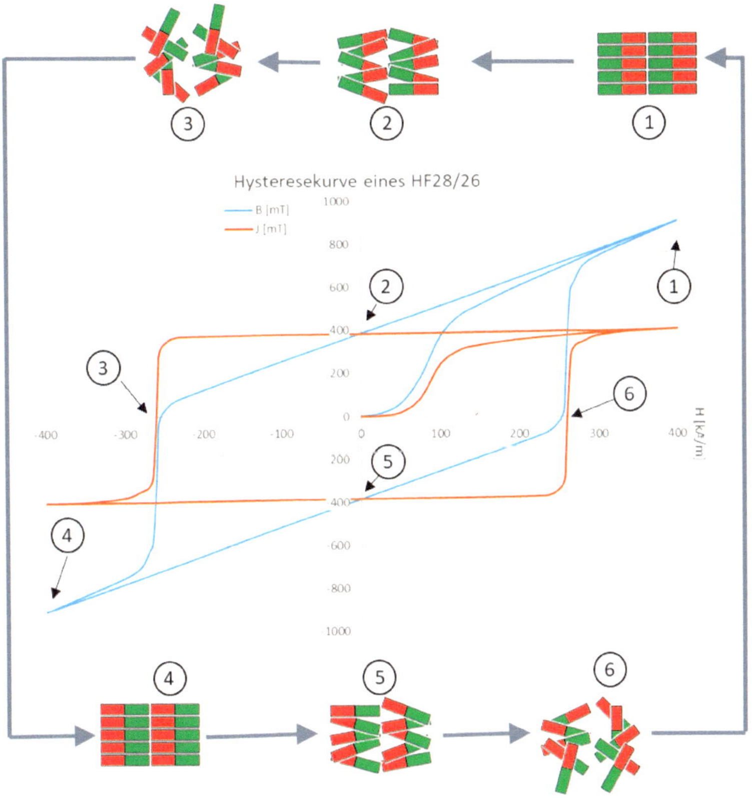

Abb. 17: Magnetisierungskurve eines Hartferrit HF28/26

Punkt 1	$H_{Sät}$	Sättigungsfeldstärke
Punkt 2	B_r	Remanenzflussdichte
Punkt 3	H_c	Koezitivfeldstärke
Punkt 4	s. Punkt 1	
Punkt 5	s. Punkt 2	
Punkt 6	s. Punkt 3	

Tab. 2: Markante Punkte einer Magnetisierungskurve

Beginnt man die Magnetisierung des Magneten im unmagnetisierten Zustand, startet die Kurve im Nullpunkt des Koordinatensystems. Mit größer werdender Feldstärke H richten sich die Elementarmagnete auf mikroskopischer Ebene immer stärker parallel zum externen Feld aus. Die Trennwände zwischen den mikroskopischen Elementarmagneten verschieben sich. Wird die Feldstärke erhöht bis zum Punkt 1, der Sättigungsfeldstärke $H_{Sät}$, sind alle Elementarmagnete ausgerichtet und die Kurve steigt bei weiterer Erhöhung der Feldstärke H nur noch mit $B = \mu_0 \cdot H$. Der Magnet ist vollständig magnetisiert. Verringert man die Feldstärke H bis auf null, erreicht man den Remanenzpunkt B_r (Punkt 2). Bei umgekehrter Stromrichtung oder ausgeschaltetem Strom folgen wir der Kurve weiter in den 2. Quadranten. Dieser 2. Quadrant oder auch Entmagnetisierungskurve beschreibt das Arbeitsumfeld eines jeden Magneten nach erfolgter Magnetisierung. Wird die negative Feldstärke H weiter erhöht (in Richtung -H), knickt die Kurve im sogenannten *Kniepunkt* ab. Bei einer geringfügig höheren negativen Feldstärke H wird im Schnittpunkt mit der Achse der Feldstärke H die Koerzitivfeldstärke (Punkt 3) erreicht. Erreicht die blaue B-Kurve die Koerzitivfeldstärke H_{cb}, ist der Magnet nach außen nicht mehr magnetisch. Erreicht die orange dargestellte J-Kurve diesen Punkt, ist der H_{cj}-Punkt erreicht. In diesem Punkt hat die innere Polarisation J des Magneten null erreicht, der Magnet ist entmagnetisiert bzw. nicht mehr magnetisch.

In Abbildung 17 ist die Magnetisierung anhand eines Hartferritmagneten beschrieben. Dieser wurde aufgrund der einfacheren Darstellung bei einer „breiteren" Kurve gewählt. Selbstverständlich gilt diese Kurve auch für ferromagnetische Werkstoffe, die durch eine deutlich schmalere Kurve charakterisiert sind.

Die folgende Abbildung Abb. 18 zeigt verschiedene weich- und hartmagnetische Werkstoffe. Weichmagnetische Werkstoffe lassen sich bereits bei geringen Feldstärken ummagnetisieren, während hartmagnetische Werkstoffe einen ummagnetisierenden Feld einen gewissen Widerstand entgegenstellen. Die Grenze zwischen diesen beiden großen Gruppen verläuft bei ca. 1 kA/m.

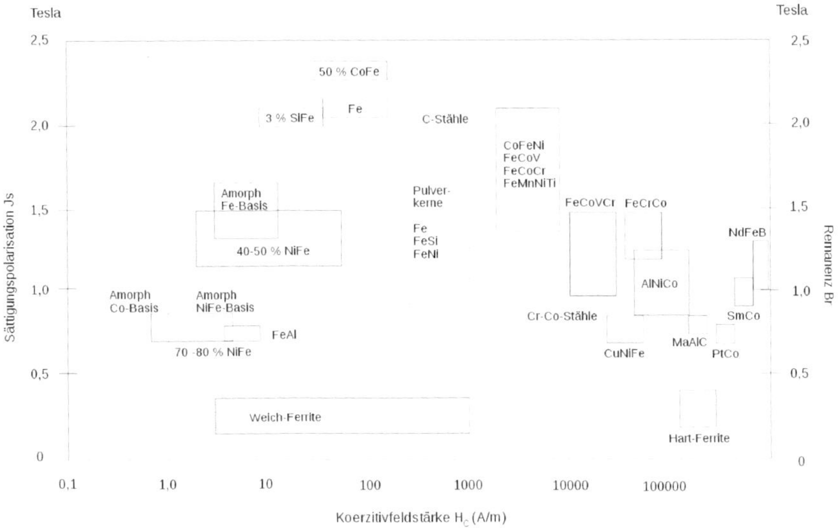

Abb. 18: Remanenz B_r bzw. J_S über die Koerzitivfeldstärke H_c
(Quelle: Andreas 06 - Sprich mit mir (https://de.wikipedia.org/wiki/Datei:Übersicht_Koerzitivfeldstärke.svg), „Übersicht Koerzitivfeldstärke")

1.11 Die Temperaturabhängigkeit der Magnetisierung

Sobald wir magnetisierbares Material und besonders Dauermagnete betrachten, ist die Temperatur in allen Betriebszuständen zu berücksichtigen. Oberhalb der so genannten Curie-Temperatur verändern ferromagnetische und ferrimagnetische Werkstoffe ihr Verhalten. Sie werden zu paramagnetischen Werkstoffen. Dieser Vorgang ist reversibel. Wird die Curie-Temperatur unterschritten, so zeigt sich wieder das ursprüngliche Verhalten. Tabelle 3 zeigt Curie-Temperaturen einiger ausgewählter Werkstoffe.

Werkstoff	Curie Temperatur
Eisen	768 °C
Cobalt	1121 °C
Nickel	360 °C
NdFeB	310 °C
SmCo	720 °C
Hartferrite	450 °C
AlNiCo	800 °C

Tab. 3: Curie-Temperatur ausgewählter Werkstoffe
(Quelle: W. Cassing, K. Kuntze, G. Ross: Dauermagnete: Mess- und Magnetisiertechnik, expert verlag, 2. Auflage 2015)

Kommen Dauermagnete im magnetischen Kreis zum Einsatz, ist neben der Curie-Temperatur die maximale Einsatztemperatur unter Berücksichtigung des magnetischen Kreises maßgeblich. Die maximale Temperatur der Dauermagnete liegt deutlich unterhalb der Curie-Temperatur und begrenzt somit die Maximaltemperatur der gesamten Anwendung. Oberhalb dieser Temperaturgrenze setzt eine irreversible Entmagnetisierung des Magneten ein. Für einige NdFeB-Güten liegt diese Temperatur unterhalb von 100 °C, während SmCo-Magnete auf bis zu 350 °C erwärmt werden dürfen.

2 Dauermagnetische Werkstoffe Herstellungsverfahren, Eigenschaften, Gefahren

Wilhelm Cassing

Die Bedeutung von dauermagnetischen Werkstoffen ist gerade heute in der Zeit der aufstrebenden Elektromobilität von besonderer Bedeutung. Kenntnisse über die Herstellung und Verarbeitungsmöglichkeiten geben Hinweise auf eventuelle Fehlerursachen. Den größten Beitrag zur Auslegung bzw. Optimierung liefert das Wissen um die magnetischen Kennwerte. Hier sind in erster Linie die modernen Werkstoffe, wie die Magnete aus seltenen Erden zu nennen, die jedoch teilweise Probleme in der Beschaffung verursachen und zum Teil kritische Elemente verwenden. Die Versorgungssicherheit mit den notwendigen Elementen sollte im Augenmerk des Entwicklers sein. Nicht zu vergessen sind die Gefahren im Umgang mit den modernen Magnetwerkstoffen aus Seltenen Erden.

Werne, im Januar 2023 Wilhelm Cassing

2.1 Einleitung

Permanentmagnete/Dauermagnete finden durch die neuen Magnetwerkstoffe der Selten-Erd-Gruppe, wie NdFeB (REFeB) und SmCo (RECo), neue Anwendungsfelder und damit weitere Einsatzgebiete. Immer häufiger wird es notwendig, auch für den Laien, Berechnungen von Permanentmagneten und permanentmagnetischen Kreisen zumindest oberflächlich durchzuführen.

Hierbei hat man es in aller Regel nicht nur mit den ‚losen Magneten' zu tun, sondern mit einem Magnetkreis, der in seiner Anwendung oftmals mit einem elektrischen Feld in Wechselwirkung tritt. Die Berechnung von Magnetkreisen soll in diesem Beitrag nicht im Mittelpunkt stehen, sondern die Vermittlung der Kenntnisse über die verschiedenen Magnetwerkstoffe und ihre Kenndaten. Für die Berechnung des Magnetkreises ist auf weiterführende Literatur im Anhang hingewiesen. Lediglich der ‚offene Kreis', wie er bei Sensormagneten weitgehend auftritt, soll näherungsweise behandelt werden.

2.1.1 Das Atommodell

Auf diesem Gebiet leistete N. Bohr Pionierarbeit, der die Funktion der Elektronen erkannte und somit die kleinsten Ladungsträger gefunden hatte. Nach seinem Modell (Schalenmodell mit den Hauptschalen: K, L, M, N, mit den Unterschalen: s, p, d, f etc.) kreisen die negativ geladenen Elektronen (e–) auf kreisförmigen Bahnen um einen mehrfach positiv geladenen Atomkern (p+). Durch diesen ‚Elementarstrom' von e– wird ein magnetisches Feld aufgebaut. Da die e– jedoch nicht nur um den Atomkern kreisen, sondern auch um sich selbst (Eigendrehimpuls) – diese Eigenschaft wird ‚Spin' genannt – entsteht durch das e– selbst ein Magnetfeld (siehe Abb. 1).

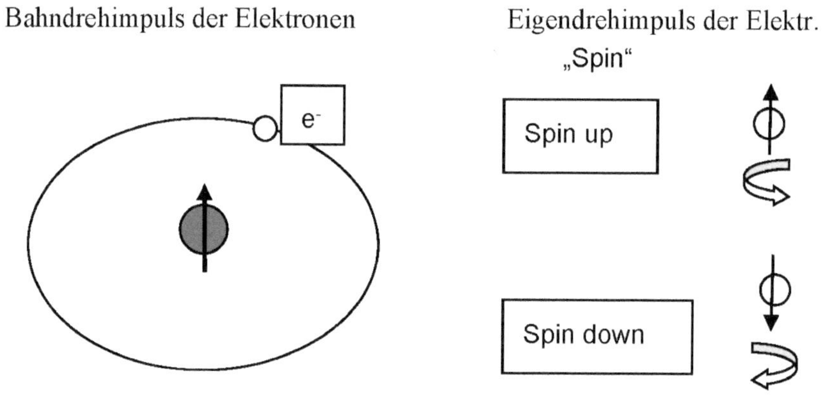

Abb. 1: Darstellung des Bahnmomentes und des Spins der Elektronen

Die e– können sich links oder rechtsherum um sich selbst drehen, womit dann zwei Richtungen des Magnetfeldes möglich sind, nämlich ‚Spin up' und ‚Spin down'. Da sich Magnetfelder überlagern können, entsteht noch eine Spin-Bahnkopplung, einmal durch die Eigenrotation des e– und zum anderen durch die Rotation des e– um den Atomkern. Wenn sich nun alle magnetischen Momente eines Atomkerns kompensieren, so erscheint das Atom nach außen hin neutral. Erst nachdem man diesen Zusammenhang verstanden hatte, konnte man durch die Wahl geeigneter Materialien – die keine abgeschlossenen Atomhüllen besitzen und somit keine Kompensation der einzelnen magnetischen Momente – den Energieinhalt der Dauermagnete steigern.

Die ersten Dauermagnete entstehen mit dem Aufbau der 3d Nebengruppe (Übergangsmetalle). Der weitere Aufbau der Schalen erfolgt nach dem „Pauli-Prinzip“ und der „Hund'schen Regel“, so dass nach der 3d-Schale die 4d-, 4f-, 5d- 5f- Schalen folgen. Diese Ausnahme tritt an drei Stellen im Periodensystem der Elemente auf.

1. Gruppe der ‚Eisenelemente‘ (z. B. Fe, Ni, Cu, Zn, Co, Mn): 3d-Schale
2. Gruppe der ‚Wertelemente‘ (z. B. Pt, Zr, Cd): 4d-Schale
3. Gruppe der ‚Seltenen Erden‘ (z. B. Nd, Pr, Sm, Dy, La): 4f-Schale

Bei diesen Elementen ist durch unvollständigen Schalenaufbau das Gesamtmoment eines Atoms ungleich null.

2.1.2 Zeitliche Entwicklung der Werkstoffe

Von den Anfängen des Magnetismus (Kompass bei den Chinesen) bis ungefähr 1910 hat sich auf dem Gebiet der Werkstoffentwicklung von Dauermagneten nicht viel ereignet.

Zunächst gab es die Kohlenstoff-Stähle, die mit Cr oder W härtbar waren. Es folgten 1917 die Co-haltigen Stähle. Aus dieser Zeit rührt die z. T. heute noch vorhandene Ansicht, den Magnetismus durch Schütteln und Klopfen wieder entfernen zu können. Die zeitliche Entwicklung ab 1900 ist in Abbildung 2 dargestellt.

Die 1933 folgenden AlNi-Legierungen wiesen ebenfalls noch eine geringe Koerzitivfeldstärke auf, was erst 1936-1938 durch Hinzufügen von Co verbessert werden konnte, aber immer noch im Vergleich zu modernen Werkstoffen gering blieb. Der Vorteil dieser Legierungen liegt in dem geringen Temperaturkoeffizienten und in der Einsetzbarkeit bis zu hohen Temperaturen (bis 550 °C).

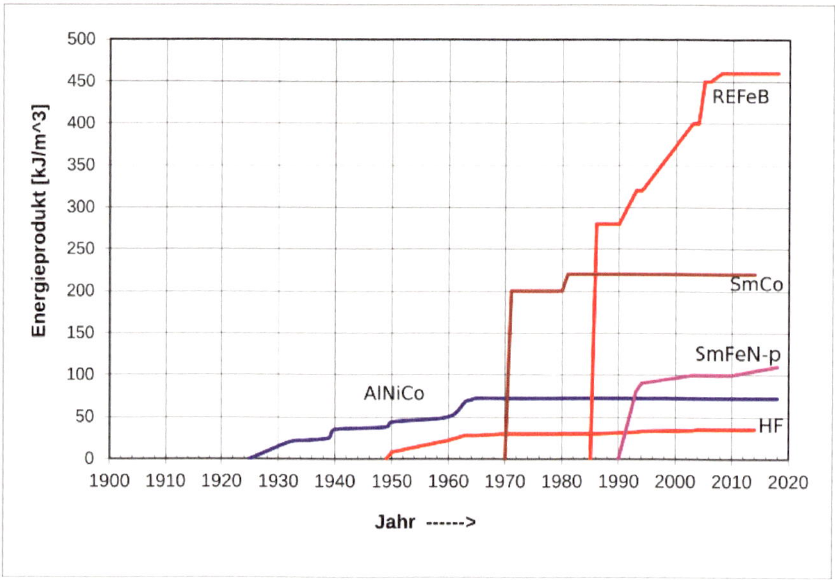

Abb. 2: Entwicklung der Energiedichte der Magnetwerkstoffe seit 1900

Die moderne Zeit des Dauermagnetismus beginnt mit der Einführung der kobalthaltigen Stähle. Von 1930 an entspricht diese etwa einem „exponentiellen" Verlauf, der sich inzwischen wieder linearisiert hat.

Die AlNiCo-Legierungen in Verbindung mit einer speziellen Magnetfeldbehandlung (1940) brachten die ersten deutlichen Verbesserungen, wodurch die Werkstoffentwicklung einen starken Auftrieb erhielt.

Ab 1950 kam Hartferrit (HF) als neuer Werkstoff hinzu, der sich als sehr kostengünstig erwies und durch seinen geringen Preis der Magnettechnik deutlich Vorschub leistete. Durch die erstmals wesentlich höhere Koerzitivfeldstärke konnten neue Anwendungen etabliert werden.

Der nächste Sprung entstand ca. 20 Jahre später, also um 1970, durch Selten-Erd-Verbindungen. Dauermagnete auf der Basis SmCo5 bzw. Sm2 Co17 (oft einfach Samarium-Kobalt genannt) sind heute, gut 50 Jahre nach ihrer ersten Realisierung, fest im Markt etabliert und haben das Spektrum der Anwendungsgebiete außerordentlich bereichert. Neben der Erfüllung der permanenten Forderung, immer kleiner und leichter zu bauen und das bei zusätzlicher Steigerung der Effizienz, sind einige Anwendungsgebiete überhaupt erst möglich geworden.

Hier sei z. B. auf die abstoßende Wirkung gleicher Pole von Magneten hingewiesen in der Anwendung von z. B. linearen Schubkupplungen, die durch die sehr hohen Koerzitivfeldstärken bei diesen Werkstoffen überhaupt erst sinnvoll realisiert werden konnten. Auch hochdynamische Antriebe, bei denen die Dauermagnete einem hohen Gegenfeld ausgesetzt sind, wie z. B. in Werkzeugmaschinen, konnten effizient optimiert werden.

Die Weiterentwicklung der Dauermagnetwerkstoffe um 1983 auf der Basis Neodym-Eisen-Bor (NdFeB) hat diese erfreuliche Tendenz sowohl für den Anwender als auch den Hersteller noch gesteigert. Die Kennwerte dieser Werkstoffgruppe, insbesondere Remanenz Br und maximales Energieprodukt (BH)max, übertreffen diejenigen von SmCo, doch die hervorragenden Eigenschaften sind wohl die (fast) völlige Unabhängigkeit vom strategischen Element Kobalt und die höhere Verfügbarkeit bei niedrigerem Preis/kg. Negativ schlagen die eher mäßige Korrosionsbeständigkeit mit entsprechenden Kosten für den daher meist notwendigen Korrosionsschutz sowie die noch immer unbefriedigend hohe Temperaturabhängigkeit zu Buche.

Nach dieser rasanten Entwicklung stellt sich die Frage nach der Zukunft der Magnetwerkstoffe. Ein Ausblick auf Grund theoretischer Überlegungen wird in Abb. 3 gegeben.

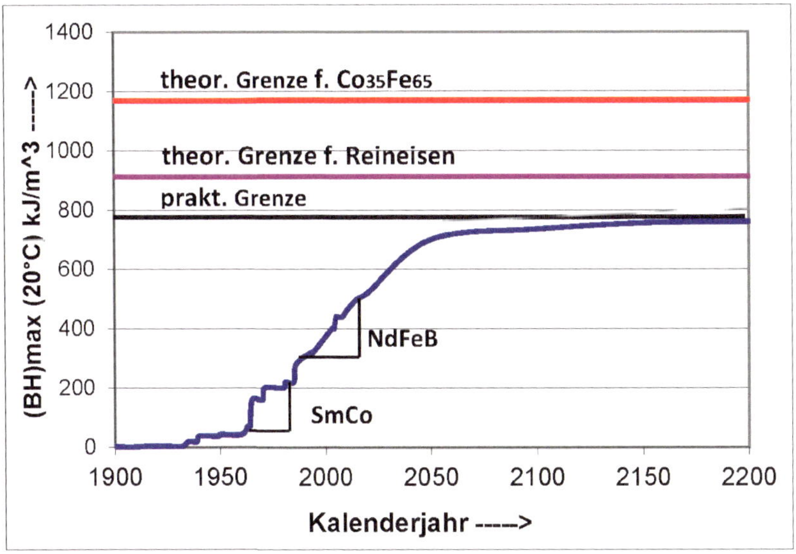

Abb.3: Entwicklung des Energieproduktes im Laufe der Jahre seit 1900

Demnach sind wir auf dem steilen Ast der Entwicklungskurve etwas oberhalb der Mitte angelangt. Es ist also noch Entwicklungspotential vorhanden. Noch oberhalb der theoretischen Grenze liegen Verbindungen, die radioaktiv sind. Diese werden jedoch nicht ernsthaft betrachtet.

2.2 Grundbegriffe

Die magnetischen Grundbegriffe verschaffen den ‚Magnetikern' eine eigene Sprache, die in einer Vielfalt von Abkürzungen und feststehenden Begriffen, Einheiten und leider auch verschiedenen Zahlensystemen begründet ist. Dieses „Durcheinander" macht es für den Einsteiger besonders schwer, einen Zugang zum Magnetismus zu finden. Die unterschiedlichen Einheitensysteme sind oftmals auch noch mit verschiedenen Begriffen für ein und dieselbe Sache besetzt.

2.2.1 Definitionen und Einheiten

Neben den SI-Einheiten (System International, seit 1970 verpflichtend eingeführt) werden noch immer (nicht erlaubt) die Einheiten des Gauß'schen Maßsystems verwendet, welches auch die magnetischen Größen aus dem ‚cgs-System' definiert. In Europa hat man sich inzwischen auf das SI-System verständigt, allerdings herrscht in der übrigen Welt oftmals noch das cgs-System vor. Mutiert wird dieses System noch durch Zoll-Maße (engl.: inch), was häufig zu Verwechslungen führt.

2.2.1.1 Magnetische Feldstärke H in A/m

Am leichtesten fällt der Einstieg bei der Vorstellung einer Spule, so dass einige Größen in Analogie zum elektrischen Kreis verstanden werden können.

Beginnend mit der allgemeinen Form der 1. Maxwell'schen Gleichung bzw. des Ampère'schen Gesetzes (=Durchflutungsgesetz)

$$\oint H dl = \iint_A j dA$$

wird hierdurch der Strom mit dem Magnetfeld verknüpft.

Als ersten Spezialfall betrachten wir das Magnetfeld im Innern einer Ringspule (Toroid) mit dem Radius R, die mit n Windungen bewickelt ist und vom Gleichstrom I durchflossen wird. Dann beträgt die magnetische Feldstärke:

$$\mathbf{H} = \frac{n * I}{2 * R} [A/m]$$

wobei n*I = elektrische Durchflutung Theta Θ in Ampere ist.

Als zweiten Spezialfall betrachten wir die Feldstärke im Innern einer langen Zylinderspule der Länge L, wobei L>>D

$$\mathbf{H} = \frac{n * I}{L} [A/m]$$

Werden diese zwei Spezialfälle auf eine reale Spule mit n Windungen und einer Wickelhöhe Wh angewandt, so ergibt sich

$$\mathbf{H} = \frac{n * I}{\sqrt{\left(Di + \frac{Wh}{2}\right)^2 + L * L}}$$ **[A/m]** in der Spulenmitte, wobei $\mathbf{n * I = \Theta}$

An den Spulenenden ist die Feldstärke ca. 1/3 geringer.

Als dritten Spezialfall kann die Feldstärke H im Abstand R von einem stromdurchflossenen Leiter erwähnt werden, der sehr an den ersten Spezialfall erinnert.

$$\mathbf{H} = \frac{I}{2\pi R} [\mathrm{A/m}]$$

2.2.1.2 Die Feldlinien

Bei den Feldlinien handelt es sich um gedachte Linien, die das Verständnis bzw. die Vorstellung des magnetischen Feldes vereinfachen. Da man das magnetische und auch das elektrische Feld nicht sehen, sondern nur ihre Wechselwirkung auf Stoffe erfassen kann, so sind diese Hilfslinien durchaus nützlich. Aus der Schule kennt man den Versuch mit Eisenfeilspänen, die sich auf eine bestimmte Weise in einem Magnetfeld anordnen. Diese Eisenfeilspäne ordnen sich entlang der gedachten Feldlinien an. Als Beispiel ist in der folgenden Abb. 4 die Anordnung bei einem Stabmagneten dargestellt.

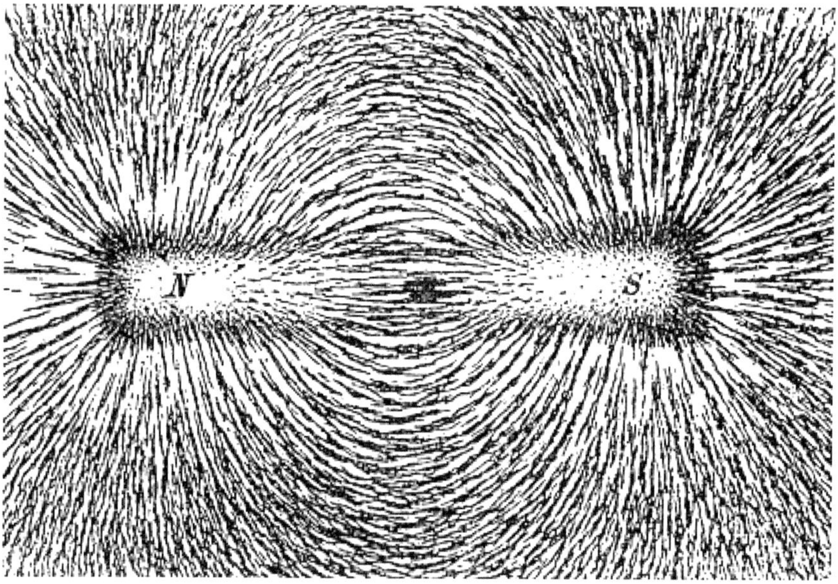

Abb. 4: Anordnung der Feldlinien um einen Stabmagneten
(Bildquelle: www.wikipedia.de)

Die Feldlinien treten aus dem Nordpol aus und in den Südpol wieder ein. Keine Feldlinie geht verloren. In der Mitte bildet sich eine Symmetrielinie quer zur Längsachse aus, so dass man sich hier eine Spiegelebene vorstellen kann, die ‚neutrale Zone'. Auch erkennt man gut, dass die Feldlinien nicht nur am Nordpol austreten, sondern auch im Innern des Stabmagneten parallel längs der Achse vom Süd- zum Nordpol. Die Feldlinien außerhalb des Magneten bezeichnet man auch als den ‚Streufluss'. Die Dichte der Feldlinien ist ein Maß für die Feldstärke oder auch Flussdichte.

Definition:

Für die Richtung der Feldlinien eines Dauermagneten wird festgelegt:

Das Ende eines frei gelagerten Magneten (Kompassnadel), welches zum geographischen Nordpol der Erde zeigt, ist der Nordpol des Magneten. Die positive Zählrichtung des Feldes außerhalb des Magneten ist die vom Nordpol zum Südpol des Magneten. (Im Innern des Magneten ist es folglich diejenige von Süd nach Nord). Daraus ergibt sich, dass dem geographischen

Nordpol des Dauermagneten „Erde" ein magnetischer Südpol und seinem geographischen Südpol ein magnetischer Nordpol zugeordnet ist.

Es gibt keine magnetischen Monopole. Alle Feldlinien sind geschlossen.

Somit weist der magnetische Nordpol eines Dauermagneten (Kompassnadel) auf den Südpol der Erde, der sich neben dem geographischen N-Pol der Erde befindet und nicht ganz stationär ist, sondern wandert. Der Grund dafür befindet sich im Erdinneren, welches durch die ständige Bewegung des Magmas wie ein riesiger Generator wirkt, der sich allerdings nicht statisch verhält.

Macht man die Feldlinien zweier Dauermagnete sichtbar, so sieht man in Abb. 5, linke Abbildung, wie sich die Feldlinien bei 2 Nordpolen, die sich gegenseitig abstoßen, verhalten. In der Abbildung rechts erkennt man das Feldlinienbild von einem Nord- und einem Südpol, die sich gegenseitig anziehen.

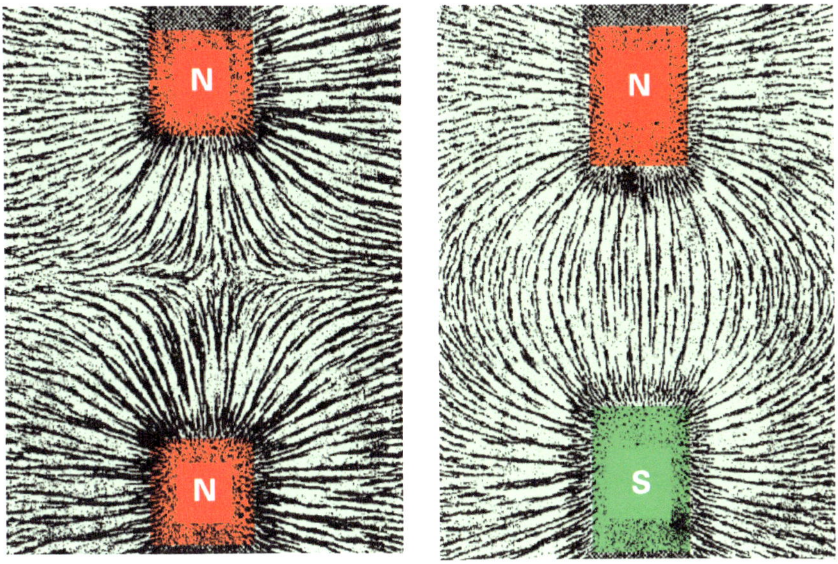

Abb. 5: Feldlinien bei 2 sich abstoßenden Polen (N-N) links im Bild und 2 sich anziehenden Polen (S-N) rechts im Bild (Bildquelle: www.wikipedia.de)

Aus dieser Richtungsabhängigkeit folgen einige Merksätze, z. B. bei einer Spule:

1. So wird die Zuordnung der Feldrichtung (Polarität des Feldes) zu dem verursachenden fließenden Strom bzw. den bewegten Elektronen in Spulen auf kreisförmigen Bahnen durch die sog. Schrauben-, Bohrer- oder Korkenzieher-Regel beschrieben:
   - Denkt man sich in der Spulenachse eine Rechtsschraube in positiver Feldrichtung vorwärts geschraubt, so gibt die dazu notwendige Drehrichtung die Stromrichtung an.
2. Die Betrachtung von Ursache (Strom) und Wirkung (Feld) führt zu einer ersten „Rechte-Hand-Regel":

Umfasst man einen stromdurchflossenen Leiter mit der rechten Hand so, dass der abgespreizte Daumen in die Richtung des Stromes weist, so zeigen die übrigen Finger in Feldrichtung.

3. Eine weitere, oft benutzte „Rechte-Hand-Regel" führt zur Ermittlung der Bewegungsrichtung respektive Kraftrichtung, vorausgesetzt, man ordnet die Ursache Strom (I) dem Daumen und die Wirkung Kraft (F) den Fingern zu:
   - Hält man die rechte Hand so, dass die Feldlinien in die Handfläche eintreten, und bringt man den abgespreizten Daumen in die Richtung des Leiterstromes (der Ursache), so geben die ausgestreckten Finger die Kraft- bzw. Bewegungsrichtung des Leiters (die Wirkung) an.

Diese Regeln sind das Ergebnis des Kreuzproduktes, welches auch als Lorentzkraft bezeichnet wird.

$\vec{F} = q^* \left(\vec{v} \, x \, \vec{B} \right)$ Lorentzkraft mit q=Ladung der Elektronen

Stehen die Bewegungsrichtung der Elektronen und die Richtung des Magnetfeldes senkrecht aufeinander, so wird das Kreuzprodukt zu einem einfachen Produkt, somit zu

F = q * v * B, wobei v senkrecht auf B steht,
ansonsten muss der Winkel α als Sinusfunktion eingefügt werden, also

F = q * v * B* sin(α)

Befindet sich nun ferromagnetisches Material, z. B. Eisen, in der Nähe von einem Dauermagneten, so kommt es zu einer Verbiegung der Feldlinien, da diese vom Eisen angezogen werden (siehe Abb. 6).

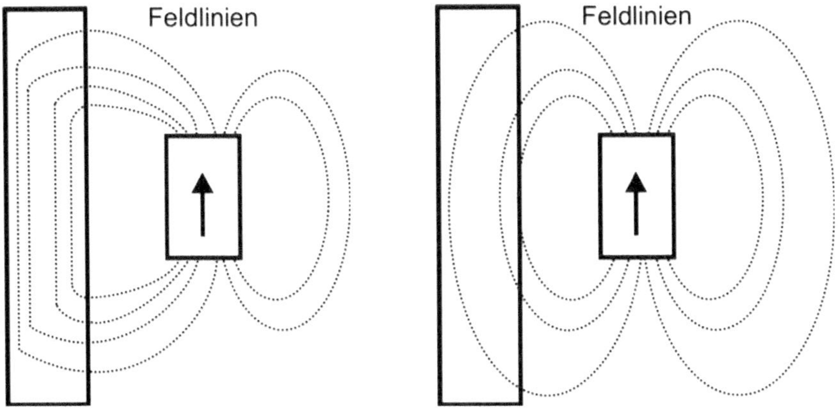

z. B.: Eisen z. B.: Cu, Alu

Abb. 6: Beeinflussung (links) des Verlaufs der Feldlinien bei ferromagnetischem Material, rechts der ungestörte Verlauf der Feldlinien

2.2.1.3 *Magnetischer Fluss* Φ in Weber oder Vs.

Bringt man eine kurze, kleine Spule mit n Windungen senkrecht zu den magnetischen Feldlinien in ein magnetisches Feld oder entfernt sie aus diesem, so entsteht an den Enden der Spule eine elektromotorische Kraft (Spannung), die der Änderung des magnetischen Flusses in der Spule proportional ist (Gesetz von Faraday).

Die hieraus abzuleitende Gesetzmäßigkeit, das sog. Induktionsgesetz, lautet allgemein

$$\oint_{\partial A(t)} \overrightarrow{E} \bullet d\overrightarrow{s} = -\int_{A(t)} \frac{\partial \overrightarrow{B}}{\partial t} d\overrightarrow{A}$$

Hierdurch wird der magnetische Fluss $\phi = B * A$ mit dem elektrischen Feld verknüpft oder etwas spezieller

$\mathbf{U} = -\mathbf{n}\frac{d\phi}{dt}$ (Transformator, Generator)

Der Fluss entspricht damit der Fläche unter einer Kurve in einem Diagramm „induzierte Spannung U als Funktion der Zeit" (also während der Bewegung der Spule). Bei n Windungen ist der Gesamtfluss in der Integralform:

$\int U dt = n * \Phi$ (Flussmessgerät) mit n=Anzahl der Windungen

Die Einheit des magnetischen Flusses ist
1 [Wb] = ein Weber = 1 [Vs] = eine Voltsekunde = 10^8 Maxwell

2.2.1.4 Magnetische Flussdichte B in Tesla

Die magnetische Flussdichte B ist der auf die Flächeneinheit A bezogene magnetische Fluss $\boldsymbol{\phi}$:

$$\mathbf{B} = \frac{\phi}{A}[\mathbf{T}] \text{ oder } [\mathbf{Vs/m^2}]$$

Sie wird auch oft noch unrichtig als ‚Induktion' bezeichnet.
Für inhomogene Felder gilt:

$$\int B\, dA = \Phi = \overrightarrow{B} \cdot \overrightarrow{A} = B^* A\cos(\alpha),$$

wobei α der Winkel zwischen der Richtung der Flussdichte und der Normalen des Flächenelementes dA ist und der Betrag des Vektors A gleich der Fläche A ist.
Dieses ist bei der magnetischen Flussmessung ganz angenehm, da der cos(α) bei kleinem Fehlwinkel nur geringfügig von 1 abweicht und somit nur zu einem kleinen Messfehler führt.

1 [T] = ein Tesla = 1 [Wb/m^2] = 1 Vs/m^2 = 10^4 [G]; G = Gauß.

2.2.1.5 Permeabilität μ in Vs/Am und Suszeptibilität χ

Im Vakuum sind die Flussdichte B und die Feldstärke H am gleichen Feldpunkt zueinander streng proportional:

$$\mathbf{B} = \mu_o * \mathbf{H}$$

$\mu_o = 4\pi * 10^{-7}$ Vs/Am ist die Permeabilität (Durchdringbarkeit, Durchlässigkeit) des Vakuums oder auch die ‚magnetische Feldkonstante', eine der universellen Naturkonstanten.

Es gilt:

$$\mu_o * \varepsilon_o = 1/c^2$$

Befindet sich Materie im Magnetfeld, so bleiben B und H näherungsweise proportional, solange die Feldstärke klein ist und es sich nicht um ferromagnetisches Material handelt. Der Proportionalitätsfaktor μ ändert sich jedoch in Abhängigkeit vom Material und der Feldstärke, so dass

$\mu = \mu o * \mu_r$ wird und damit

$\mathbf{B = \mu * H = \mu_o * \mu_r * H}$

Die relative Permeabilität oder Permeabilitätszahl μ_r ist dimensionslos. Multipliziert mit der Feldkonstanten ergibt sich die Einheit für μ zu: Vs/Am.

(Im Gauß'schen Maßsystem hat μ_o die Einheit G/Oe (Oe = Oersted); μ_o ist hier als = 1 G/Oe definiert und damit = 1). Diese Tatsache macht das Rechnen im cgs-System einfacher, worin der Grund für ein Verharren in diesem ‚alten' Zahlensystem zu sehen ist.

In ferromagnetischen Stoffen ist die Permeabilität von der Feldstärke abhängig und kann hohe Werte erreichen bis über 100000, wobei wir es im dauermagnetischen Bereich mit ‚normalem' Eisen zu tun haben und somit Werte für μ_r von 200 ... 1000 annehmen wollen.

Die Suszeptibilität (Annehmbarkeit, Annahmefähigkeit) χ ist ähnlich definiert wie die relative Permeabilität und ebenso eine Stoffeigenschaft. Sie gibt die Fähigkeit an, magnetisch Feldlinien aufzunehmen.

$\mathbf{\chi = \mu_r - 1}$ somit auch
$\mathbf{B = \mu^*H = \mu_o^*(\chi + 1)\ ^*H}$ oder
$\mathbf{\mu = \mu_o^*(1 + \chi)}$

Ist χ bei einem Stoff kleiner null, also negativ, so versucht dieser Stoff die magnetischen Feldlinien zu verdrängen (z. B. Wasser) und ist somit diamagnetisch. Bei null ist der Stoff magnetisch neutral und bei Werten etwas größer als null wird der Stoff paramagnetisch (z. B. Sauerstoff) und bei Werten >> 1 ist der Stoff ferromagnetisch (Eisen). Ein supraleitender Stoff besitzt ein μ_r von 0 und damit ein χ von -1. Er lässt nicht zu, dass magnetische Feldlinien in ihn eindringen (magnetisches Schweben).

2.2.1.6 Polarisation J, Magnetisierung M, magnetisches Moment m

Die Flussdichte von ferro- oder ferrimagnetischen Stoffen im Feld H setzt sich aus zwei Anteilen zusammen, der dem Feld proportionalen Flussdichte

μ_o * H und der vom Material herrührenden Flussdichte J, Polarisation genannt.

$\mathbf{B = \mu_o{}^*H + J}$ oder auch $\mathbf{J = B - \mu_o * H}$, mit der Einheit
1 Tesla = 1 Vs/m^2

Mit Magnetisierung M bezeichnet man die Größe

$\mathbf{M = J/\mu_o = B/\mu_o - H}$, somit auch $\mathbf{J = \mu_o * M}$

$\mathbf{M = \chi * H}$

Im Gauß'schen Zahlensystem wird also nicht zwischen J und M unterschieden, da μ_o =1 ist, deshalb kann μ_o auch als Umrechnungskonstante zwischen dem ,cgs-System' und SI-System verstanden werden. Die Polarisation J wird auch als das auf die Volumeneinheit bezogene magnetische Moment m oder das magnetische Dipolmoment j bezeichnet:

J=j/V, somit
j=J*V [Vs*m] bzw.
$\mathbf{m = j/\mu_o\ [A^*m^2]}$

(Magnetometer/magnetische Waage, Flussmessung)

in Analogie zu den Großbuchstaben bei der Polarisation J und der Magnetisierung M.

Das magnetische Dipolmoment j (auch ,Coulomb'sche Moment' genannt) ist andererseits auch als die auf die Feldstärke bezogene Arbeit E definiert, die einen Dipol um 90° aus der Feldrichtung auslenkt. Der Unterschied zwischen j und m liegt wieder im μ_o

$\mathbf{m = J * V/ \mu_o}$ $[A^*m^2]$ (Kompass)

Auf diese Weise kann auch die Polarisation J eines Magneten durch die Bestimmung des magnetischen Momentes (mit einer magnetischen Flussmessung) bestimmt werden. Genau genommen gilt das nur für den Arbeitspunkt des Magneten, der jedoch näherungsweise bei Magneten mit einer geraden (linearen) Entmagnetisierungskennlinie mit der Remanenz (B_r) bis auf wenige Prozent identisch ist.

2.2.2 Das B-H-Diagramm

Die Permeabilität μ ist gegeben durch den Zusammenhang

$B = \mu H \quad \text{mit} \quad \mu = \mu_o (1 + \chi)$

Der Zusammenhang von μ_o*H lässt sich am einfachsten an einer Spule darstellen.

Die Spule hat n Windungen und in ihrer Mitte einen Hallsensor, der die Flussdichte B – mit einer Axialsonde – misst.

Wird nun eine Spannung bzw. ein Strom durch die Spule geschickt, so steigt mit dem Strom auch proportional die Flussdichte B.

Siehe hierzu Abb. 7.

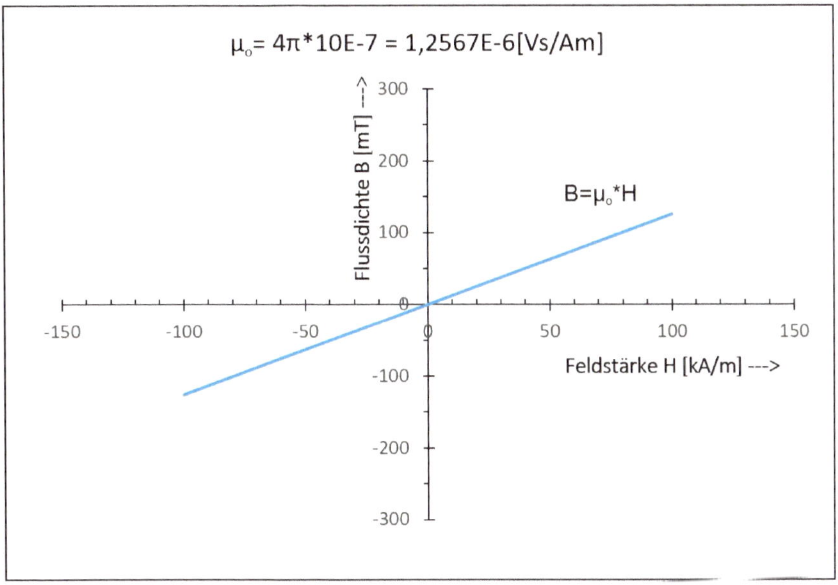

Abb. 7: Die Flussdichte im Innern einer Zylinderspule entspricht einer Geraden mit der Steigung von μ_o

2.2.2.1 Magnetisierungskennlinie

Wird zusätzlich ein magnetischer Werkstoff in die Spulenmitte gelegt, der zunächst unmagnetisch ist, so ergibt sich ein zusätzlicher Beitrag zur Flussdichte. In Abb. 8 ist dieser Fall dargestellt. Der erste Quadrant zeigt den Zusammenhang beim Magnetisieren, somit die Magnetisierungskennlinie. Hierzu gehört die Neukurve, auch ‚jungfräuliche Kurve' genannt, wenn der Magnet zum ersten Mal magnetisiert wird. Die Sättigungspolarisation wird erreicht bei der Feldstärke $H_{Sät}$. Bei dieser Feldstärke ist die gesamte Materie vollständig ausgerichtet. Danach wird wieder der lineare Zusammenhang zwischen magnetischer Flussdichte und Feldstärke deutlich. Wird dieser Anteil μ_0 H von der B(H)-Kurve abgezogen, so verbleibt als Differenz die magnetische Polarisation J.

Laut Definition ist ein Magnet erst dann ein Magnet, wenn er magnetisiert vorliegt. Vorher handelt es sich um einen magnetischen Werkstoff.

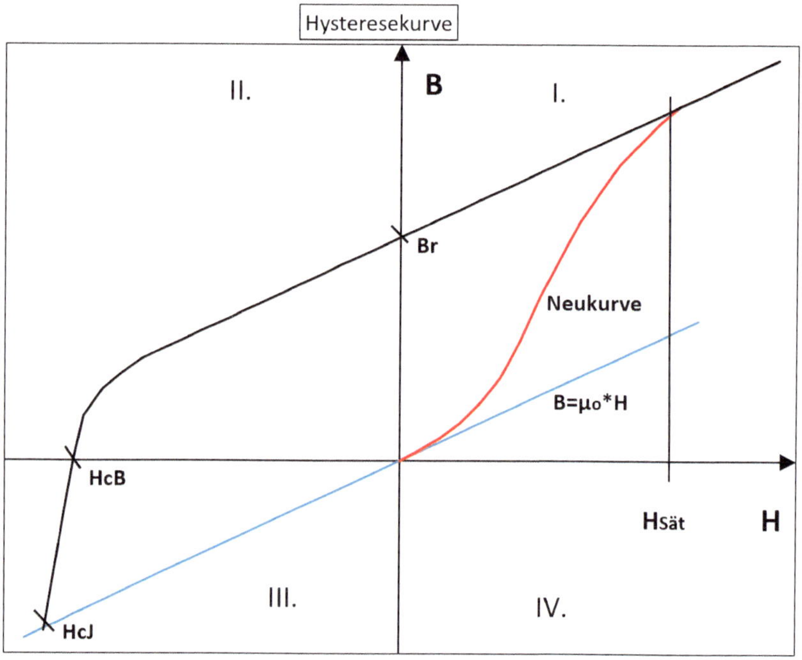

Abb. 8: Teil der Hystereseschleife eines Dauermagneten

2.2.2.2 Entmagnetisierungskennlinie

Wird die Feldstärke nun wieder reduziert bis null, so verbleibt eine Flussdichte im Nullpunkt, die mit B_r bezeichnet wird, der Remanenz des Magneten. Kehrt sich das Vorzeichen des Stromflusses um, so gelangt man in den zweiten Quadranten.

Im 2. und 3. Quadranten ist die Entmagnetisierungskennlinie dargestellt. Die Flussdichte nimmt mit zunehmenden entmagnetisierenden Feldstärken ab. Damit wird B(H) überproportional kleiner. Die Feldstärke, bei der B (H) = 0 wird, nennt man **Koerzitivfeldstärke der Flussdichte** H_{CB} . Dieses ist der Punkt, an dem keine Feldlinien mehr aus dem Magneten austreten, wohl aber noch Feldlinien im Innern des Magneten vorhanden sind. Der Magnetwerkstoff ist erst bei der Koerzitivfeldstärke der Polarisation HCJ vollständig entmagnetisiert. Die Maßeinheit für die Feldstärke ist Ampere/Meter.

1 kA/m = 10 A/cm = 12,56 Oersted.

Um den Magnetwerkstoff vollständig zu magnetisieren, reicht es nicht, wie oft fälschlicherweise geglaubt, die Koerzitivfeldstärke H_{CJ} anzulegen. Zwar ist gemäß der Entmagnetisierungskennlinie der Magnetwerkstoff bei dieser Feldstärke vollständig entmagnetisiert, allerdings gilt der Umkehrschluss für die Magnetisierung nicht, da hierfür die Sättigungsfeldstärke $H_{Sät}$ maßgebend ist.

Für die Berechnung des magnetischen Kreises ist der 2. Quadrant interessant, der eigentliche ‚**Arbeitsbereich**‘ des Magneten, da das Feld des Luftspaltes und die Streuflüsse wie entmagnetisierende Felder wirken. Darüber hinaus ist die Abhängigkeit von der Geometrie des Permanentmagneten zu beachten.

Das maximale Energieprodukt $(BH)_{max}$ ist der Punkt unter der Entmagnetisierungskurve, bei welchem die rechteckige Fläche maximal wird. Das ist ca. bei der halben Remanenz der Fall. Dieses ist ein für die Entwurfsrechnung wichtiger Punkt der Entmagnetisierungskennlinie, da er angibt, welche Energie maximal aus dem Magneten zu erzielen ist. Ob der Magnet tatsächlich in diesem Punkt arbeitet, wird durch andere Umstände festgelegt. Es ist ebenfalls ein werkstoffspezifischer Kennwert.

Eine andere Darstellung des $(BH)_{max}$ ist durch die Kurven konstanter magnetischer Energiedichte gegeben (B*H = konstant). Dieses sind Hyperbeln im 2. Quadranten. Der Berührungspunkt zwischen der Entmagnetisierungskurve und der Hyperbel ist dann der $(BH)_{max}$-Punkt. Die Darstellung mittels Hyperbeln findet heute kaum noch Anwendung, da die Entmagnetisierungskennlinie elektronisch und digital erfasst wird. Dadurch kann der Punkt der max. Energie unmittelbar während des Messverfahrens festgestellt werden.

2.2.2.3 Die Arbeitsgerade und der Arbeitspunkt

In Abb. 9 ist durch den Punkt P2 der angenommene maximale Entregungszustand auf der Entmagnetisierungskennlinie dargestellt, somit die max. Belastung, der der Magnet jemals ausgesetzt wird (Stabilisierungspunkt). Die Zustandsgerade wird durch den **Permanenzwert** B_p und die eingeprägte Feldstärke H_e festgelegt. Gerade bei den modernen Werkstoffen gilt eine nahezu lineare Kennlinie in diesem Bereich, so dass die Entmagnetisierungskennlinie mit der Zustandsgeraden nahezu gleichgesetzt werden kann. Die Steigung dieser Geraden wird mit μ_p oder μ_{rev} gekennzeichnet.

Der Remanenzwert B_r wird messtechnisch festgestellt, indem der Magnet zunächst in den 1. Quadranten gefahren wird, also in Magnetisierungsrichtung. Dann wird der ‚unterstützende Strom' auf null reduziert und schließlich umgepolt und in Gegenrichtung erhöht. Dabei wird datentechnisch B_r ermittelt, wohlgemerkt aus dem 1. Quadranten kommend. Dieser Zustand wird im ‚Leben' des Magneten wohl nicht mehr vorkommen, denn er arbeitet im 2. Quadranten. Ein gewisser Verlust im Br durch weichmagnetische Anteile im Material und Verunreinigungen oder mechanischer Stress (Rissbildung) reduzieren das B_r, weshalb zur Berechnung das B_p, also die Permanenz herangezogen wird.

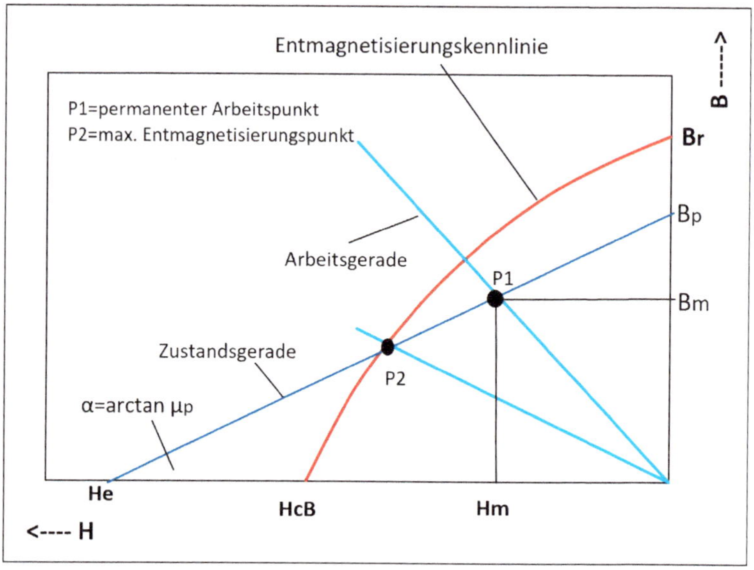

Abb. 9: Die Entmagnetisierungskennlinie im 2. Quadranten

Bei modernen Werkstoffen sollte für B_p ein Wert angesetzt werden, der 3-5 % niedriger als das B_r liegt. In den Werkstofftabellen wird der B_r-Wert bei Raumtemperatur angegeben.

Zumindest im ‚Arbeitsbereich' des Magneten ist von einer linearen Kennlinie auszugehen, denn ein Abknicken vom linearen Verlauf bedeutet immer eine irreversible Schwächung des Magneten und damit einen Verlust in der magnetischen Leistung. Bis auf AlNiCo-Werkstoffe trifft diese Näherung immer zu. Mathematisch reduziert sich die Berechnung somit auf Geradengleichungen und deren Schnittpunkte. Somit beträgt die Flussdichte im Magneten

$\mathbf{B_M} = \mathbf{B_p} - \mu_\mathbf{p} * \mathbf{H_M}$ mit $\mu_p = B_p / H_e$ wobei $\mu_p = \mu_o * \mu_{rev}$ ist

oder $\mathbf{B_M}/\mathbf{H_M} = \mathbf{B_p}/\mathbf{H_M} - \mu_\mathbf{p} =- \lambda$, die Steigung der Arbeitsgeraden

Die Steigung der Zustandsgeraden μ_p entspricht in etwa der Steigung der Entmagnetisierungskennlinie im Remanenzpunkt B_r. Im Groben kann man sagen, dass die Steigung μ_p immer etwas größer als 1 ist und im Bereich von 1,05 bis 1,15 liegt, oder anders formuliert, dass sie um 5 % bis 15 % – je nach Werkstoff – über der nicht zu berücksichtigenden 1 liegt, wodurch eine überschlägige Abschätzung besonders einfach wird (Ausnahme: AlNiCo-Werkstoffe).

2.2.2.4 Entmagnetisierungskennlinie verschiedener magnetischer Werkstoffe

Mit der Vielzahl der heute verfügbaren magnetischen Werkstoffe ließe sich der 2.Quadrant nahezu vollständig füllen. Um die Verwirrung nicht allzu groß werden zu lassen, wollen wir uns im Folgenden auf die heute noch gebräuchlichen Werkstoffe beschränken.

In Abb. 10 sind die Entmagnetisierungskennlinien einiger Magnetwerkstoffe angegeben. Man erkennt deutlich den linearen Zusammenhang im 2. Quadranten mit Ausnahme der AlNiCo-Werkstoffe

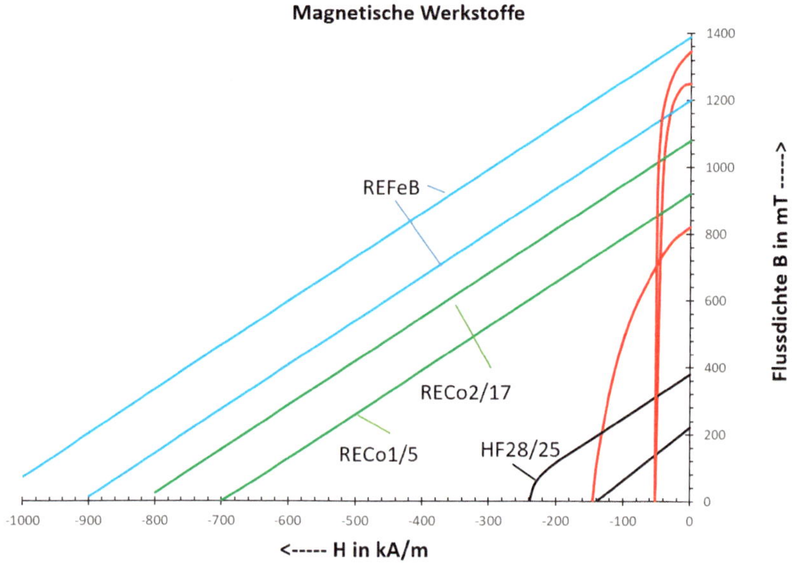

Abb. 10: Entmagnetisierungskurven verschiedener Magnetwerkstoffe
rot=AlNiCo-Werkstoffe, sw=HF-Werkstoffe, grün=SmCo, bl=REFeB

2.2.2.5 Fremdfeldeinfluss und Stabilisierung

Als Beispiel einer Fremdfeldeinwirkung ist in Abb. 11 die Stabilisierung eines Dauermagneten durch ein abklingendes Wechselfeld mit der maximalen Feldstärkeamplitude HG dargestellt. Dieser Vorgang wird insbesondere bei AlNiCo-Magneten durchgeführt, um eine bestimmte Stärke des Magneten und damit des Magnetsystems einzustellen.

Beispiel:

FI-Schutzschalter.

In diesem Fall wird der Magnet so lange geschwächt, bis der Schutzschalter zum vorgegebenen Fehlerstrom auslöst.

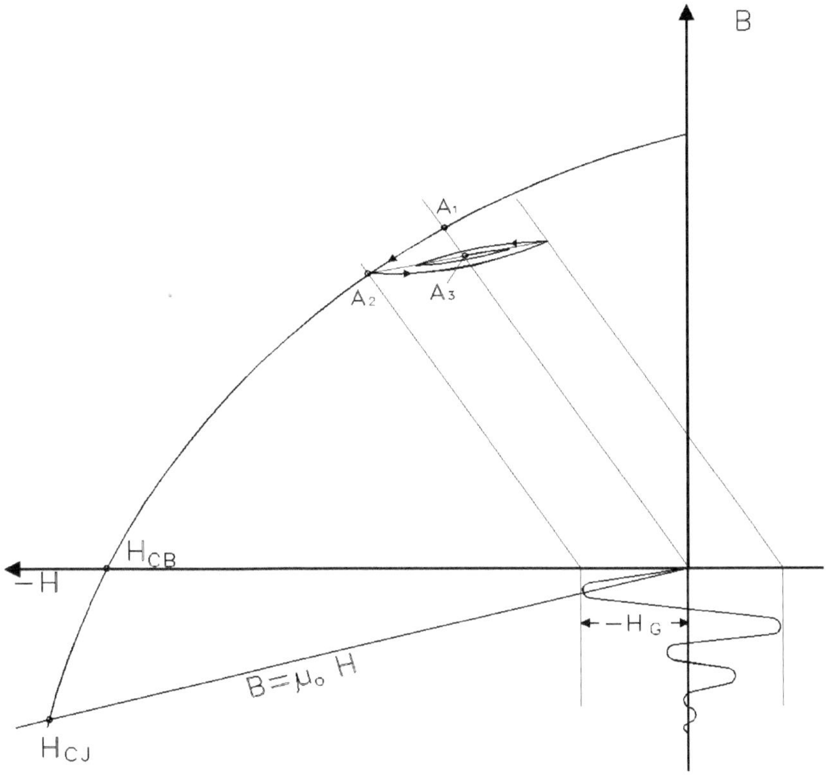

Abb. 11: Stabilisierung des Magnetisierungszustandes von Dauermagneten durch ein Wechselfeld der Gegenfeldstärke H_G

2.2.2.6 Die Nomenklatur

Die Magnetwerkstoffe lassen sich leicht an ihrer Nomenklatur erkennen, soweit sich die Hersteller an die internationalen Normen halten und auf Eigennamen verzichten. So wird der Werkstoff vorangestellt, wie AlNiCo für Magnete aus **Al**uminium, **Ni**ckel, **Ko**balt oder HF für **H**art**f**erritwerkstoffe, SmCo für Werkstoffe auf der Basis von Samarium und Kobalt und letztendlich NdFeB für Magnete aus Neodym, Eisen und Bor.

Genannt werden nur die Hauptbestandteile des Magneten, geringfügige Anteile finden keine Erwähnung. Als zweites folgen 2 Zahlen, welche durch einen Schrägstrich getrennt sind. Die erste Zahl kennzeichnet das maximale

Energieprodukt $(BH)_{max}$ in kJ/m^3 und die zweite Zahl entspricht der durch 10 geteilten Koerzitivfeldstärke in kA/m.

Neuerdings werden die Werkstoffe **SmCo** und **NdFeB** auch als **RECo** und **REFeB** bezeichnet, wobei die Bezeichnung ‚RE' für ‚rare earth' steht, also Selten-Erd-Werkstoff. Der Ersatz der Bezeichnung Sm und Nd durch RE hat den Hintergrund, dass nicht mehr nur die Werkstoffe Sm oder Nd, sondern Verbindungen mit anderen Selten-Erd-Metallen eingesetzt werden, wie Pr (Präsodym) und andere. Diese ‚neue' Bezeichnung wollen wir zukünftig auch verwenden.

Beispiel: Ein HF28/26 ist ein Hartferritmagnet mit einem $(BH)_{max}$ von 28 kJ/m^3 und einer Koerzitivfeldstärke H_{cJ} von 260 kA/m.

2.3 Die aktuellen Magnetwerkstoffe

Bereits heute existiert eine breite Palette von Magnetwerkstoffen, so dass für jeden Einsatzfall ein geeigneter Werkstoff zur Verfügung steht. Die Vielzahl der Werkstoffe hat natürlich auch eine Produktbereinigung hervorgerufen, so dass wir uns heute auf folgende Werkstoffe beschränken können. Die Auflistung erfolgt in der Reihenfolge ihres Erscheinens am Markt.

2.3.1 AlNiCo-Werkstoffe

Dieser Werkstoff gehört zu den ältesten und hat auch heute noch seine Berechtigung. Die hohe Temperaturbeständigkeit und der kleine Temperaturkoeffizient machen diesen Werkstoff bei seiner leichten Magnetisierbarkeit für verschiedene Anwendungen auch heute noch interessant, insbesondere in der Messtechnik.

2.3.1.1 Die Zusammensetzung

Dieses Material setzt sich zusammen aus Aluminium (6–11 %), Nickel (15–23 %), Kobalt (15–35 %), Kupfer (2–6 %), Titan (0–9 %), Niob (0–3 %). Rest Eisen. AlNiCo-Magnete besitzen eine Kristallanisotropie. D. h., dass eine Vorzugsrichtung bereits stoffbedingt vorliegt, und zwar dadurch, dass die Geometrie der Einzelkristalle einer Ellipsenform ähnelt. Man spricht auch von stengelkristallinem Material bei der gießtechnisch hergestellten Version.

Bei der sintertechnischen Herstellung erfolgt die magnetische Ausrichtung der einzelnen Kristalle beim Pressvorgang durch ein Magnetfeld. Entfällt das Magnetfeld beim Pressen, so entsteht isotropes Material. Durch die genaue Einstellung dieser Mehrstofflegierung lassen sich die magnetischen Eigenschaften in weiten Grenzen einstellen.

2.3.1.2 Der Herstellungsprozess

Für diesen Werkstoff gibt es zwei Herstellverfahren, zum einen den **Gießprozess** und zum anderen den **Sinterprozess**.

Für den Gießprozess werden Sandformen verwendet, als verlorene Formen, die zwar kostengünstig zu erstellen sind, jedoch nach dem Guss zerstört sind. Für größere Serien sind oftmals die sintertechnisch hergestellten Magnete (werkzeuggepresst) sinnvoller, da zwar einmalige Werkzeugkosten anfallen, die Werkzeuge jedoch über einen langen Zeitraum immer wieder verwendet werden können. Gießtechnisch können Magnete mit größerem Volumen hergestellt werden als sintertechnisch.

Eine mechanische Bearbeitung ist, auf Grund der hohen Härte des Materials, nur durch Schleifen möglich. Dies gilt im Übrigen für alle Magnetwerkstoffe, außer den kunststoffgebundenen.

Insbesondere gekennzeichnet ist dieses Material durch eine hohe Remanenz B_r und eine niedrige Koerzitivfeldstärke H_{cJ}. Deshalb sollte das L/D-Verhältnis immer über 4 liegen. Das L/D-Verhältnis bezeichnet dabei das Längen-zu-Durchmesser-Verhältnis bezogen auf eine Zylindergeometrie. Je größer dieses Verhältnis ist, umso näher liegt der Arbeitspunkt am Remanenzpunkt B_r. Auf diese Weise wird der hohen Remanenz des Werkstoffs, verbunden mit der geringen Koerzitivfeldstärke, Rechnung getragen. Diese Bedingungen sind insbesondere bei Ringspaltsystemen (Lautsprecher) und Messsystemen gegeben.

Befindet sich der AlNiCo-Magnet in einem magnetischen Kreis mit Flussleitstücken (Eisen), so kann das L/D-Verhältnis, je nach vorhandenem Luftspalt, auch kleiner sein.

Auf Grund der geringen Koerzitivfeldstärke empfiehlt sich eine Magnetisierung des Werkstoffes erst im zusammengebauten Zustand des Magnetsystems. Auf der anderen Seite wird die geringe Koerzitivfeldstärke genutzt, um elektrisch schaltbare System mit AlNiCo zu bauen (bistabile Relais und

Haftsysteme). Wurde früher auch AlNiCo in Motoren und Generatoren eingesetzt, so wurde oftmals eine sogenannte ‚verlorene Wicklung' mit eingebaut, um im Falle einer irreversiblen Schwächung des Antriebs durch Gegenfelder eine Nachmagnetisierung durchführen zu können.

Die Steigung der Arbeitsgeraden wird somit durch die Geometrie des Magnetkreises bestimmt und nicht durch den Magnetwerkstoff.

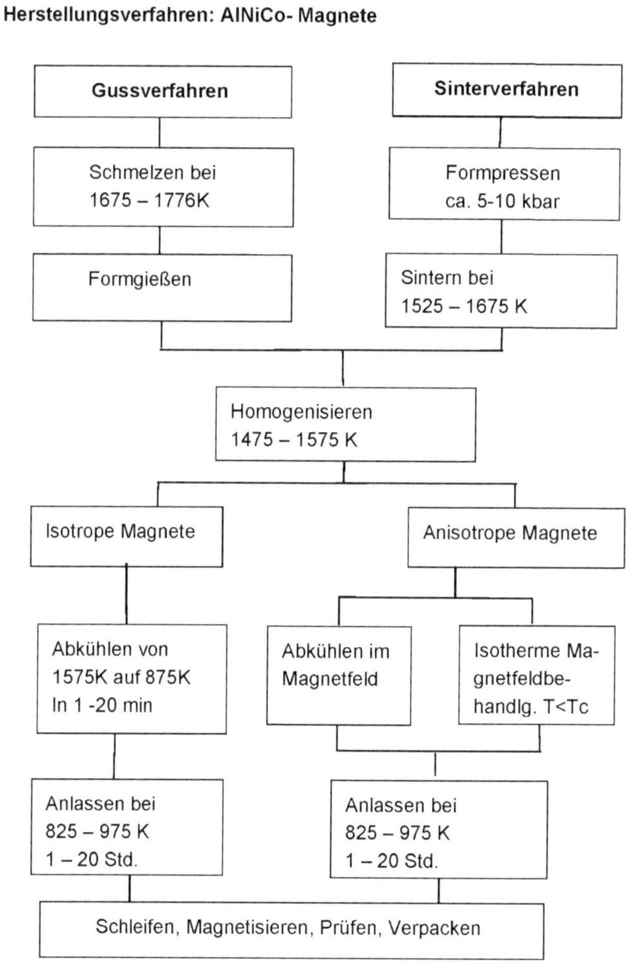

Abb. 12: Herstellung von AlNiCo-Magneten

2.3.1.3 Chemische Beständigkeit

Das chemische Verhalten von AlNiCo ist dem von hochlegierten Stählen ähnlich. Im Wesentlichen ist es unbeständig gegenüber Säuren, jedoch beständig gegenüber organischen Lösungsmitteln, wie Öle, Benzin. Durch den hohen Ni-Anteil ähneln die Eigenschaften denen von Edelstahl.

Weitgehend beständig	Bedingt beständig	Unbeständig
Organische Lösungsmittel	Essigsäure	Alle anorganischen Säuren
Motoröl	Wasserstoffperoxid	Weinsäure
Benzin	Harnsäure, Natriumkarbonat	Zitronensäure
Alkohole	Kaliumnitrat, Gerbsäure	Seewasser
	Natriumnitrit	Salze in wässriger Lösung

Tab. 1: Beständigkeit von AlNiCo-Magneten

Es werden folgende Qualitäten unterschieden:

1. **AlNiCo13/5:** isotropes Material, welches in jeder Richtung magnetisiert werden kann, also keine Vorzugsrichtung besitzt. Die Anwendung ist oftmals bei Hysteresekupplungen als Hysteresematerial und in speziellen Systemanordnungen zu sehen. Hauptsächlich als gegossenes Material.
2. **AlNiCo 40/12:** anisotropes Material (vorzugsgerichtet durch Ausrichtung durch ein Magnetfeld beim Pressen des Rohlings). Gegossen und gesintert herstellbar. Hohe Koerzitivfeldstärke durch hohen Titan-Anteil.
3. **AlNiCo 36/5**: anisotropes Material. Ebenfalls gegossen oder gesintert vorhanden, wobei der gegossene Werkstoff die besseren magnetischen Werte erreicht. Verwendung insbesondere in Ringspaltsystemen und sonstigen hochscherenden Systemen. Eine relativ kostengünstige Variante für die magnetischen Werte.

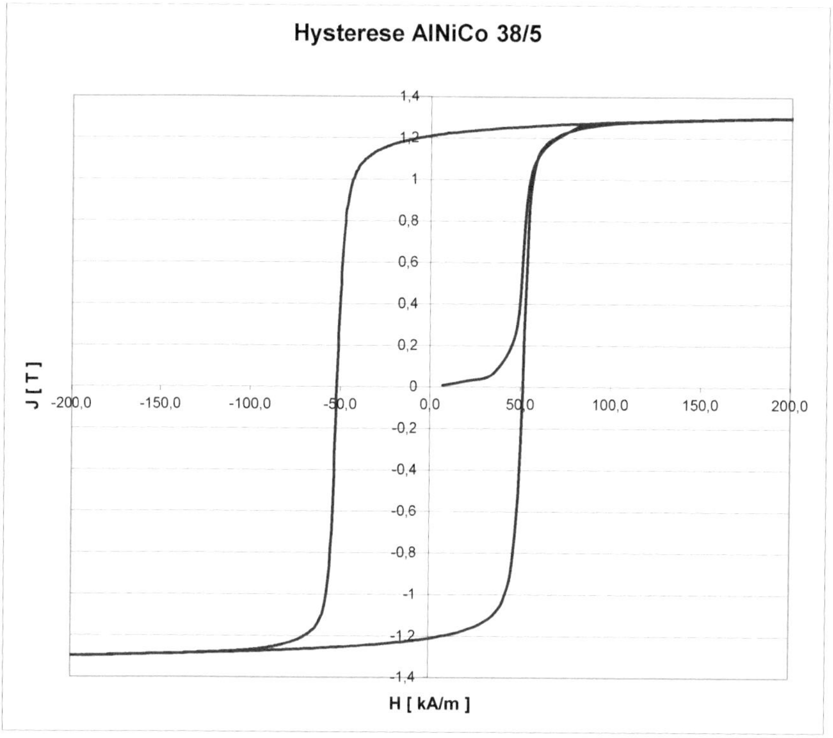

Abb. 13: Komplette Hysteresekurve eines AlNiCo38/5-Magneten

Vorteile des AlNiCo-Magneten:

- Hohe Temperaturstabilität bis 500 °C
- Kleiner Temperaturkoeffizient TK(B_r)= -0,02 %/K
- Leichte Magnetisierbarkeit
- Hohe Remanenz B_r

Nachteile des AlNiCo-Magneten:

- Geringe Koerzitivfeldstärke, daher leicht zu entmagnetisieren. Verträgt nur geringe Gegenfelder und muss daher bei einem hohen L/D-Verhältnis eingesetzt werden.
- Der strategische Werkstoff ‚Kobalt' wird benötigt.

Einsatzfelder bei Messgeräten, Sensoren, Tachogeneratoren und hoch scherenden Systemen wie z. B. Ringspaltsysteme (Lautsprecher).

2.3.2 Der keramische Werkstoff ‚Hartferrit' (HF)

Die Ferrite mit ihrer hexagonalen Gitterstruktur haben keramische Eigenschaften und sind als Weichferrite (‚soft ferrite' oder SF) und Hartferrit (‚hard ferrite' HF) am Markt vorhanden. Wir beschäftigen uns hier nur mit den Hartferriten.

2.3.2.1 Die Zusammensetzung

Hartferrite bestehen aus oxidierten Metallen und fallen bei der Stahlherstellung als ‚Abfall' (Fe_2O_3 =Hämatit) an, woher sich auch der sehr günstige Preis/kg erklärt.

Aus diesem Grunde ist er auch heute noch der meistverbreitete Werkstoff.

Er wird mit Barium- oder Strontiumcarbonatpulver vermischt, wobei 6 Teile Eisenoxid den Hauptbestandteil liefern. Dieses Gemisch wird in Drehrohröfen vorgesintert (kalziniert). Auf Grund der besseren magnetischen Eigenschaften wird heute nahezu nur noch Strontiumkarbonat $SrCO_3$ oder genauer $SrFe_{12}$ O_{19} eingesetzt. Geringe Beimischungen von Cu (Kupfer), Al (Aluminium), Co (Kobalt) oder La (Lanthan) verbessern die Eigenschaften.

Durch das Kalzinieren (vorsintern) wird im Magnetpulver die Anisotropie ausgebildet, so dass anisotropes Pulver entsteht. Entfällt aus Kostengründen dieser Prozessschritt, so erhält man isotropes Pulver, welches heute nur noch bei Magnetgummi eine Rolle spielt.

2.3.2.2 Der Herstellungsprozess

Das vorgesinterte Material wird in Kugelmühlen fein gemahlen zu einer Korngröße von ca. 1µ, und anschließend entweder nass oder trocken in hydraulischen Pressen verpresst. Unter dem Einfluss eines Magnetfeldes wird beim Pressen eine Ausrichtung (Anisotropie) erzeugt, wodurch die magnetischen Werte ca. doppelt so hoch sind wie ohne Magnetfeld (isotrope Magnete). Der anschließende Sinterprozess, üblicherweise in einem Durchlaufofen, lässt die Kristallanisotropie mit hexagonalem Gitter entstehen. Die Durchlaufgeschwindigkeit in diesem Ofen beträgt ca. 1 m pro Stunde, somit bei 24 m Ofenlänge 24 Stunden. In der Einlaufphase, ca. 3 m muss die Restfeuchtigkeit aus dem HF-Werkstoff vollständig entweichen. Wenn der Werkstoff noch nicht ausreichend getrocknet war, so wird er jetzt bersten, womit die ganze Vorbereitung verloren ist.

Die entstandene Keramik lässt sich nur durch Schleifen bearbeiten, da sie äußerst spröde und hart ist.

Die geringe Remanenz auf der einen Seite wird durch die hohe Koerzitivfeldstärke ausgeglichen. Hierdurch wurden einige Anwendungen überhaupt erst möglich, die zuvor mit AlNiCo-Magneten nicht realisiert werden konnten. Während AlNiCo-Magnete immer ein hohes L/D-Verhältnis benötigen, waren jetzt Anwendungen mit einem niedrigen L/D Verhältnis möglich. Die Kraftwirkung wird bei HF-Magneten über die Fläche erzeugt und nicht über die Länge in Magnetisierungsrichtung wie bei AlNiCo-Magneten.

Herstellverfahren: HF- Magnete

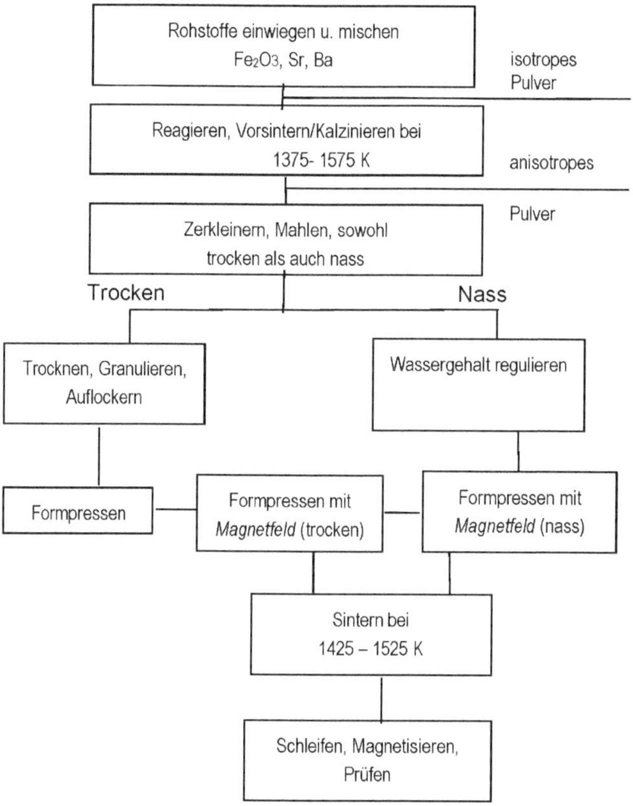

Abb. 14: Herstellverfahren von Hartferriten

Eine typische Entmagnetisierungskennlinie eines HF30/30 Magneten ist in der folgenden Abb. 15 dargestellt. Man erkennt in der J (H) Darstellung die Temperaturabhängigkeit bei verschiedenen Temperaturen.

HF besitzt eine Besonderheit bezüglich des TK der Koerzitivfeldstärke. Während bei allen anderen Werkstoffen die Koerzitivfeldstärke mit zunehmender Temperatur sinkt, so steigt diese bei HF-Magneten. Das bedeutet, dass die Gefahr der Entmagnetisierung eines solchen Magneten nicht bei hoher Temperatur erfolgt, sondern bei niedrigen Temperaturen.

Merksatz: HF-Magnete nicht in den Kühlschrank legen und REFeB nicht auf die Heizung.

Die folgende Abb. 15 zeigt den deutlichen Temperatureffekt der Entmagnetisierungskurve.

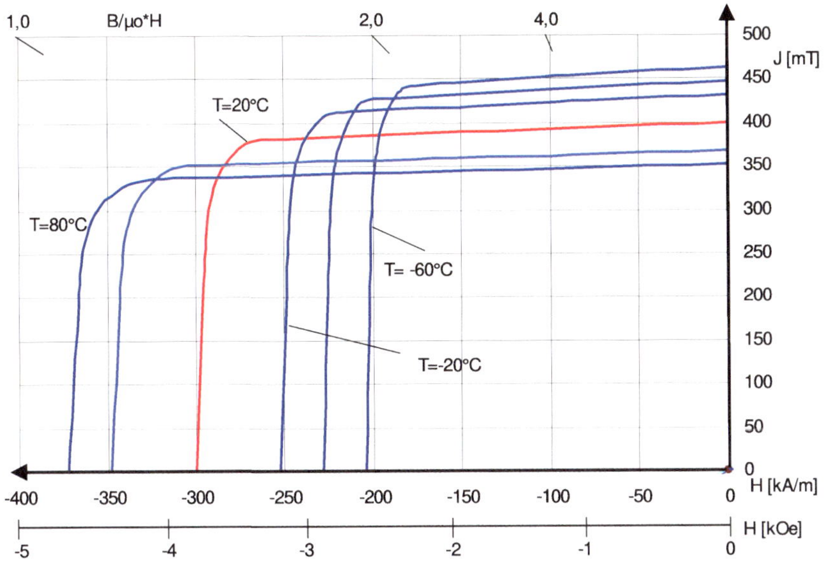

Abb. 15: Entmagnetisierungskurve eines HF30/30 Magneten, die rote Kennlinie ent-spricht derjenigen bei Raumtemperatur

Durch das preisgünstige Ausgangsmaterial bedingt wurden alle bisherigen Anwendungen, wenn möglich durch HF-Magnete ersetzt. Dadurch entstand ein entsprechender Schub in der Verbreitung der Magnete und damit verbundenen Magnetsysteme.

2.3.2.3 Die chemische Beständigkeit

Wie alle keramischen Produkte ist auch HF chemisch sehr stabil und wird nur durch konzentrierte anorganische Säuren angegriffen.

Dazu die folgende Tabelle 2:

Weitgehend beständig	Bedingt beständig	Unbeständig
Wasser, Benzin, Entwickler	Verdünnte Schwefel-säure	Schwefelsäure, Salpetersäure
Organische Lösungsmittel	Essig	Phosphorsäure, Salzsäure
Natronlauge, Kalilauge	Ammoniak	Flusssäure
Fixierbad, Kochsalzlösung	Zitronensäure	Oxalsäure

Tab. 2: Beständigkeit von HF-Magneten

Die Hauptvertreter dieser gesinterten Werkstoffgruppe sind:

1. HF 8/16: isotropes Material. Preisgünstigste Variante, aber mit dem niedrigsten magnetischen Energieprodukt.
2. HF 26/22: anisotropes Material, trocken gepresst und gesintert. Die Qualität HF 28/26 wird nass gepresst hergestellt, wobei die höheren magnetischen Werte wie Koerzitivfeldstärke und Remanenz erreicht werden.
3. HF 32/30: Diese neueren Qualitäten sind Weiterentwicklungen des HF28/26 und besitzen Zusätze von Co und Lanthan. Dadurch steigen jedoch die Kosten deutlich an.

Vorteile:

- Temperaturstabilität bis 250 °C.
- Hohe Koerzitivfeldstärke, damit sind hohe Gegenfelder möglich (Motoren, Generatoren)
- Noch gute Magnetisierbarkeit.
- sehr preisgünstig
- chemikalienbeständig, da es sich um eine Keramik handelt und somit keine Korrosion auftritt.

Nachteile:

- hoher Temperaturkoeffizient $TK(B_r) = -0{,}2\ \%/K$ und $TK(H_{cJ}) = +0{,}4\ \%/K$
- schwer zu bearbeiten

2.3.3 RECo-Werkstoffe

Diese zu der Gruppe der Selten-Erd-Werkstoffe gehörenden Magnete haben sehr gute Eigenschaften, gehören jedoch auch zu den hochpreisigen Magneten. Bei RECo unterscheiden wir zwei Varianten der Legierungszusammensetzung, die Sm_1Co_5 und Sm_2Co_{17}. Mit der Entwicklung dieses Materials um 1970 wurde ein Meilenstein in der Magnettechnik gesetzt.

Das max. Energieprodukt konnte von 60 kJ/m³ beim AlNiCo bzw. 30 kJ/m³ beim HF auf zunächst 120–170 kJ/m³ (1/5-er Legierung) und anschließend durch das 2/17-er Material auf 220 kJ/m³ gesteigert werden. Dazu kommen eine hohe Temperaturstabilität, die gute Chemikalienbeständigkeit (nahezu keine Korrosion), ein geringer Temperaturkoeffizient und die sehr hohe Koerzitivfeldstärke. Mit anderen Worten, ein überall einsetzbarer Werkstoff mit den besten Eigenschaften, leider an den strategischen Werkstoff Kobalt gebunden und damit hochpreisig. Dennoch wurden zunächst viele neue Anwendungen höchst effizient umgesetzt mit zuvor nie erreichten Werten.

2.3.3.1 Die Zusammensetzung

Dieses Material ist kornorientiert. Es besteht aus Sm (24–27 %), Co (48–52 %), Fe (12–18 %), Cu (4–12 %), Zr (2–3 %). Bei der 2/17-er Legierung wurde ein Teil des Kobalts durch Fe und z. T. Cu ersetzt. Bei der 1/5-er-Legierung wird gelegentlich zur Erreichung höherer Werte auch Praseodym (Pr) zugegeben.

Die Magnetisierung des 1/5-er Materials geschieht durch die Verschiebung von Blochwänden; dieses ist zunächst leicht möglich, also schon bei relativ geringen Feldstärken bis 1,5 T bis 2 T. Bei der 2/17-er-Qualität ist ein anderer Mechanismus für die Magnetisierung verantwortlich, wodurch eine deutlich höhere Sättigungsfeldstärke benötigt wird. Die volle Stabilität (Koerzitivfeldstärke) wird erst bei höheren Magnetfeldern um ca. 5 T erreicht, da dann erst die Blochwände die Korngrenzen erreichen, an denen sie sich dann ‚festhalten' (Pinning-Effekt) können.

2.3.3.2 Das Herstellungsverfahren für Selten-Erd-Werkstoffe

Das sintertechnische Verfahren ist bei den meisten Selten-Erd-Werkstoffen ähnlich und ist deshalb nur einmal dargestellt.

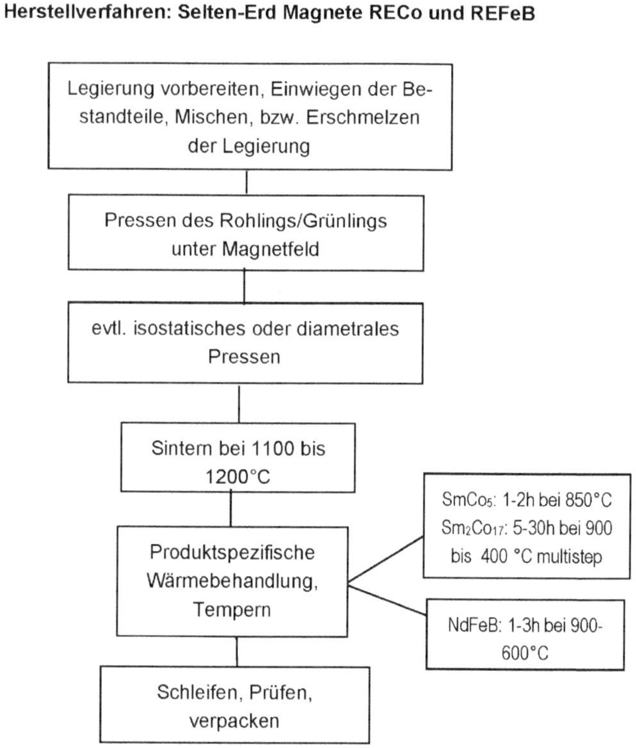

Abb. 16: Der sintertechnische Herstellungsprozess der Selten-Erd-Werkstoffe

Nach dem Pressen des Grünlings im Magnetfeld sollte dieser Grünling noch durch isostatisches Pressen nachverdichtet werden. Ohne die Nachverdichtung würde es zu Inhomogenitäten kommen, so dass eine Ober- bzw. Unterwertigkeit entstehen würde. Am Oberstempel entsteht beim Pressvorgang (der Unterstempel ist feststehend) an seiner Oberfläche eine höhere Dichte im Pulver. Der Sinterprozess gleicht diese Asymmetrie zwar etwas aus, jedoch ist es sinnvoller, den zusätzlichen isostatischen Pressvorgang zwecks höherer magnetischer Werte und der besseren Homogenität wegen durchzuführen.

Der zuvor erwähnte Pinning-Effekt beim Sm_2Co_{17} ist insofern problematisch, da er einerseits die hohe Koerzitivfeldstärke erzeugt, aber andererseits, wenn die vollständige Magnetisierung nicht erreicht wird, dafür sorgt, dass der Magnet sich auf einer inneren Schleife befindet und seine volle

Koerzitivfeldstärke deshalb nicht erreicht. Eine Teilmagnetisierung, um etwas geringere Felder zu erreichen, ist bei diesem Werkstoff oft sehr fatal.

Siehe hierzu Abb. 17:

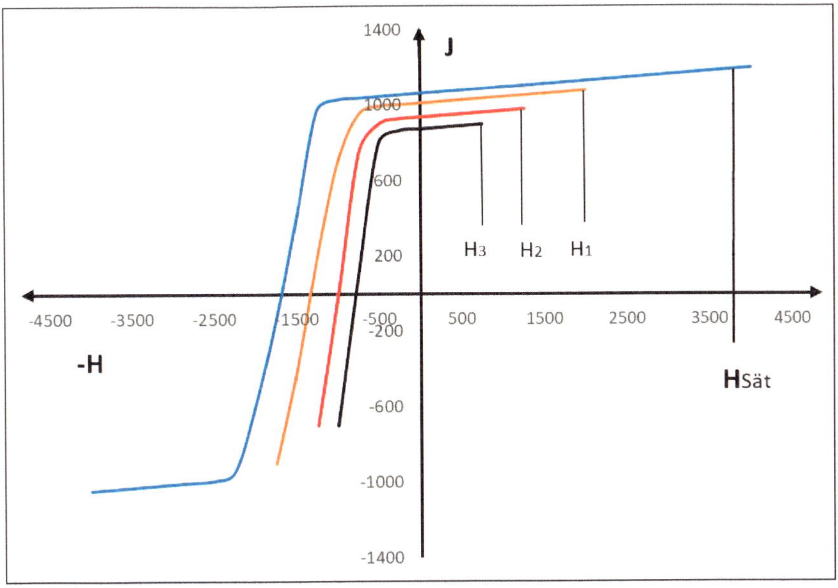

Abb. 17: Innere Hystereseschleifen bei nicht vollständiger Magnetisierung

Als typische Vertreter dieser Werkstoffgruppe SmCo oder RECo finden wir heute noch

1. SmCo170/120 und von der 2/17-er-Legierung das
2. SmCo 220/120

alle Produkte sind vorzugsgerichtet und damit anisotrop.

Die isotropen Varianten haben heute keine Bedeutung mehr.

Vorteile:

- hohe Remanenz und hohe Koerzitivfeldstärke
- hohe Temperaturstabilität TK(B_r)= -0,03 %/K und TK(H_{cJ})= -0,15 %/K (2/17-er-Legierung)
- hohe Einsatztemperatur bis 250 °C (1/5-Legierung)
- bis 350 °C bei der 2/17-er-Legierung
- Chemikalienbeständigkeit, geringe Korrosion

Nachteile:

- hoher Preis
- schwere Magnetisierbarkeit insbesondere bei SmCo2/17

Eine typische Entmagnetisierungskennlinie einer 2/17-Legierung unter Temperatureinfluss ist in der folgenden Abb. 18 dargestellt. Man erkennt in der J(H) Darstellung die Arbeitsgerade, die sich aus der Geometrie des Magneten ergibt, die Gerade B = 0 und die Temperaturabhängigkeit der Entmagnetisierungskurve bei 150 °C und 200 °C. Ebenfalls dargestellt ist die Hyperbel im 2. Quadranten, die den $(BH)_{max}$-Punkt definiert. Deutlich ist zu sehen, dass selbst bei einer Temperatur von 200 °C die Entmagnetisierungskurve über den H_{cB}-Wert hinaus geradlinig verläuft und somit keine Gefahr der irreversiblen Entmagnetisierung durch die Temperatur gegeben ist.

Zwar wird der Magnet schwächer, gemäß der entsprechenden Temperaturkoeffizienten, jedoch bleibt er absolut stabil. Somit bleibt auch dieser Magnetwerkstoff als Alternative zu den REFeB-Magneten weiterhin sinnvoll, zumal bei höheren Temperaturen der REFeB-Werkstoff deutlich teurer wird, siehe unten, die magnetischen Werte bei Betriebstemperatur auf Grund des größeren Temperaturkoeffizienten schneller verringert werden und die Koerzitivfeldstärke ebenfalls schnell an Grenzen stößt. Bei ca. 150 °C ist wohl ein ‚break even‘ erreicht.

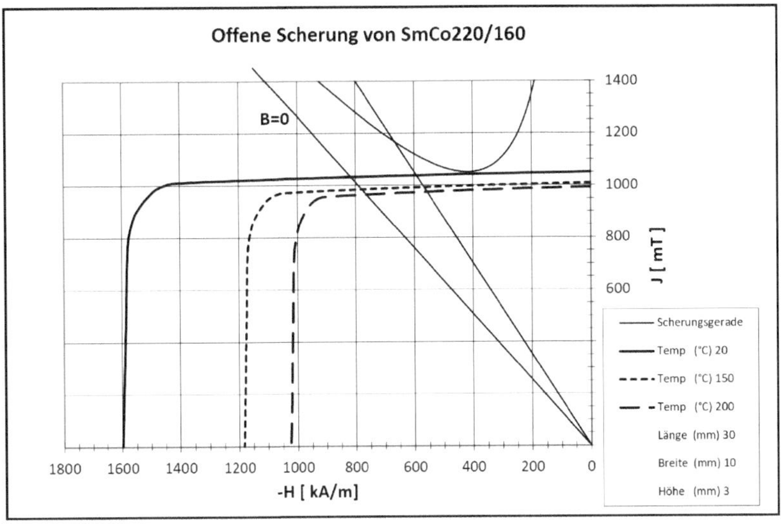

Abb. 18: Entmagnetisierungskurve einer RECo-Legierung 2/17

2.3.3.3 Die chemische Beständigkeit

Wegen der hohen Affinität des Samariums zu Sauerstoff und wegen der grundsätzlich großen Bindungsfreundlichkeit neigt SmCo bei erhöhter Temperatur zur Oxidation. Deshalb ist es auch gegen anorganische Säuren nicht beständig.

Bei alkalischen Laugen sind die Magnete weitgehend beständig. Von organischen Lösungsmitteln werden sie bei Zimmertemperatur nicht angegriffen. Sie sind auch bei Raumtemperatur in Luft beständig.

Bei manchen Flüssigkeiten bildet sich eine Passivierungsschicht, die zwar bedenklich aussieht, jedoch keinen weiteren Schaden anrichtet. Die 2/17-Legierung ist im Gegensatz zu der 1/5-Legierung eisenhaltig und kann Rotrost bilden. Eine zusätzliche Beschichtung kann sinnvoll sein, ist jedoch bei den meisten Anwendungen nicht notwendig.

2.3.4 REFeB-Werkstoffe

Da dieses der neueste Werkstoff ist, gibt es hier noch viele Varianten, deshalb auch weiterführende Angaben zu diesem Werkstoff. Noch einmal konnten die magnetischen Eigenschaften gegenüber RECo deutlich gesteigert werden, wobei seine Unabhängigkeit von dem strategischen Werkstoff Kobalt besonders hervorzuheben ist.

Zudem ist das Metall Nd, das zwar zu der Gruppe der Selten-Erd-Metalle gehört, nicht so selten wie der Name vermuten lässt. Große Vorkommen wurden in China in der Inneren Mongolei gefunden.

2.3.4.1 Die Zusammensetzung

Dieser Werkstoff besteht aus Nd (30–34 %), B (1–1,5 %), Fe (Rest). Inzwischen gibt es weitere Beimischungen durch Dy (0,5–4 %), wodurch die Koerzitivfeldstärke gesteigert wird. Andere Beimengungen wie Pr, Zr, Co, Ho, Ce, La stellen verschiedene Eigenschaften in den Vordergrund. Um die Qualität weiter zu erhöhen, muss das Pulver sehr fein gemahlen werden, was leider Zeit und damit Geld kostet.

2.3.4.2 Das Herstellungsverfahren

Die Abb. 16 und 19 beschreiben das Herstellungsverfahren, aus welchem sich die diversen Qualitäten ergeben. Hier ist einmal die sintertechnische Herstellung nach dem ‚**Sumitomo**-Patent' (Abb. 16) zu nennen und andererseits nach dem „Umformprozess" (**Magnequench**-Verfahren von General Motors), wobei das Pulver nach dem ‚**Melt-Spin**-Verfahren' gewonnen wird; dabei wird die REFeB-Schmelze auf eine schnell rotierende, gekühlte Walze gegossen, wodurch rasch erstarrte Bänder (Flitter) entstehen (Abb. 19).

Die einzelnen Prozesse werden unterteilt in MQ1, MQ2 und MQ3. MQ steht dabei als Abkürzung für **M**agne**q**uench. Die beiden letzten Prozesse haben heute nur noch eine geringe Bedeutung. Nach dem MQ3 Schritt ist das Material sehr schwer zu bearbeiten; außerdem wird für jeden Prozess ein separates Werkzeug benötigt.

Weiterhin erfolgen die Schritte MQ2 und MQ3 bei einer Temperatur von ca. 800 °C, was die Werkzeuge frühzeitig verschleißen lässt. Die anfänglich bessere Korrosionsstabilität ist heute durch zusätzliche Legierungsbestandteile beim Sinterprozess ebenfalls erreicht worden.

Erst bei der letzten Umformung ‚MQ3' werden durch das ‚Heißfließpressen' die Anisotropie und damit die hohen magnetischen Werte erreicht, die jedoch nicht so hoch sind, wie sie heute durch das Sinterverfahren erzielt werden. Die Ausrichtung der Anisotropie steht senkrecht auf der Fließrichtung.

Der Grund für die etwas geringeren magnetischen Werte liegt in der Korngröße, die bei der Erzeugung der Flitter aus der Schmelze mit >1mm² deutlich größer sind als das Pulver beim Sinterverfahren. (Ziel: Eindomänenteilchen, d. h. Partikel <=1μ). Dieses Ziel wird beim Sinterverfahren auch noch nicht erreicht, liegt jedoch weit näher an der Wunschvorstellung, als es beim Magnequench-Verfahren der Fall ist.

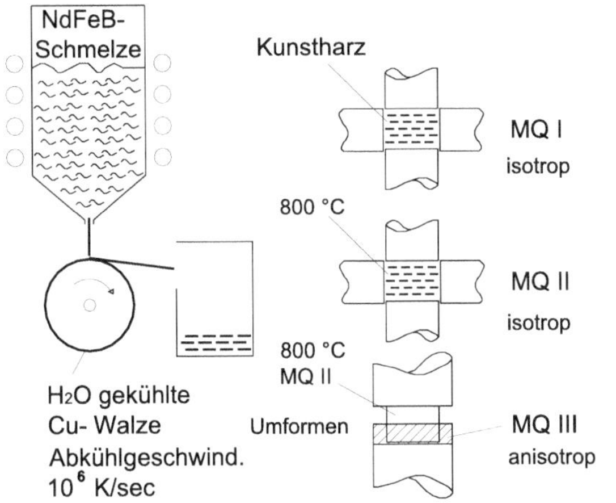

Dichte g/cm³	Br in [T]	(BH)max kJ/m³
6.0	0.61	64
7.5	0.79	104
7.5	1.23	280

Abb. 19: Herstellungsprozess nach dem Magnequench-Verfahren

1. MQ1: Dieser Werkstoff ist kunststoffgebunden (Duroplast/Epoxy) und isotrop.
2. MQ2: Dieser Werkstoff ist noch einmal gepresst (bei ca. 800 °C), damit höher verdichtet und isotrop.
3. MQ3: Dieser Werkstoff ist unter dem Verfahren ‚Heißfließpressen' hergestellt und anisotrop. Es wird MQ2-Material genommen, welches zusätzlich unter Temperatureinfluss (ca. 800 °C) umgeformt wird. Durch diesen Umformprozess stellt sich eine Vorzugsrichtung (Anisotropie) ein.

Heute hat das Herstellungsverfahren nach Magnequench nur noch für den MQ1-Prozess Bedeutung. Mithilfe dieses Prozesses werden die kunststoffgebundenen Magnete dieser Gattung hergestellt. Für den Sinterprozess setzt man auf eine Kombination der Prozesse, wobei wie folgt optimiert wurde.

Das hochaktive Pulver muss unter Sauerstoffausschluss weiterverarbeitet werden. Die Partikelgeometrie kann jetzt als dünnes Plättchen im Millimeterbereich (mit einer Korngröße von ca. 100μ) bezeichnet werden. Üblicherweise werden als Schutzgas Stickstoff (N_2) oder Argon (Ar) verwendet. Bei der Weiterverarbeitung wird dann in einem HDDR-Prozess (**h**ydrogenation **d**isproportionation **d**esorption and **r**ecombination = Wasserstoffzersprödung) das Material weiter unter Temperatur zerkleinert, wobei der Prozess am besten durch ein ‚cracking' zu verstehen ist (Korngröße jetzt ca. 250 nm). Hierdurch hart und spröde geworden, kann nun durch ein ‚Jet-Milling' das Pulver auf eine Partikelgröße von ca. 3-5μ gebracht werden. Es schließen sich dann die bekannten Press- und Sintervorgänge an.

Ein modifizierter HDDR-Prozess (mHDDR) kann eingesetzt werden, um anisotropes REFeB- Pulver herzustellen. Dieses wird dann in kunststoffgebundenen Magneten eingesetzt und erhöht die Remanenz B_r bis auf Werte von 1,1 T. Dazu müssen jedoch zunächst sintertechnisch hergestellte Magnete erzeugt werden. Dieses Verfahren ist deshalb geeignet in Recyclingprozessen zur Wiederaufbereitung von REFeB. Da jedoch die einzelnen REFeB-Qualitäten nicht separat aufbereitet werden, ist die Schwankungsbreite in der Qualität des Pulvers recht hoch.

2.3.4.3 Qualitäten und Kosten

Um die Kosten für die ‚schweren' Selten-Erd-Zusätze wie Dysprosium (Dy) zu reduzieren, wird der nahezu fertiggestellte Magnetwerkstoff bei Bedarf auch einem Diffusionsprozess mit Dy oder Tb ausgesetzt. Hauptsächlich wird Tb verwendet, da es nur die Hälfte der Menge benötigt, aber ca. doppelt so teuer ist wie Dy. Hierdurch wird die Koerzitivfeldstärke erhöht, bei einem Minimum an Materialeinsatz. Der geringe Materialeinsatz ist notwendig, da durch Diffusion nur ein kleiner Materialanteil in die Oberfläche des Magnetwerkstoffes eindringt. Dieser Prozessschritt lohnt sich auf Grund des hohen Zeit- und Energieaufwandes nur, wenn die Dy-/Tb-Preise sehr hoch sind. Ansonsten werden die Stoffe Dy oder Tb direkt zugesetzt und der letzte Prozessschritt (Diffusion) eingespart. Je nach Qualität werden bei Dy 1–10 % eingemischt, bei Tb etwa die Hälfte. Mit zunehmendem Gehalt an Dy wird in gleichem Maße die Remanenz reduziert. Mit der Remanenz reduziert sich ebenfalls das maximale Energieprodukt $(BH)_{max}$. Dieser Zusammenhang ist in der folgenden Abbildung zu sehen.

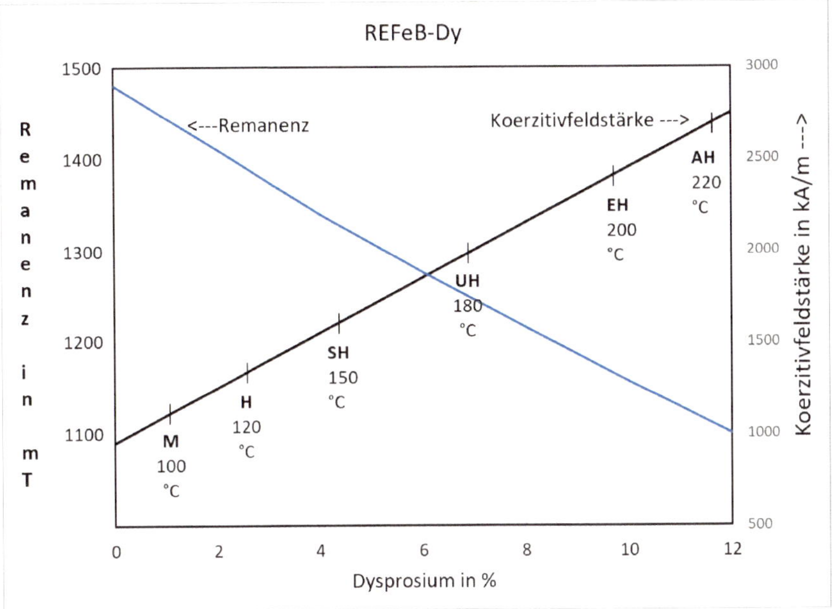

Abb. 20: Zusammenhang zwischen Dy-Gehalt und Remanenz, zusätzliche Angabe der typischen Bezeichnungen mit Temperaturbeständigkeit

Da heutzutage hauptsächlich die Mehrzahl der REFeB-Magnete aus China kommt, hat sich die chinesische Nomenklatur ebenfalls durchgesetzt. Diese besteht aus einer zusätzlichen Kennzeichnung zur Qualität.

Sie setzt sich wie folgt zusammen:

Nxy, dabei steht N für NdFeB = REFeB

X für das Energieprodukt $(BH)_{max}$ in MGOe statt kJ/m^3, somit ein Zahlenwert. Die Umrechnung in kJ/m^3 geschieht dadurch, dass der Wert in MGOe durch 1,256 geteilt (entspricht dem Zahlenwert von μ_o) und anschließend mit 10 multipliziert wird.

Y steht für einen Schlüssel der Koerzitivfeldstärke der Polarisation H_{cJ}, eine Buchstabenkombination aus 1 bis 2 Buchstaben.

Der Schlüssel für Y lautet wie folgt:

- Keine Kennzeichnung: H_{cJ} >= 955 kA/m
- M: H_{cJ} >= 1114 kA/m
- H: H_{cJ} >= 1353 kA/m
- SH: H_{cJ} >= 1595 kA/m
- UH: H_{cJ} >= 1990 kA/m
- EH: H_{cJ} >= 2398 kA/m
- AH: H_{cJ} >= 2724 kA/m
- ZH: H_{cJ} >= 3000 kA/m

Entsprechend der Koerzitivfeldstärke wird auch die Temperaturbeständigkeit definiert.

Beispiel: N42SH entspricht gemäß internationaler Nomenklatur einem REFeB-Magneten mit der Bezeichnung:

REFeB330/160.

Mit steigendem Dy-Gehalt wächst in ähnlicher Weise auch der Preis/kg. Die Mengenaufteilung der wesentlichen Bestandteile und die dazugehörige Kostenstruktur sind in der folgenden Abbildung dargestellt.

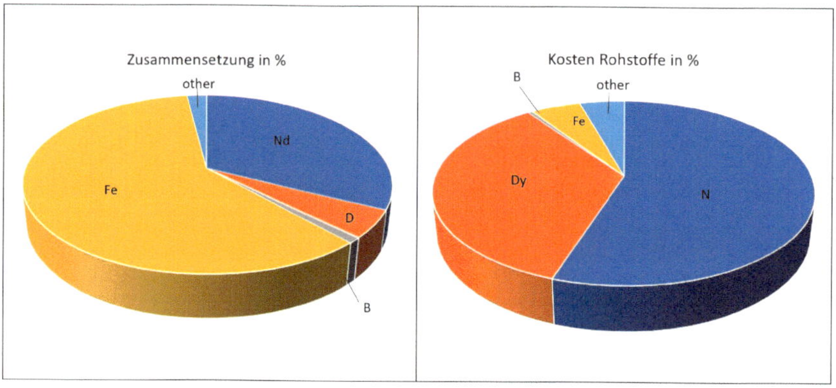

Abb. 21: Aufteilung (links mengenmäßig und rechts kostenmäßig) der Hauptbestandselemente eines REFeB-Magneten

Mengenmäßig ist Fe der Hauptbestandteil (ca. 65 %) des REFeB-Magneten, er spielt jedoch bei der Kostenaufteilung nur eine untergeordnete Rolle. Bei Dy verhält es sich genau andersherum.

Die weltweite Verteilung der Ressourcen in der Erdkruste von Selten-Erd-Metallen ist der folgenden Tabelle 3 zu entnehmen (Zahlenangaben in ppm).

La 35	Sm 7	Ho 1,4
Ce 66	Eu 2,1	Er 3,5
Pr 9,1	Gd 6,1	Tm 0,5
Nd 40	Tb 1,2	Yb 3,1
Pm $4{,}5 \cdot 10^{-20}$	Dy 4,5	Lu 0,8

Tab. 3: Häufigkeiten der seltenen Erden in der Erdkruste in ppm

Eine typische Entmagnetisierungskennlinie eines REFeB-Magneten in Abhängigkeit von der Temperatur ist in der folgenden Abb. 22 dargestellt. Man erkennt in der J(H)-Darstellung die Arbeitsgerade, die Gerade B = 0 und die Temperaturabhängigkeit bei 80 °C und 120 °C.

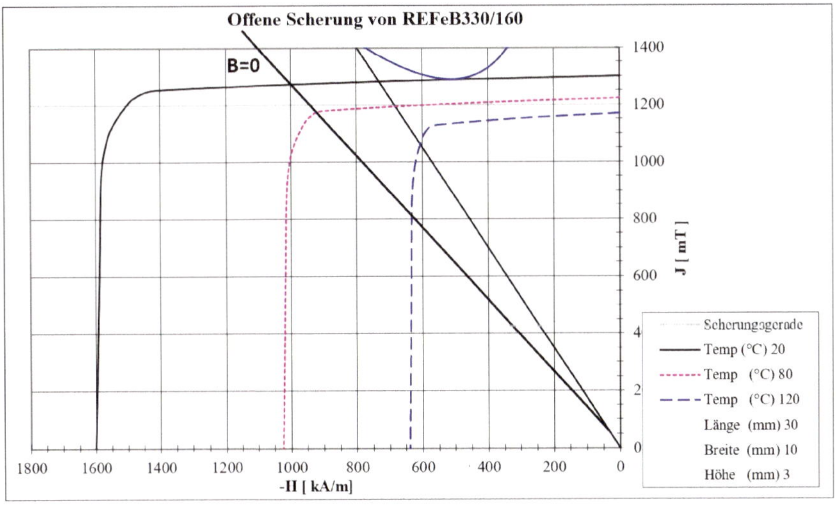

Abb. 22: Entmagnetisierungskurve eines typischen REFeB320/160-Magneten oder auch N42SH

Die Magnetgeometrie und damit die Arbeitsgerade ist identisch gewählt wie in Abb. 18 für RECo.

Ebenfalls ist bei 120 °C zu erkennen, dass die Arbeitsgerade bereits ein wenig unterhalb der entsprechenden Entmagnetisierungskurve schneidet. Somit wäre der Magnet, der in diesem Fall ein L/D-Verhältnis deutlich kleiner als 1 aufweist, bereits ein wenig irreversibel geschwächt. Die Temperaturangaben, die häufig bei diesem Werkstofftyp in den Datenblättern angegeben werden, beziehen sich immer auf ein L/D-Verhältnis von 1. Dieses ist allerdings ein nicht typisches L/D-Verhältnis für übliche Anwendungen.

Ein Beispiel für die chemische Zusammensetzung eines heute üblichen REFeB-Magneten ist in der folgenden Tabelle 4 dargestellt. Es werden zwei unterschiedliche Hersteller verglichen. Wie man sieht, wird das Ziel bei gleicher Spezifikation mit einer unterschiedlichen Zusammensetzung erreicht. Nicht nur die chemische Zusammensetzung entscheidet über die Qualität der Magnete, sondern ebenso die thermische Nachbehandlung im Multistep-Verfahren. Werte von 0,03 % in der Tabelle entsprechen der Nachweisgrenze. Die genaue Zusammensetzung entscheidet nicht nur über die Remanenz bzw. Koerzitivfeldstärke, sondern auch über den Temperaturkoeffizienten. Generell kann festgehalten werden, dass Qualitäten mit hoher Temperaturbeständigkeit bis 230 °C auch die kleinsten Temperaturkoeffizienten besitzen. Das spiegelt sich im Preis pro kg wider.

Aus diesem Grund sollten die Anwender die magnetischen Werte bei der Betriebstemperatur angeben und nicht bei Raumtemperatur.

Element	**Magnet1 in %**	**Magnet2 in %**
Nd	20,6	23,4
Pr	6,64	5,37
B	0,99	1,0
Dy	3,35	0,92
Ho	1,0	0,03
Tb	0,03	0,03
Zr	0,03	0,17
Cu	0,08	0,15
Al	0,21	0,69
Co	0,87	0,98

Element	Magnet1 in %	Magnet2 in %
Gd	0,03	1,26
Ga	0,12	0,03
Nb	0,32	0,03
Fe	65,3	65,7

Tab. 4: Chemische Analyse zweier hochwertiger REFeB-Magnete bei gleicher Spezifikation

2.3.4.4 Chemische Beständigkeit

Durch den hohen Eisenanteil in dieser Legierung ist die Beständigkeit ähnlich wie beim Eisen zu sehen. Ein Korrosionsschutz in Form verschiedener Beschichtungen ist heute Stand der Technik.

2.3.4.5 Beschichtungen

Diese Beschichtungen bestehen oftmals aus Ni-Schichten (ca. 10µ dick), aus 3-fach-Beschichtungen wie Ni-Cu-Ni, oder auch das Phosphatieren mit Zn, Verzinken, Aluminisieren (IVP) und Epoxy-Beschichtungen. Die spezielle Anwendung entscheidet hier häufig über die sinnvollste Beschichtungsart, da auch weitere Parameter wie die Weiterverarbeitbarkeit, das Klebevermögen und das Temperaturverhalten (Schrumpfung/Ausdehnung) wichtige Einflussgrößen sind.

Sonderbeschichtungen wie Teflon oder Parylene sind ebenfalls zu nennen, obwohl hier der Preis, insbesondere bei Parylene-Beschichtung, sehr hoch ist und den des Magneten übersteigen kann. Hier ist insbesondere die Zusammenarbeit zwischen Kunden und Lieferanten wichtig.

In der folgenden Tabelle 5 ist eine kurze Zusammenstellung der verschiedenen Beschichtungen von Magneten mit ihrer Temperaturbelastbarkeit gegeben. Zu beachten ist bei den metallischen Beschichtungen, dass es sich dann um mind. 2 verschiedene Metalle handelt, die etwas unterschiedliche Ausdehnungskoeffizienten besitzen, dadurch kann es bei höherer Temperatur zu Spannungen und Ablösungen (Aufreißen) der dünnen Beschichtung kommen. Im Allgemeinen sind metallische Beschichtungen empfindlich gegenüber Druckbelastungen, wie Klemmen oder Quetschen, was bei der Bestückung von bereits magnetisierten Magneten oft vorkommt. Hier ist besondere Vorsicht bei der Montage geboten.

Art	Beschichtung	Temperaturbereich	Funktion
Metallische Beschichtung ca. 10–20µ Schichtdicke	Nickel	<200 °C	Dekorativ, Kantenschutz
	Zinn	<180 °C	Gute Feuchtebeständigkeit
	Nickel-Kupfer	<160 °C	Guter Feuchte- und Korrosionsschutz
	Nickel-Zinn	<160 °C	Guter Feuchte- und Korrosionsschutz
	Zink-Chrom	<170 °C	Guter Feuchteschutz, passiver Korrosionsschutz
	IVD-Aluminium	<500 °C	Sehr gute Klima- und Salzbeständigkeit
Organische Beschichtung ca. 10–20µ Schichtdicke	KTL	<150 °C	Sehr guter Korrosionsschutz
	Nasslackierung	<160 °C	Guter Korrosionsschutz
	Passivlack	<160 °C	Feuchteschutz, guter Korrosionsschutz
	Teflon (PTFE)	<180 °C	Sehr guter Korrosionsschutz
	Parylene	<220 °C	Feuchteschutz, sehr guter Korrosionsschutz, Lebensmittelverträglichkeit

Tab. 5: Übliche Beschichtungen von Dauermagneten

2.3.5 Magnetgummi auf Kautschukbasis

Diese auf Kautschukbasis hergestellten Magnete werden durch Kalandrieren mittels Walzen oder durch Extrudieren hergestellt. Beim Prozess des Kalandrierens wird die erwärmte Magnet-Kautschukmasse durch zwei Rollen gepresst, so dass anschließend eine Magnetfolie oder Magnetmatte entsteht. Dadurch stellt sich eine mehr oder weniger stark ausgeprägte Anisotropie ein. Deshalb wird hier auch oftmals der Begriff semi-anisotrop verwendet. Auf diese Weise können großflächige Magnete, wie eine Gummimatte, hergestellt werden. Beim Prozess des Extrudierens stellt man sich am einfachsten eine Wurstpresse vor, die an ihrem Ende eine formgebende Düse besitzt, durch welche die erwärmte Magnet-Kautschukmasse gepresst wird. Dadurch kann entsprechend der Formgebung der Düsengeometrie ein spezielles Profil erzeugt werden.

2.3.5.1 Magnetfolie

Bei der Herstellung durch Kalandrieren wird das Magnetgummi bis zu einer Breite von 1 m zu Rollen aufgerollt, wobei die Dicke nur 0,2 bis 2 mm beträgt. Mit einer verschiedenfarbigen, einseitigen PVC- Kaschierung werden damit z. B. Beschriftungsschilder hergestellt oder Werbemittel. Hier ist die Aufgabe der Folie darin zu sehen, dass diese schnell anzubringen ist und auch schnell wieder entfernt werden kann. In diesem Fall ist keine besondere Haftkraftanforderung notwendig, da sich die Folie nur selbst halten muss. Die Beständigkeit ist auch hier wieder vom verwendeten Kautschuk abhängig.

Bei dem Extruderprozess entstehen aus diesem Material magnetische Dichtungen von Kühlschränken, Duschkabinen, Fliegengitter und spezielle Profile, welche die Funktionen „halten" und „dichten" vereinen. Die magnetischen Werte sind mit einer Remanenz B_r von 0,15 T bis 0,25 T eher bescheiden zu nennen, erfüllen aber trotzdem durch die meist große Fläche eine ausreichende Haftwirkung.

Bei einer Remanenz B_r von 0,15 T findet das isotrope HF-Pulver Verwendung, bei einem B_r von 0,25 T wird das anisotrope Pulver eingesetzt. Der Kautschukanteil beträgt ca. 40 % und bestimmt den Grad der Flexibilität. Die Polteilung bei der mehrpoligen Magnetisierung dieser Folien liegt in der Regel bei 2,5 mm.

2.3.5.2 Magnetgummi

Ab einer Materialdicke von 2 mm spricht man von Magnetgummi, welches als Stabmaterial eingesetzt werden kann. Die Breite kann dann bis 150 mm betragen, oftmals ist es schmaler und kann einfach durch die Dicke (axial) magnetisiert sein oder auch mehrpolig. Bei einer mehrpoligen Magnetisierung ist eine Breite des Magnetgummis bis 300 mm üblich, wobei die Polteilung der Magnetisierung eher 5 mm bzw. 7 mm beträgt, da das Magnetgummi in Stärken bis 8 mm ausgerollt (kalandriert) wird. Die Stablänge beträgt dann oftmals 1 m. Bei Haftanwendungen wird zur Verstärkung der Haftwirkung auf der Rückseite eine Eisenplatte (Blech) angebracht. Dadurch wird bei einer Dicke des Magnetgummis bis 3 mm eine Verdopplung der Haftwirkung erreicht:

Diese verstärkende Wirkung nimmt mit zunehmender Magnetstärke allerdings ab, da die Magnetisierung nicht mehr vollständig durch die Dicke des Materials hindurchdringt, so dass bei 7 mm Magnetdicke nahezu kein verstärkender Effekt durch das Eisen mehr auftritt.

Die maximale Haftkraft kann bei 3 mm dickem Magnetgummi mehrpolig magnetisiert und mit Eisenverstärkung etwa 1,5 N/cm^2 (ca. 150 g/cm^2) betragen.

Die technischen Daten des Magnetgummis entsprechen denen vom Hartferrit und können wie folgt angegeben werden:

HF-Magnetpulver

Magn. Größe	isotrop	anisotrop
B_r [mT]	130 ... 180	250 ... 280
H_{cB} [kA/m]	70 ... 120	160... 180
H_{cJ} [kA/m]	160 ... 120	160 ... 120
TK B_r [°/K]	-0,2	-0,2
TK H_{cJ} [°/K]	0,2 ... 0,5	0,2 ... 0,5
$(BH)_{max}$ [kJ/m^3]	3 ... 6	10-12
Spezif. Dichte [g/cm^3]	3,3 ...3,8	3,3 ... 3,8

Tab. 6: Typische magnetische Werte von Magnetgummi bei isotropem bzw. anisotropem HF-Pulver

Die max. Einsatztemperatur beträgt ca. 100 °C. Die Koerzitivfeldstärke der Polarisation ist bei Magnetgummi, wenn es denn mehrpolig magnetisiert wurde, nicht entscheidend, da bei HF der TK(H_{cJ}) positiv ist und deshalb eine Gefahr der Entmagnetisierung nur bei niedrigen Temperaturen gegeben ist. Zu erwähnen ist jedoch, dass die reversible Permeabilität größer als bei gesinterten Magneten ist und etwa bei μ_p= 1,3 ... 1,55 liegt. Das bedeutet, dass der Magnet immer hoch scheren, somit direkt auf Eisen aufliegen sollte, damit nicht unnötig Haftkraft durch irreversible Verluste verloren geht.

Eine Entmagnetisierungskurve für isotropes Magnetgummi ist in Abb. 23 angegeben.

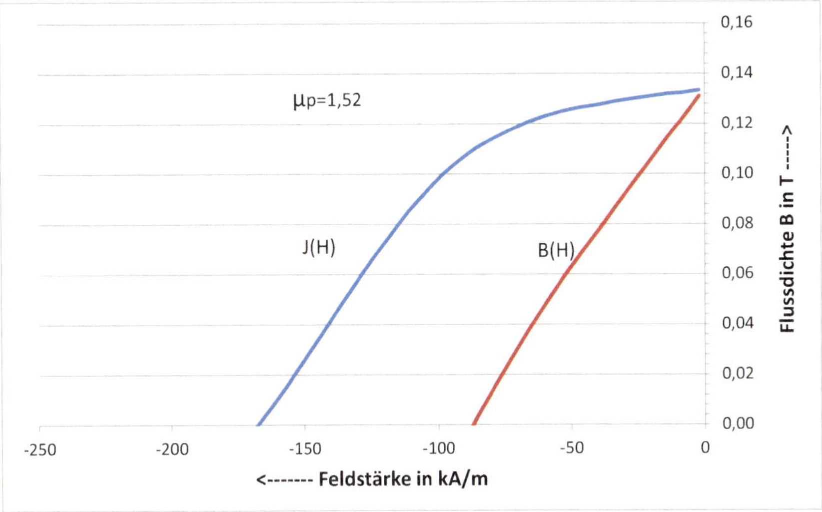

Abb. 23: Entmagnetisierungskurve von HF3/16-Magnetgummi, isotrop mit Br = 133 mT, H_{cJ}= 160 kA/m und μ_p = 1,53; rote Kurve: B(H), blaue Kurve: J(H)

2.4 Das L/D-Verhältnis bei Sensormagneten

Man spricht von einem L/D-Verhältnis, welches unabhängig vom Magnetwerkstoff ist; dabei ist L = Länge (in Magnetisierungsrichtung) und D = Durchmesser. Die Einschränkung auf Sensormagnete macht die Berechnung besonders einfach, da davon ausgegangen werden kann, dass kein ferromagnetisches Material in direkter Nähe des Magneten vorhanden ist. Somit kann eine Berechnung auf den „losen Magneten" bezogen werden. Dies ist sicherlich ein Spezialfall, aber er zeigt in grundsätzlicher Weise die Zusammenhänge.

Typisch ist ein L/D-Verhältnis für die folgenden Werkstoffe von:

HF28/26:	ca. 0,5...1
AlNiCo 40/12:	ca. 2-3
AlNiCo 35/5:	ca. 4-5
SmCo:	ca. 0,1...1
NdFeB:	ca. 0,1...1

Das in einem System real vorhandene L/D-Verhältnis kann z. T. von den vorgenannten Zahlen abweichen, da andere Parameter wie Flussleitstücke einen wesentlichen Einfluss auf die Gestaltung haben können.

2.4.1 Die Berechnung der Steigung der Arbeitsgeraden

Der einfachste magnetische Kreis besteht aus nur einem Magneten. Dieser besitzt ein magnetisches Potential zwischen dem Nord- und Südpol, vergleichbar mit einer magnetischen Spannung, einen inneren und einen äußeren Widerstand, der dadurch bedingt ist, dass die Feldlinien durch Luft (Vakuum) gehen müssen, um vom Nord- zum Südpol zu gelangen. Dieser äußere Widerstand wäre bei Vorhandensein von Flussleitstücken geringer, der Magnet würde also weniger belastet. Da in Luft (Vakuum) die Belastung des Magneten am größten ist, so ist auch die Steigung der Arbeitsgeraden am geringsten und der damit verbundene Arbeitspunkt am niedrigsten. So wird der ‚lose Magnet' zu einem Sonderfall, wie er bei Sensoranwendungen oftmals zu finden ist.

Es ist vorteilhafter, statt der magnetischen Widerstände mit den magnetischen Leitwerten zu rechnen, dieses sind die reziproken Widerstände. Die Steigung der Arbeitsgeraden ergibt sich dann zu

$\mathbf{B_M/H_M = \mu_o{}^{*}\mu_{rev}{}^{*}\Lambda\sigma/\Lambda_M}$, mit $\mathbf{\Lambda\sigma}$ = Leitwert des Streuflusses
und $\mathbf{\Lambda_M}$ = Leitwert des Magneten.

Die Leitwerte ergeben sich aus der Geometrie des Magneten. In der folgenden Tabelle ist für einen realen Fall diese Steigung der Arbeitsgeraden in Abhängigkeit verschiedener L/D-Verhältnisse angegeben:

Magnetischer Leitwert eines Zylindermagneten:

$\mathbf{\Lambda_M} = \pi^*D^2/(4^*L_m)$ mit L_m=Länge des Magneten in Magnetisierungsrichtung

Leitwert des Streuflusses in Luft von einem Zylindermagneten:

$$\Lambda\sigma = \frac{3^*D}{2} * \frac{2^*D+Lm}{2^*D+3^*Lm}$$

Der Magnetdurchmesser beträgt in diesem Fall: **6 mm**

L/D=	0,5	0,75	1,0	1,5	2,0	3,0
L_M =	3mm	4,4mm	6mm	9mm	12mm	18mm
$\Lambda_M = \frac{\pi * D^2}{4 * Lm} =$	9,425	6,28	4,71	3,14	2,36	1,5
$\Lambda\sigma = \frac{3 * D}{2} * \frac{2 * D + Lm}{2 * D + 3 * Lm} =$	6,43	5,82	5,4	4,85	4,5	4,1
$BM/HM = \mu_o * \mu_{rev} * \Lambda\sigma/\Lambda_M =$	0,9	1,22	1,52	2,04	2,52	3,44
nach Evershed =	1,48	2,5	3,46	6,3	9,4	15,9

Tab. 7: Die Steigung der Arbeitsgeraden in Abhängigkeit vom L/D-Verhältnis

Der Vollständigkeit halber ist zum Vergleich noch die Bestimmung nach der Formel von Evershed angegeben, welche jedoch zu große Steigungen angibt, dafür jedoch als ‚best case' angesehen werden kann.

$B_M/H_M = L_M/A_M * k * \sqrt{\pi} * \sqrt{(0/2)}$ wobei O = Magnetoberfläche
L_M = Magnetlänge

A_M = Magnetquerschnitt
k = Korrekturfaktor

B_M = Flussdichte im „Arbeitspunkt"
H_M = Feldstärke im „Arbeitspunkt"

Für Hartferrit- und Selten-Erd- Magnete wird bei k = 1 (da $\mu_p \cong 1$) die Formel für Zylindermagnete zu

$$B_M/H_M = \sqrt{\pi} * \frac{4 * Lm * \sqrt{\left(Lm + \frac{Dm}{2}\right) * Dm}}{\pi * Dm * Dm}$$

mit D_M=Magnetdurchmesser

Die sich hier ergebenden Steigungen der „Arbeitsgeraden" können lediglich als Mittelwerte angesehen werden, somit als mittlere Arbeitsgerade. Diese sind im folgenden Diagramm angegeben.

Um die Magnetisierung im Magneten ‚B_m' zu bestimmen, muss der Schnittpunkt der Entmagnetisierungskennlinie mit der Arbeitsgeraden berechnet werden.

$\mathbf{B_m} = \frac{Bp}{1 + x}$, wobei

$$x = \pi * \frac{Dm}{6 * Lm} * \frac{2 * Dm + 3 * Lm}{2 * Dm + Lm} \quad \text{mit } \mu_p = 1{,}0$$

In x findet man das Verhältnis der Streuleitwerte (Λ_M/Λ_σ) nach Umrechnung wieder.

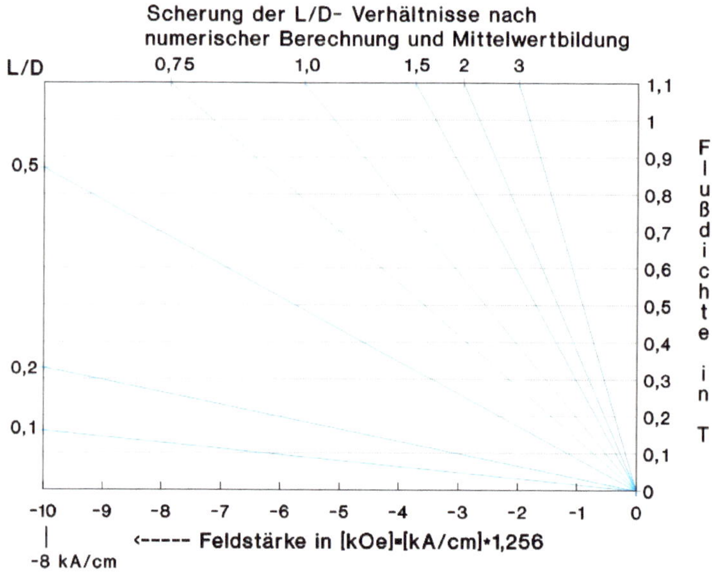

Abb. 24: Darstellung der Steigung der Arbeitsgeraden bei verschiedenen L/D-Verhältnissen

2.4.2 Die Berechnung der Feldstärke von Sensormagneten

Ein Überblick über die Scherung im Magneten von Einzelmagneten, z. B. als Sensormagnete, wurde bereits im vorherigen Kapitel gegeben.

Oftmals ist es für den ersten Überblick sinnvoll, auch die Feldstärke eines Sensormagneten im Abstand x zu kennen. Dieses gilt auch für unterschiedliche Magnetgeometrien, wie Zylindermagnet, Rechteckmagnet oder

Magnetring. Für den Zylindermagneten erhält man folgenden Zusammenhang, wobei x der Abstand vom Magneten in Magnetisierungsrichtung ist. Auf die Herleitung der Formeln wird an dieser Stelle verzichtet, hierzu siehe Literaturverzeichnis.

Für den Zylindermagneten gilt: Das Feld in axialer Richtung, mittig von der Stirnseite des Magneten aus gesehen im Abstand x

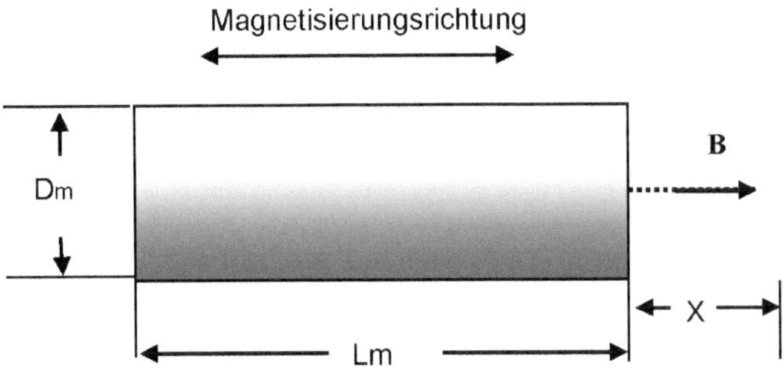

$$B = \frac{Bp}{2} * \left(\frac{Hm + x}{a} - \frac{x}{b}\right)$$

$$a = \sqrt{(Hm + x)^2 + Ra^2}; b = \sqrt{(x^2 + Ra^2}$$

wobei

B_p = Permanenz in [T], im Schnitt 3–5 % kleiner als B_r

H_m = L_m = Magnethöhe in Magnetisierungsrichtung in [mm]

X = Abstand von der Magnetoberfläche in [mm]

R_a = $D_m/2$ = Radius des Zylindermagneten

Für einen Magnetring gilt:

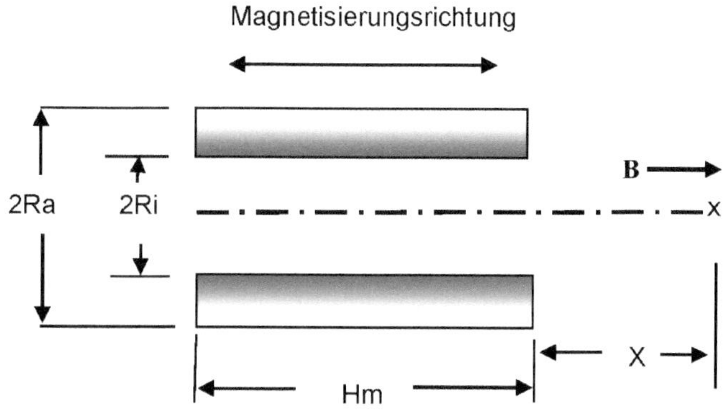

$$B = \frac{Bp}{2} * \left(\frac{Hm + x}{a} - \frac{x}{b} - \frac{Hm + x}{a'} + \frac{x}{b'}\right)$$

$a = \sqrt{(Hm + x)^2 + Ra^2}$; $b = \sqrt{(x^2 + Ra^2}$ und

$a' = \sqrt{(Hm + x)^2 + Ri^2}$; $b' = \sqrt{(x^2 + Ri^2}$

wobei

B_p = Permanenz in [T], im Schnitt 3–5 % kleiner als B_r

H_m = L_m = Magnethöhe in Magnetisierungsrichtung in [mm]

X = Abstand von der Magnetoberfläche in [mm]

R_a = $D_m/2$ = Radius des Zylindermagneten

R_i = Innenradius des Zylindermagneten

Für einen Rechteckmagneten gilt:

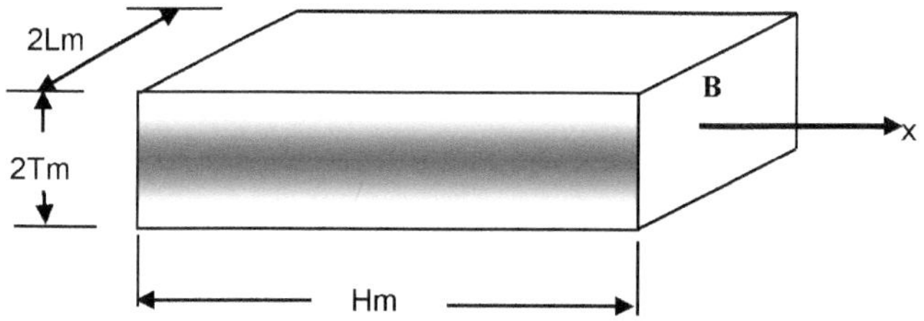

$$B_1 = \frac{Bp}{\pi} * \left\{atan\left(\frac{Hm + x}{Tm * Lm} * c\right) - atan\left(\frac{x}{Tm * Lm} * d\right)\right\}$$

mit

$c = \sqrt{(Hm + x)^2 + Tm^2 + Lm^2}$ und

$d = \sqrt{x^2 + Tm^2 + Lm^2}$

B_p = Permanenz in [T], im Schnitt 3–5 % kleiner als B_r

H_m = Länge des Blockmagneten in Magnetisierungsrichtung in [mm]

X = Abstand von der Magnetoberfläche in [mm]

$2T_m$ = Dicke des Blockmagneten

$2L_m$ = Breite des Blockmagneten

Für 2 Rechteckmagnete in einem C-Joch gilt:

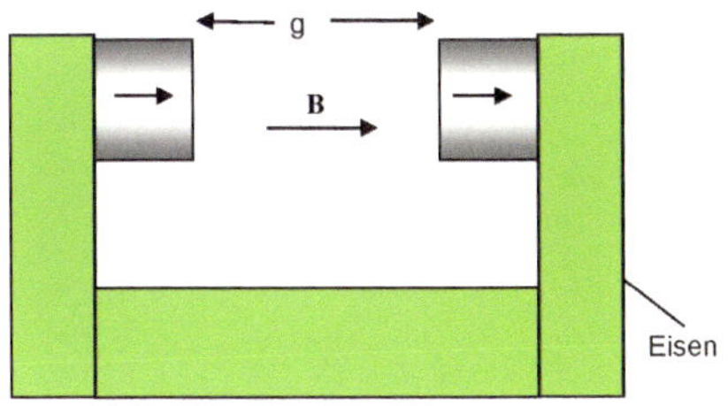

$$B_2 = = \frac{Bp}{\pi} * \left\{atan\left(\frac{Hm + z}{Tm * Lm} * c\right) - atan\left(\frac{z}{Tm * Lm} * d\right)\right\}^*$$

$z = g - x$

$H_m = 2^*H_m$, da die Magnete am Eisen gespiegelt werden.

(*) dieses ist der zweite Teil der Formel, der erste Teil besteht aus der Formel für den Rechteckmagneten B1, s. o. (Superpositionsprinzip)

Somit ist die Flussdichte im C-Joch

$B = B_1 + B_2$

2.5 Sicherheitshinweise

2.5.1 Verpackung

Die Magnete und Magnetsysteme werden gemäß internationalen Richtlinien verpackt. Die Verpackung ist entsprechend zu kennzeichnen.

Hierbei ist insbesondere der Hinweis auf ‚magnetisches Produkt' wichtig.

Deshalb muss jede Lieferung mit der vorgeschriebenen Symbolik „Herzschrittmacher“, „magnetische Kräfte“ und „Quetschgefahr“ gekennzeichnet werden.

Die Entnahme von magnetischen Produkten aus der Verpackung muss ebenfalls mit Bedacht erfolgen, da insbesondere die Quetschgefahr zu Verletzungen führen kann. Deshalb sind sicherheitshalber Handschuhe und Schutzbrille zu tragen.

Die magnetischen Produkte müssen immer sorgfältig mit dem notwendigen Sicherheitsabstand zueinander ausgepackt und zwischengelagert, bzw. weiterverarbeitet werden.

Auf die Gefahren durch Magnetfelder muss hingewiesen werden, dazu sind die folgenden Hinweisschilder zu verwenden:

Achtung/Warnung: Quetschgefahr

Achtung/Warnung: Strahlung

Achtung/Warnung: Magnetfeld

Verbot für Personen mit Herzschrittmacher (HSM)

2.5.2 Sicherheitsrichtlinien

Folgende Sicherheitsrichtlinien kommen für magnetische Produkte zur Anwendung:

1. Unfallverhütungsvorschrift: BGV B11 (VGB 25) „Elektromagnetische Felder“ vom 1.Juni 2001 und zugehörige Regeln BGR B11
2. DIN IEC 60404-8-1: 2005-08 Magnetische Werkstoffe
3. Elektromagnetische Verträglichkeit (EMV) u. elektromagnetische Interferenzen (EMI) speziell Herzschrittmacher EN 45502-2-2
4. Normenreihe DIN VDE 0848-3-1 und DIN EN 50527-2-1
5. Richtlinie 2004/40/EG: Mindestvorschriften zum Schutz ... der Arbeitnehmer vor .... Elektromagnetischen Feldern gemäß Artikel 16 Abs. 1 der Richtlinie 89/391/EWG
6. BGI/GUV-I 5111 Beeinflussung von Implantaten
7. 26. BImSchV
8. DIN EN 71 ‚Spielzeugrichtlinie‘

Bei Magnetsystemen handelt es sich im Wesentlichen um magnetische Gleichfelder, die nur an einer Seite austreten, der aktiven Seite. An allen anderen Stellen ist die Restfeldstärke in einem unkritischen Bereich, es sei denn, es wurde ausdrücklich darauf hingewiesen.

Ein Sicherheitsabstand von 0,5 m gilt als ausreichend, wenn das Magnetsystem Abmessungen von <1 m aufweist. Bei größeren Systemen gilt 1 m als Sicherheitsabstand.

2.5.3 Grenzwerte

Die oben genannten Vorschriften können wie folgt zusammengefasst werden:

Bei statischen Magnetfeldern (<= 1Hz) gilt, dass ein Grenzwert von 0,5 mT bis 0,7 mT für Personen mit Herzschrittmachern [HSM] (aktiven Körperhilfsmitteln) nicht überschritten werden darf. In der folgenden Abbildung ist ein kurzer Überblick über die derzeit gängigsten aktiven Körperhilfsmittel gegeben.

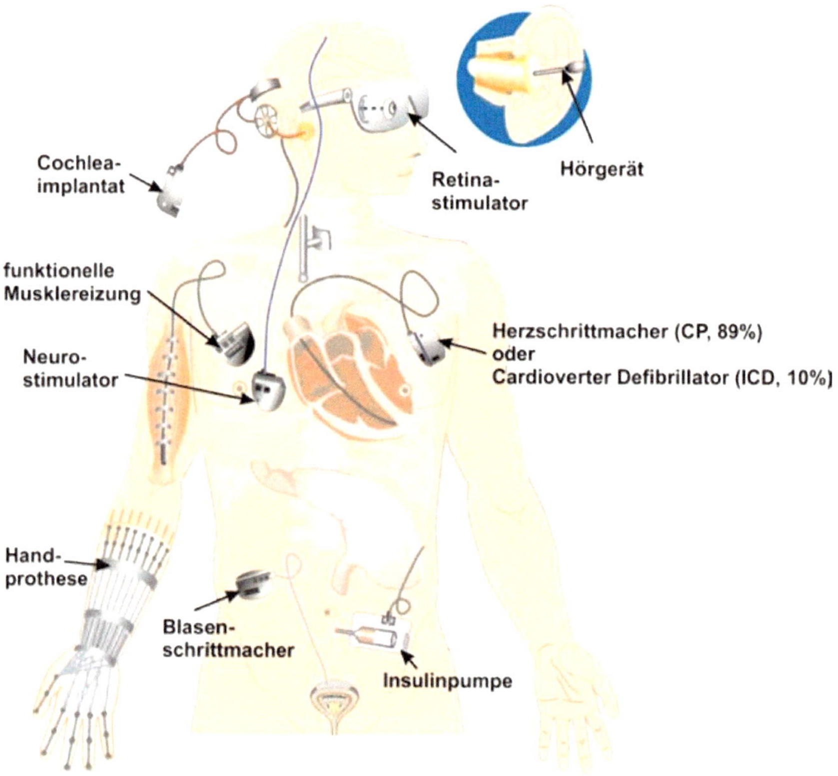

Abb. 25: Beispiel aktiver Implantate
Bild: DGUV Information 203-043

Nach neuester Norm EN 45502-2-2 ist die Funktion bis zu einem statischen Magnetfeld von 1 mT zu gewährleisten. Da aber noch Altgeräte im Umlauf sind, sollte man sich an die 0,5-mT-Grenze halten.

Bei allen anderen Personen, die keine magnetfeldempfindlichen Implantate haben, kann der Grenzwert (Basiswert) für den Ganzkörperbereich auf ca. 21,2 mT (Expositionsbereich 2 = dauerhaft) und 67,9 mT (Expositionsbereich 1 = bis 8 h) und 127,3 mT im Bereich ‚erhöhter Exposition' (Expositionszeit bis 2h) betragen. Sind nur die Extremitäten (Arme, Beine) betroffen, so dürfen diese Werte um den Faktor 2,5 überschritten werden (gemäß 26.BimSchV).

Die Werte für eine 50-Hz-Sinuserregung sind bedeutend geringer.

Wechselfeld 50 Hz	B-Feld in mT	Zeit in Std.
Expositionsbereich 2	0,1	dauerhaft
Expositionsbereich 1	1,25	8
Erhöhte Exposition	2,2	2
Extremitäten (Arm, Bein etc)	5,5	2

Tab. 8: Zulässige Magnetfelder bei 50/60Hz

Zum Vergleich sei festgehalten, dass das Erdmagnetfeld bei ca. 0,03–0,07 mT (30 ... 70 µT) liegt. Im Mittel wird ein Wert von 50 µT angenommen.

Somit wird der ca. 10-fach höhere Wert des Erdmagnetfeldes im Umgang mit magnetischen Gleichfeldern bei Herzschrittmachern akzeptiert.

Als weiterer Vergleich mögen die folgenden Geräte des alltäglichen Gebrauchs dienen, die als unbedenklich eingestuft werden:

- Geräte der Bürokommunikation (PC, Drucker, Monitor)
- Mobiltelefone, DECT, WLAN, Bluetooth
- Elektroinstallationen mit Strömen bis 100 A
- Handgeführte elektrische und elektronische Betriebsmittel
- Transformatoren bis zu 250 kVA
- Antriebe bis 100 kVA

Die Magnetsysteme sind so auszulegen, dass mit Ausnahme der Haftfläche im Umfeld der Magnetsysteme keine ‚Störfelder' größer 0,5 mT in einem Abstand von 20 cm auftreten.

Wenn die Magnetsysteme lediglich Komponenten einer größeren Anlage darstellen, ist der Hersteller dieser Anlagen verpflichtet, gemäß den oben angegebenen Richtlinien zu handeln und für eine entsprechende Sicherheit und Kennzeichnung zu sorgen.

Für den Reparaturfall wird darauf hingewiesen, dass nur geschultes Personal (befähigte Person) diese Reparaturen durchführen darf. Diese Personen dürfen grundsätzlich keinen Herzschrittmacher tragen.

Insbesondere für Dauermagnete gilt zusätzlich:

- Brandgefahr bei mechanischer Bearbeitung. Magnete aus der Gruppe der Seltenen Erden besitzen eine hohe Affinität zu Sauerstoff und entzünden sich leicht. Glimmende oder brennende Magnete und deren Bearbeitungsabfälle nicht mit Wasser, CO_2- oder Halogenlöschern löschen; nur mit Sand- oder Pulverlöschern.
- Magnetisieren von Magneten: Magnete können aus dem Magnetfeld herausgeschleudert werden oder auch zerplatzen, deshalb
- nie in Feldrichtung schauen
- Magnete nie mit der Hand in einer Magnetisiervorrichtung festhalten, sondern unbedingt mechanisch fixieren
- nie ferromagnetische Teile in der Nähe der starken Magnetfelder deponieren
- unbedingt die Betriebsanweisung von Magnetisiergeräten und -spulen beachten
- Transport: Die Bestimmungen für magnetische Streufelder beim Lufttransport (IATA-Richtlinie) sind zu beachten. Diese Bestimmungen gelten auch für Magnetsysteme.

Zulässige Werte der magnetischen Flussdichte in den Expositionsbereichen 1 und 2 sowie im Bereich erhöhter Exposition gemäß 26. BImSchV. Als Referenz ist das Erdmagnetfeld mit eingezeichnet (dient nur zum Größenvergleich).

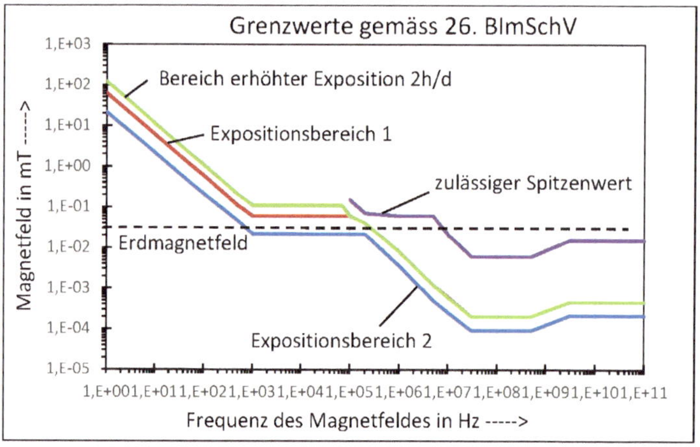

Abb.26: Abhängigkeit der Flussdichte von der Frequenz gemäß der 26.BImSchV

Weiterführende Literatur zu diesem Thema:

- Bundesamt für Gesundheit –Magnete-, http://www.bag.admin.ch/themen/strahlung
- Wolber T. et al.: Potential interference of small NdFeB magnets with cardic pacemakers and implantable cardioverter-defibrillators (2007)
- ICNIRP: Guidelines on limits of Exposure to Static Magnetic Fields, Health Phisics 66(1): 100-106; 1994

2.5.4 Beispiele und Tabellen:

Bei REFeB- und RECo- Magnete mit einer Remanenz B_r > 1000mT gelten folgende Abstände, um ein Magnetfeld von 1mT zu erzeugen (bei Personen mit medizinisch aktiven Hilfsmitteln sind nur 0,5mT erlaubt).

Magnet [mm]	Dimension [mm]	Haftkraft ca. [kg]	Abstand zum Magneten [mm]
Quader, groß	50 * 50 * 25	100	220
Quader. mittel	25 * 25 * 12,5	25	110
Würfelmagnete	5 * 5 * 5	1,1	50
Spielzeugmagnet, Ellipsoid	16 * 16 * 45	2	90
Halskette, Kugeln klein, mittel, groß	D8/12/13	0,9/1,5/2,9	75
Büromagnet, Zyl.	D20 * 10	12	85
Stäbchen mit Stahlkugeln	D5 * 25	1,1	50

Tab. 9: Handelsübliche Magnete mit einer Remanenz Br = 1T und zugehöriger Haftkraft und Reichweite

Wie obiger Tabelle zu entnehmen ist, ist das Grenzmagnetfeld von 1 mT stark abhängig von der größten Abmessung des Magneten. Die Haftkraft ist kein eindeutiges Indiz für die Reichweite.

Von der internationalen Kommission für nichtionisierende Strahlung (ICNIRP) wird ein Grenzwert von 40 mT kontinuierlicher Strahlung (allgemeine

Bevölkerung) angegeben. Man sieht, dass auch hier noch Abstimmungsbedarf besteht, zur 26. BimSchV und es keine einheitliche Regelung gibt. Ausführliche Untersuchungen dauern an.

Kleinkinder sollten auf jeden Fall von starken Magneten ferngehalten werden, da diese gerne kleine Magnete verschlucken, die dann im Körper zu einem Klumpen werden können und dann zu Darmverschlüssen und inneren Verletzungen führen können.

Das Magnetfeld nimmt mit zunehmendem Abstand stark ab. In der folgenden Grafik ist die Reichweite von Selten-Erd(RE)-Magneten für die obige Tabelle als Beispiel angegeben, nur der Spielzeugmagnet ist aus HF:

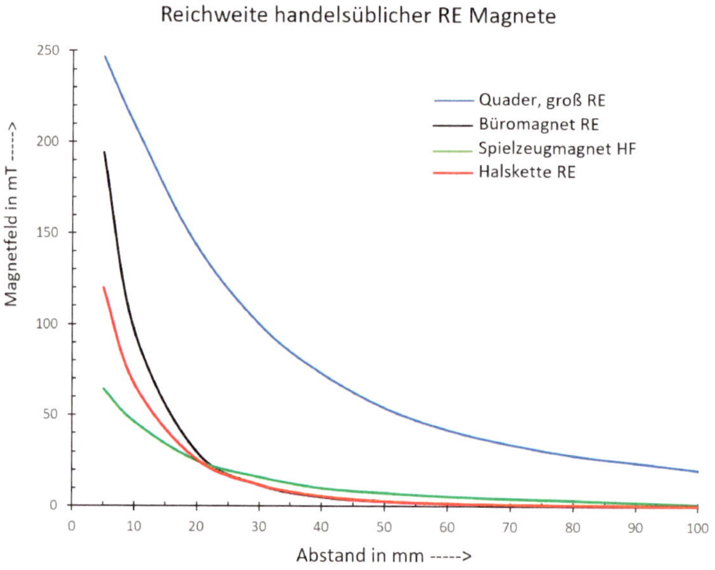

Abb. 27: Darstellung der Reichweite von handelsüblichen Magnetgeometrien (Grenzwert für Patienten mit HSM = 0,5 mT)

Der Abbildung 27 ist zu entnehmen, dass insbesondere die Größe des Magneten für die Reichweite entscheidend ist, wenn von axialen bzw. diametralen Magnetisierung ausgegangen wird. Die Zuordnung der Magnete ist in Tabelle 9 gegeben. Selbst der Spielzeugmagnet – als Ellipse geschliffen, grüne Kurve – überholt bei der Reichweite die kleineren Magnete aus RE (rare earth).

2.5.5 Grenzwertbetrachtungen:

Bislang konnten auch bei 50- bzw. 60-Hz-Feldern keine nachweisbaren Beeinträchtigungen irgendwelcher Körperfunktionen oder Körperteile (auch Nerven und Knochenmark) nachgewiesen werden, wenn das Magnetfeld unter 100 µT = 0,1 mT gelegen hat. Auch bei elektrischen Feldern, die bei Wechselfrequenzen immer auftreten, kann Entwarnung bei Feldern unterhalb 1 KV/m gegeben werden. Die induzierten elektrischen Felder im Körper liegen dann immer unter 88 mV/m. Hier scheinen die Augen am empfindlichsten zu sein.

Es kann auch bei bekanntem Körperwiderstand (Leitfähigkeit, Wirbelströme) auf den Körperstrom rückgeschlossen werden, der dann selbst im Extremfall noch unter 140 µA liegt.

Die Nachweisgrenze, ab welcher ein Mensch einen Strom empfinden kann, liegt bei 360 µA (Finger). Ab 1800 µA wird hier ein Schmerz empfunden.

Jedes Körperteil empfindet die Reizschwelle unterschiedlich (Oberschenkel, Gehirn, Augen, Finger etc.), so kann im Mittel eine Feldstärke von 100 mV/m auf ca. 10 µA zurückgeführt werden (durchschnittliche Leitfähigkeit im Körper ca. 0,25 S/m). Um diese Grenze an äußerer Feldstärke (d. h. außerhalb des Körpers) zu erreichen, muss diese ca. bei 10 kV/m liegen bei einer Frequenz von 50 bis 60 Hz.

Betrachtet man den Bereich einer Körperzelle mit Zellkern und Membrane, so erkennt man eine Signalschwelle/Reizschwelle von 100 mV/m im Mittel, wobei empfindliche Zellen schon bei 10 mV/m reagieren können.

Für isolierte Körperzellen kann man eine Schwelle bei externen Feldern von 10 mT entsprechend 100 kV/m definieren. Da die Körperzellen im Verbund funktionieren (Nervenzellen), liegt je nach Zellenart diese Schwelle höher oder auch niedriger. Dies kann typischerweise der Faktor 10 sein.

Das Innere einer Zelle (Zytosol) ist negativ geladen gegenüber der äußeren Zelle, getrennt durch eine Doppelmembrane. Diese Spannung beträgt ca. −60 bis −75 mV.

Je nachdem, wie viele freie Ladungen in einer Zelle vorhanden sind, benötigt man eine Kraft von 1 pikoNewton (pN) bis 100 pN, um eine Reaktion der Zelle hervorzurufen.

Die Kraft von 1 pN entspricht wiederum einem Magnetfeld von 10 µT (Lorentz-Kraft). Bei einem Erdmagnetfeld von ca. 50 µT sollte dann ein Mensch (so er denn ausreichend magnetfeldempfindliche Zellen im Gehirn hat) das Erdmagnetfeld erkennen können. Das ist jedoch noch nicht beobachtet worden. Selbst bei Feldern von 100 µT wurden noch keine Auswirkungen festgestellt.

Nachweisbare Effekte konnten erst bei Feldern größer als 1 mT nachgewiesen werden.

Im menschlichen Körper existieren Magnetit-Kristalle, die eine höhere Empfindlichkeit gegenüber Magnetfeldern zeigen. Deren Wirkung auf den menschlichen Organismus konnte man bei den bisher angesetzten Feldern nicht direkt nachweisen, allerdings ‚in vitro' bei isolierten Zellen.

Auch die Abhängigkeit von den Frequenzen ist nur andeutungsweise erforscht. So kann eine größere Empfindlichkeit bei Vorgängen im Bereich von 25 ms nachgewiesen werden. Langsame Vorgänge werden erst ab Frequenzen unter 10 Hz wirksam.

In vitro lassen sich viele Effekte nachweisen, bei denen Zellen beeinträchtigt werden, sei es durch Apoptose (Zellvernichtung durch die Zelle selbst) oder Vermehrungsraten, Wachstum etc. Bei Versuchen an lebenden Tieren, z. B. Mäusen, wird der Nachweis einer Beeinflussung deutlich schwieriger, denn auch sie besitzen ein Immunsystem. Dieses wiederum kann man nicht direkt mit dem menschlichen Immunsystem vergleichen, so dass nicht möglich ist, Parallelen zu ziehen.

In diesem extrem niedrigen Frequenzbereich (ELF) gibt es kaum Untersuchungen, da man sich bis jetzt hauptsächlich auf den 50 Hz und 60 Hz Bereich beschränkt hat und im hohen Frequenzbereich auf Handy-Strahlung (inkl. WIFI, WLAN, Bluetooth, DECT etc.).

Dennoch hat die WHO die magnetische Strahlung in die Kategorie 2B eingeordnet, was bedeutet, dass sie möglicherweise krebserregend ist.

Auf der anderen Seite setzt die Medizintechnik bei Magnetresonanz (MRI) wesentlich höhere Felder ein, ohne dass der Mensch etwas davon merkt.

Statt der 100 mV/m werden hier 6 V/m erreicht, allerdings bei Frequenzen von 1–3 kHz. Die Grenzwerte für diesen Bereich, siehe oben, sind noch geringer spezifiziert, da jedoch die Einwirkungszeit klein ist, darf der Wert überschritten werden. Somit könnte ein realistischer Grenzwert für zulässige Felder bei entsprechender Frequenz und Zeitdauer zwischen diesen beiden elektrischen Feldern liegen.

Ein weiterer Grenzwert, der in einer Studie mit Testpersonen festgestellt wurde, ergibt eine Grenzfeldstärke im Gewebe von 2,2 V/m entsprechend einer magnetischen Feldstärke von 48 mT bei 60 Hz. Berücksichtigt man, dass das Magnetfeld in einem MRI bei 2 bis 3 T liegt (Zeitdauer des Impulses hierbei kleiner 1 ms), sollten Auswirkungen feststellbar sein. Dieses lässt sich durch Studien jedoch nicht belegen. Bei einem äußeren Feld von 5 T soll unabhängig von der Person eine Reaktion bemerkbar sein (Zeitdauer ca. 1 ms).

Nimmt man das empfindlichste Organ im menschlichen Körper, das Auge, so stellt man fest, dass ein ‚Flickern' in der Retina entstehen kann, wenn das Magnetfeld bei 20 Hz den Wert von 5 mT übersteigt. Dieser Wert erhöht sich auf 15 mT bei 50 Hz. Bei 20 Hz scheint die höchste Empfindlichkeit für die Entstehung sogenannter Phosphene zu existieren.

2.6 Gesundheitsrisiken beim Umgang mit Dauermagneten

2.6.1 Die „Spielzeugrichtlinie" nach DIN EN 71-1:2018-12 Kapitel 4.23 „Sicherheit von Spielzeug" + Anhang 51

Besondere Aufmerksamkeit ist beim Umgang mit Dauermagneten bei Kindern gegeben. Deshalb ist eine Spielzeugrichtlinie aufgestellt worden, in der festgelegt wurde, ab wann bzw. ab welcher Feldstärke eine Gefahr für Kinder besteht.

Die wesentlichen Punkte dieser Richtlinie sind im Folgenden kurz zusammengefasst.

Größe der Magnete:

Der Durchmesser eines Magneten muss > 31 mm sein (**Schluckzylinder**), damit ein Verschlucken verhindert wird.

Kraft: Die Kraftwirkung wird als **Kraftindex** angegeben und darf den Wert von 50 $kG^2 * mm^2$ nicht überschreiten.

Beispiel: Ein HF-Magnet, kunststoffummantelt bis auf die Haftfläche, möge einen Durchmesser von 30 mm aufweisen. Der Kunststoff ist größer und beträgt einen Durchmesser von 35 mm (erfüllt die Kriterien des Schluckzylinders). Die Haftfläche des Magneten hat somit eine Fläche von 707 mm^2. Es muss sichergestellt werden, dass der Magnet nicht aus der Ummantelung gelöst werden kann.

Teilt man nun die zulässigen 50 $kG^2 * mm^2$ zunächst einmal durch die Fläche von 707 mm^2, so bleiben 0,07 kG^2 übrig. Misst man eine max. Feldstärke von 10 G = 1 mT auf der Oberfläche des Magneten, so erhält man durch Quadrierung = 0,1 kG^2. Dieses ist bei der angenommenen Fläche bereits zu viel.

Diese Forderung lässt sich nur durch Einsatz von Magnetgummi, dem schwächsten Magnetwerkstoff und einer Vielpolteilung erreichen. Alle anderen Werkstoffe, wie HF, AlNiCo und Selten-Erd-Werkstoffe fallen aus, siehe Abb. 28.

Solche ‚Spielzeugmagnete' finden sich allerdings überall im Handel wieder, z. B. als Magnetangeln und in Holzeisenbahnen mit eingesetzten Magneten etc.

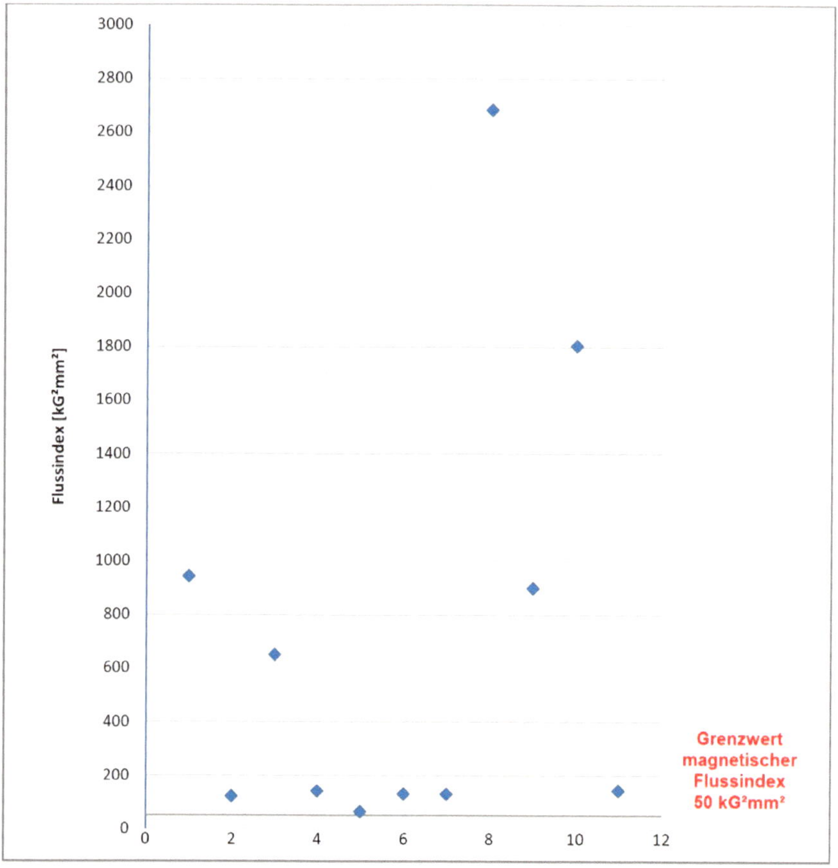

Abb. 28: Ergebnis einer Überprüfung von unterschiedlichen Magnetspielzeugen.
Quelle: Hessische Geräteuntersuchungsstelle, Schwerpunktprojekt 2011, Abschlussbericht

Wie man an dieser Tabelle ablesen kann, überschreiten alle Magnetspielzeuge den max. zulässigen Kraftindex, einige sogar um den Faktor 50.

Bei den sogenannten Magnetpflastern, die eine heilende Wirkung versprechen, kann Entwarnung gegeben werden, da diese oftmals aus Magnetgummi bestehen und mehrpolig sind, so dass deren Magnetfelder klein genug sind.

2.6.2 Einteilung der magnetischen Strahlung

Die elektromagnetische Strahlung im Allgemeinen wird eingeteilt in den ionisierenden Bereich und den nicht ionisierenden Bereich. Im ionisierenden Bereich ist die Strahlungsintensität so hoch, dass die Atome/Moleküle ionisiert werden und damit z. T. ihre Elektronen verlieren, so Radikale entstehen, die definitiv Schaden anrichten. In diesen Bereich fallen die Röntgenstrahlen, UV-Strahlen und die Gammastrahlen, natürlich auch die radioaktiven Strahlen, die jedoch nicht zu der elektromagnetischen Strahlung gehören.

2.6.2.1 Der NIS-Bereich

Wie der 26.BimSchV entnommen werden kann, ist der Frequenzbereich der nicht ionisierenden Strahlung (NIS) bis 300 GHz definiert. Oberhalb liegt noch der Terraherzbereich, bevor der Bereich des sichtbaren Lichts beginnt. Oberhalb des sichtbaren Lichtes beginnt der UV-Bereich. Ab hier folgt der ionisierende Bereich, wobei von einer direkten Schädigung durch die Intensität der Strahlung auszugehen ist, da die hiermit verbundene Energie oberhalb von 1,5 eV liegt.

2.6.2.2 Der ELF-Bereich der Dauermagnete

In diesem Beitrag soll nur der Bereich diskutiert werden, der mit Dauermagneten zu erreichen ist, also bis max. 30 kHz.

Dieses ist der Bereich ELF-Felder, der **e**xtreme-**l**ow-**f**requency Bereich, in dem in erster Linie die Reizweiterleitung über die Nervenfasern läuft.

Vorstellbar ist die Erzeugung dieser Frequenzen durch Dauermagnete, die auf einer schnell rotierenden Welle befestigt sind, wie es bei einem Rotor der Fall ist.

Während bei elektrisch erregten Feldern die Induktivität der Spulen die Grenzen für die Feldstärke aufzeigt, so gibt es diese Beschränkung bei

Dauermagneten nicht und es ist möglich, Magnetfelder bis 0,5 T ohne allzu großen Aufwand zu erzeugen, so dass der menschliche Körper vollständig von ihnen durchdrungen wird. Liegt das Magnetfeld nur einseitig an, so entstehen Gradientenfelder.

Gedankenexperiment:
Stellen wir uns als Beispiel ein U-Joch bzw. C-Joch vor, bei welchem die beiden quadratischen Eisenpole mit REFeB-Magneten (Dicke: 50 mm) auf einer Fläche von 1 m^2 bestückt sind. Der Abstand der Polplatten möge 1 m betragen, so dass ein Mensch problemlos zwischen den Polen Platz findet. Das Magnetfeld ist dann weitgehend homogen und würde ca. 100 mT in der Mitte betragen. Lässt man nun diese Anordnung um den Menschen in der Mitte rotieren, so entsteht entsprechend der Rotationsgeschwindigkeit (Drehzahl) ein magnetisches Wechselfeld, welches bei 50 Hz – ca. 3000 U/min – um den Faktor 50 größer ist als nach der 26. BimSchV (Abb.25) zulässig bei einer Expositionsdauer von max. 2 Stunden.

Die folgende Tabelle zeigt die möglichen Magnetfelder in mT.

Polabstand in mm	**Magnetdicke 50 mm**	**Magnetdicke 100 mm**	**Magnetdicke 150 mm**	**Magnetdicke 200 mm**
1000	102	183	246	296
700	152	264	353	416
500	208	352	458	518

Tab. 10: Magnetische Flussdichte (mT) in einem U-Joch in Abhängigkeit vom Polabstand und der Magnetdicke. Gerechnet mit REFeB Magneten und einer Remanenz von 1,38 T

Erhöht man die Magnetdicke im erwähnten Bespiel auf 100 mm, so entsteht ein Magnetfeld von 180 mT. Eine Reduzierung des Abstandes der Platten auf 70 cm erhöht dazu das Magnetfeld auf 260 mT.

Solche Magnetfelder sind durchaus herzustellen. Felder größer als 1 T sind großflächig nicht mit Dauermagneten zu erzielen. Hier sind supraleitende Spulen oder Impulsfelder notwendig.

Statisch würde ein solches Magnetfeld noch keine Probleme darstellen, kommen doch in einem MRT-Magnetfelder bis 5 T zur Anwendung.

Um alle Wirkungen auf den menschlichen Körper zu erfassen (siehe ICNIRP-Guidelines S. 505ff.), müssten alle physikalischen, magneto-mechanischen und chemisch-biologischen Effekte in Abhängigkeit von Frequenz und Amplitude untersucht werden. Zur Verfügung stehen dazu nur Untersuchungen in vitro und Tierversuche. Die Aussagefähigkeit dieser Ergebnisse bei der Übertragung auf den menschlichen Körper ist beschränkt, da das Immunsystem des Menschen extrem komplex ist und nicht mit dem von Tieren verglichen werden kann. Es bleiben nur Aussagen von ‚möglichen Effekten' übrig, wie ‚möglicherweise krebserregend' (Kategorie 2B), wie in der WHO-Richtlinie für niederfrequente Felder festgehalten.

So bleibt eine Aussagefähigkeit beschränkt auf Einzelergebnisse von Studien, die z. T. widersprüchlich sind.

Zur weiteren Untersuchung ist es notwendig, alle physikalischen und chemischen Effekte auf ihr Wirken auf Zellebene zu untersuchen, somit die Wirkungen auf Moleküle (Molekülketten) und deren Transformationen etc. In der weiteren Folge müssten diese Untersuchungen ausgeweitet werden auf die Ebene der Zellsysteme mit ihren physiologischen Auswirkungen, die letztlich eine Wirkung auf den gesamten Organismus haben. Zuletzt kommt noch das Wirken des Immunsystems mit den eigenen Reaktionen auf Störungen im biologischen System dazu, wobei nicht klar ist, ob eine nachgewiesene Störung einen positiven oder im Nachgang negativen Effekt besitzt oder umgekehrt. Dazu müsste das Immunsystem zunächst aus medizinischer Sicht vollständig und im Detail verstanden sein, um die Wirkung vorhersagen zu können. Eine wahrlich unendliche Aufgabe im Hinblick auf Frequenz und Amplitude von Magnetfeldern.

Anhand des bislang Geschilderten wird bereits klar, dass allein ein physikalischer Effekt, hervorgerufen durch Magnetfelder, eine Aussage über gesundheitliche Auswirkungen bei Menschen nicht zulässt.

Deshalb bleibt an dieser Stelle nur übrig, die Fakten über die physikalischen Eigenschaften zusammenzutragen und Grenzen aufzuzeigen, um eventuell Abschätzungen durchführen zu können.

Zunächst einmal werden die physikalischen, magnetischen Effekte dadurch reduziert, dass der menschlichen Körper sich in einem nahezu flüssigen Zustand befindet. Der Mensch besteht zu ca. 60 % aus Wasser und besitzt damit eine entsprechende Dämpfung der Bewegungen.

Wasser ist diamagnetisch mit einer Permeabilität von ca. $1*10^{-5}$ und würde aus einem Magnetfeld herausgedrängt. Deshalb schwebt auch ein kleiner Frosch über einer supraleitfähigen Spule in einem Magnetfeld von ca. 14–16 T (You-tube: „schwebender Frosch"). Der dabei notwendige magnetische Gradient liegt bei ca. $>=1000 T^2/m$. Für eine magnetische Kraftwirkung ist der Gradient B*dB/dx entscheidend. Deshalb wird der Frosch auch immer zur Spulenmitte gezogen, da hier der größte Gradient herrscht, der die Schwerkraft kompensieren muss. Das wäre bei einem Menschen nicht anders, allerdings ist es derzeit nicht möglich, derart große Magnetfelder in der Abmessung und Größenordnung herzustellen.

Um eine ähnliche Wirkung und damit Beeinflussung auf molekularer Ebene zu erzielen, müssten die Magnete sehr klein sein, also Nanomagnete im Bereich von 30–50 nm. Diese sind bekannt, einmal als weichmagnetische Ferromagnete und anderseits als winzige Dauermagnete, verbunden mit dem sogenannten superparamagnetischen Effekt. Die reinen Ferromagnete können eingesetzt werden, indem diese den Krebszellen „schmackhaft" gemacht werden, so dass sie in diesen angereichert werden. Anschließend wird mit einem Hochfrequenzfeld für eine Temperatur von ca. 48 °C gesorgt (Wirbelstromeffekt), so dass die Krebszellen absterben, wobei das gesunde Gewebe nicht betroffen ist.

Der Superparamagnetismus kann genutzt werden, indem durch ein äußeres Magnetfeld diese Partikel magnetisiert werden (B_r = 0,6 T) und dadurch an Ort und Stelle für ein hohes Gradientenfeld sorgen, so dass eine Separation der Moleküle stattfindet und damit die Differenzierung der Zellen gestört wird.

2.6.3 Physikalische Daten

Im Folgenden soll ein Überblick über die physikalischen Daten auf Zellebene gegeben werden. Der menschliche Körper besteht aus ca. 50 Billionen eukaryotischen Zellen, das heißt Zellen mit einem Zellkern, in dem sich u. a. die DNA befindet. Würde man die Bakterien (prokaryotische Zellen) hinzuzählen, so würde die Zahl der Zellen 3- bis 5-mal so groß werden.

Die Eigenschaften der Zellen mit ihren Kompartimenten sind in der folgenden Tabelle aufgelistet.

Zellen:

Größen und Gewichte (Durchschnittswerte):	
Größe einer Zelle:	40 µ
Gewicht einer Zelle:	2,5 ng = $2{,}5 \cdot 10^{-9}$ g → Gewichtskraft = 25 pN
Größe des Zellkerns:	5 µ ...16 µ, im Mittel 6 µ
Länge der DNA:	ca. 2 m
Mitochondrien:	D = 0,5 ...1,5 µ; L = 0,8 ...4 µ

Ribosomen:	D = 25 nm
Proteine/Enzyme:	1 ... 10 nm
Golgi-Apparat:	D = 1 μ
Cytoskelett:	Mikrotubuli mit D = 25 nm Hohlzylinder
Aktinfilamente:	D = 7 nm Fasern
Intermediärfilamente:	D = 10nm stabile Fasern
Lysosomen:	D = 0,1 ... 1 μ; PH-Wert: 4,5 ... 5 im Innern
Peroxisomen:	D = 0,1 ... 1 μ
Zentriolen:	D = 0,17 μ; L = 0,5 μ Hohlzylinder

1nm entspricht ca. 5–8 Atomlagen

Dichte der Zellmembran:	Rho = 1,12 ... 1,22 g/cm^3
Myelinmembran:	Rho = 0,25 g/cm^3;
Kapazität der Zelle:	C = 0,01 μF/cm^2 ; Rho = 100 kΩ*cm
Kapaz. d. Zellmembran:	C = 1... 2 μF/cm^2; Rho = 1 kΩ*cm
Kapaz. d. Nervenzelle:	22 pF
Gespeicherte elektrostatische Energie (70 mV Zellspanng.)	10^{-14} ... 10^{-13} J ca. 3*10^5 eV
Innere Mitochondrienmembran:	Rho = 2,9 g/cm^3
Spannung Zelle (Zellmembran):	60–80 mV; R ≈ 30...50 MΩ
Extrazellulärer spez. Widerstand:	0,3 kΩ*cm = 3 Ohm*m
Cytoplasma, spez. Widerstand:	0,11 kΩ*cm = 11 Om*m
L/D-Verhältnis von Nervenzellen:	ca. 100
Übergangskapazität Zellmembran:	Cm = 1,5 pF

Zum Vergleich sind in der Tabelle 11 einige Energien chemischer Vorgänge und Strahlungen aufgelistet:

Energetische Ursache	Energie	Einheit
Thermische Energie bei RT	0,026	eV
Energie einer kovalenten Bindung (C=C) ca.	6	eV
Photonenenergie des sichtb. Lichtes (400-800nm)	1,6-3,1	eV
Energie einer H-Bindung (X-H- ...Y-H)	0,1	eV
Wasserstoffbrückenbindung bei H_2O bis	0,2	eV
Van der Waals-Bindung (Dipol-Kräfte)	0,02	eV
Energie bei 2-GHz-Mobilfunk	1*10^{-5}	eV
Energie eines Neutrons der De-Brogli-Wellen 0,1nm	1*10^{-3}	eV

Energetische Ursache	Energie	Einheit
Energie eines Röntgenphotons bei 50 kV	50	keV
Energie eines Alpha-Teilchens b. Zerfall v. Radon	5	MeV
Energie der Radiowellen bei NMR-Spektroskopie	$1*10^{-5}$	eV
Energie eines Photons bei Wärmestrahlung <=	1	eV

Tab. 11: Vergleich üblicher Energien bei chemischen Bindungen und Strahlungen

In Bezug auf die Kräfte bei Biopolymeren möge die folgende Tabelle 12 einen Überblick geben.

Kräfte bei Biopolymeren	Kraft	Einheit
Reißfestigkeit einer kovalenten Bindung	1–2	nN
Deformation eines Glukosemoleküls beim Ring	600–800	pN
Bindungskraft zw. Avidin und Biotin (Vitamine)	150–200	pN
Öffnung der Doppelhelix der DNA	400–500	pN
Kraft bei d. Entfaltung d. β-Faltblatt-Struktur	150–300	pN
Aktin-Myosin-Motor (Moleküleinheit)	5–10	pN
Entwirren von Polymeren	10	pN
Strecken des DNA-Moleküls um 10 %	20	pN
Deformation von Bindungswinkeln	100–600	pN
Aktivierg. der Haarzelle (Hörsensorzelle Innenohr)	1–3	pN
Gewichteffekt der Schwerkraft einer Zelle	5	pN
Ionenkanal am Mechano-Rezeptor (Druck-Zelle)	12	pN
Bindungskräfte zw. DNA-Strängen	70	pN
Kraft zw. Ligand-Molekül und Protein-Rezeptor	100	pN
Kraft der therm. Energie bei RT, kT=25meV	4	pN*nm

Tab. 12: Kräfte bei Biopolymeren
Quelle: Mäntele, Biophysik [36]

Bindet man die DNA (2 m) eines Menschen hintereinander, so entsteht eine Länge von ($1*10^{14}$m). Das reicht aus, um den Äquator 2,4 Mio. Mal zu umspannen oder

Entfernung Erde–Mond (385.000 km):	260.000-mal
Entfernung Erde–Sonne (150 Mio. km):	670-mal
Entfernung Sonne–Pluto (9,5 Mrd. km):	10,5-mal

Die Informationsmenge der DNA wird mit 1,3 GByte, also einer Doppel-CD (2*700 MB) angegeben. Da ca. 10 Mio. Zellen pro Sekunde neu entstehen und natürlich 10 Mio. Zellen absterben, beträgt allein der Kopierprozess die enorme Menge von $1{,}3*10^{15}$ Byte pro Sekunde.

2.6.4 Grenzfelder im ELF-Bereich (extreme low frequency)

In diesem Bereich stellet sich die Frage, welche Dauermagnetfelder im Körper elektromagnetischen Felder durch Induktion erzeugen. Hier ist die Leitfähigkeit der verschiedenen Organe von Bedeutung. Natürlich muss dabei zwischen Kopf & Rumpf bzw. zwischen den Gliedmaßen unterschieden werden.

Ohne zu sehr ins Detail zu gehen, kann festgehalten werden, dass auf Grund des Nervensystems unterschiedliche Weiterleitungsgeschwindigkeiten existieren, so dass eine Frequenzabhängigkeit entsteht. Wie bereits weiter oben erwähnt, sind die magnetischen Gleichfelder nahezu ohne Bedeutung. Erst die Frequenz erhöht die Empfindlichkeit bis zu einer Grenzfrequenz, ab welcher die Nervenleitung nicht mehr ausreichend schnell agieren kann. Dabei ist die Reizweiterleitung bei myelinisierten Nervenfasern schneller als bei nicht myelinisierten Nervenzellen. Außerdem besteht noch eine Abhängigkeit vom Durchmesser der Nervenzellen.

Die folgende Abbildung 29 zeigt den groben Zusammenhang zwischen dem magnetischen Feld und dem hierdurch induzierten elektrischen Feld.

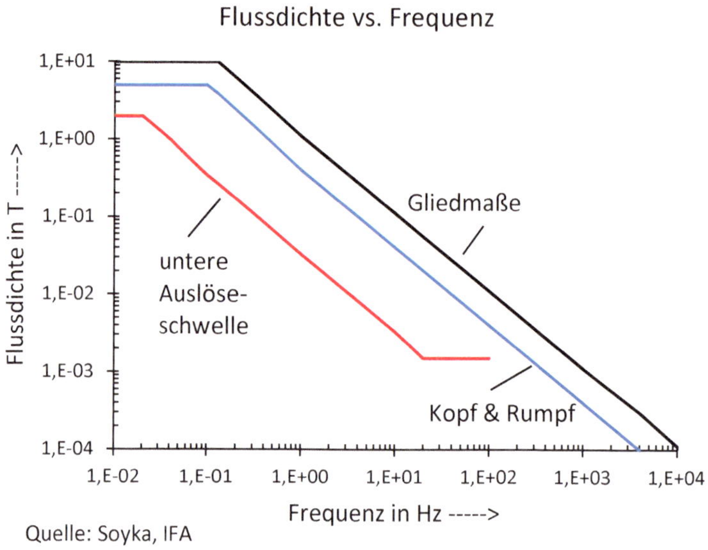

Abb. 29: Auslöseschwellen in Abhängigkeit von der Frequenz. Quelle: [39]

Spezielle Beispiele bei 50Hz:
Induziertes elektr. Feld durch ein magnetisches B-Feld:

Kopf:
23–33 mV/m pro mT
direkte Wirkung bei ca. 6 V/m ⟶ ca. 200 mT an der Zelle, mögliche Wirkung bei 1,1 V/m; dieses entspricht dem erlaubten Grenzwert

Haut:
20–60 mV/m pro mT, somit ca. 40 mV/m im Mittel; entspricht ca. 30 mT, um 1,1 V/m zu erreichen

Herzmuskel:
Um Extrasystolen bzw. Herzkammerflimmern zu erzeugen, benötigt man bei 50 Hz ca. 60 V/m an der Muskelzelle, somit ca. 1,5 T magnetische Flussdichte

Mit Impulsfeldern, erzeugt durch Impulsspulen, werden bereits heute Magnetfelder zur Behandlung von Depressionen und bei Schlaganfällen eingesetzt. Die Feldstärke dieser Spulen beträgt im Spuleninneren ca. 3 T, so dass unter der Schädeldecke im Cortex ein Feld von ca. 1 T erzeugt wird. Bekannt ist dieses Verfahren als **r**epetitive-**t**ranskranielle-**M**agnet**s**timulation (rTMS).

Der gesamte Zusammenhang von der Frequenz zwischen den Auslöseschwellen ist logarithmisch. In der folgenden Abb. 30 ist dieser in einer doppellogarithmischen Darstellung gezeigt.

Es wird deutlich, dass zwischen möglicher Erregung und wahrscheinlicher Erregung der Nerven ein großer Unterschied besteht.

Dieser ist zusätzlich noch stark personenabhängig. Die zulässigen Grenzwerte werden deshalb oftmals um einen Faktor 10 unterhalb der möglichen Erregung festgelegt.

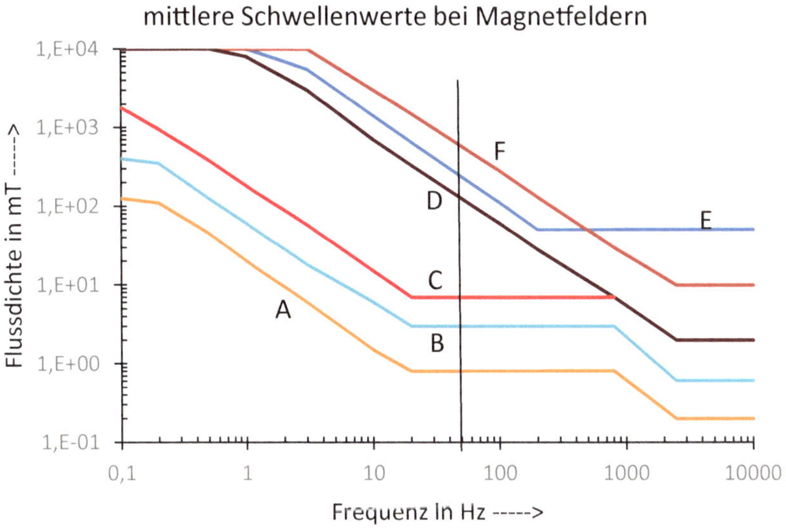

Abb. 30: Darstellung der mittleren Schwellenwerte bei Erregung durch ein Magnetfeld in Abhängigkeit von der Frequenz im ENF-Bereich, wobei

A: Mögliche Gefährdung der Allgemeinbevölkerung 26.BimSchV

B: Mögliche Gefährdung am Arbeitsplatz gemäß 26.BimschV

C: Mögliche Erregung der Synapsen

D: Wahrscheinliche Erregung der peripheren Nerven (20 μ Dicke)

E: Wahrscheinliche Störung der Herzaktivität

F: Wahrscheinliche Erregung der Neuronen im Gehirn (10 μ Dicke)

Quelle: [39]

2.7 Anhang

Größenbereich natürlich vorkommender Magnetfelder

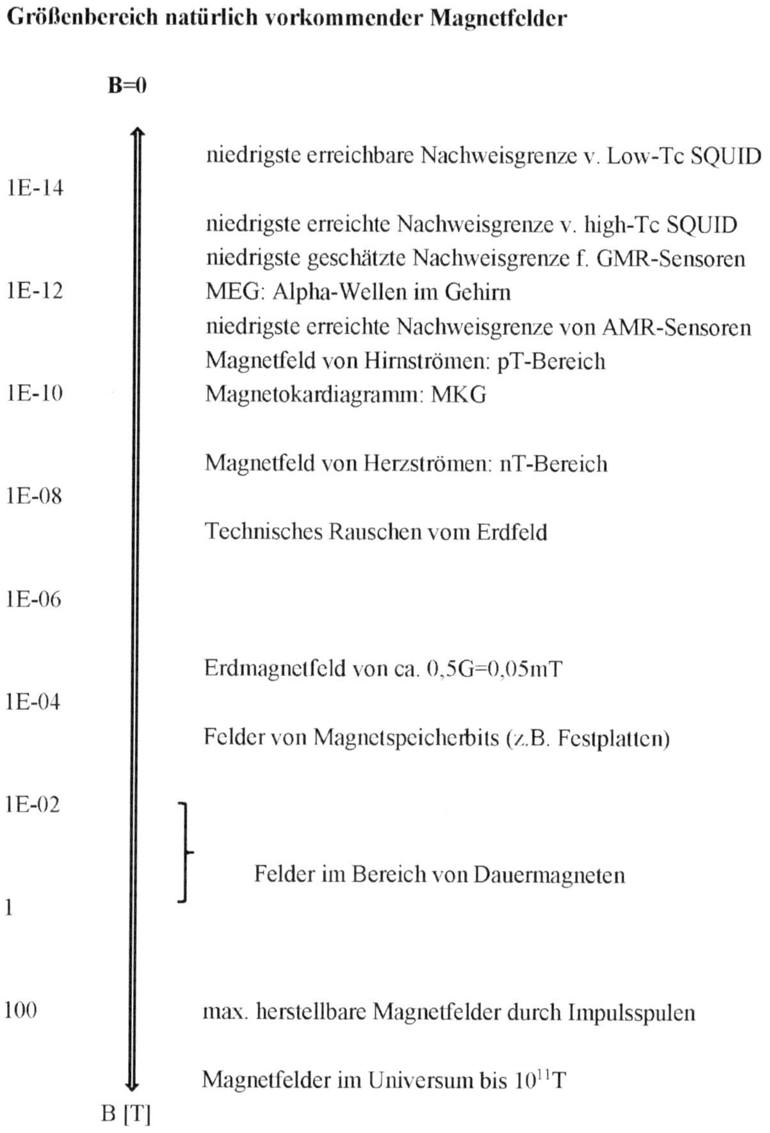

Tabelle 13: Größenordnung natürlich vorkommender Magnetfelder:

Umrechnung der Einheiten

Bezeichnung	SI-System	Cgs-System	Messung
Magnetischer Fluss: ϕ=B*A	1 Wb = 1 Vs 10^{-8}Wb = 10^{-8} Vs	10^8 Maxwell (M) 1 Maxwell	Flussmessgerät
Magnetische Flussdichte B=ϕ/A	1T = 1Vs/m² 1mT = 10^{-3} Vs/m² 10^{-4}T = 10^{-4} Vs/m²	10^4 Gauß (G) 10 Gauß (G) 1 Gauß (G)	Hall-Sonde
Magnetische Feldstärke H = n*I/l = B/μ_o	1 A/m = 0,01A/cm 1 A/cm = 100A/m 79,6A/m = 0,796A/cm	0,0126 Oe 1,256 Oe 1 Oe	Hall-Sonde Potentialspule + Flussmessgerät
Max. Energie-produkt $(BH)_{max}$	1 kJ/m³ 7,96 kJ/m³	12,56 GOe 1 MGOe	
Potential P, magn. Spannung Um oder Durchflutung Θ = n*I	0,796 A 1 A 1 A	1 Gilbert (Gb) 1 Gb = 1 Oe*cm 4π/10 Gb 1,256*10^{11} emu	Potentialspule u. Flussmessgerät
Dipolmoment j oder m = j/μ_o	1 Vsm 1 Am2	4π*10^{10}erg/G = 1,256*10^{11}emu	Helmholtzspule u. Flussmessgerät
Permeabilität μ_o	1,256*10^{-6} = 4π*10^{-7} Vs/Am	1 G/Oe	

Tab. 14: Umrechnung von SI-Einheiten in cgs-Einheiten
emu=**e**lectro**m**agnetic **u**nit

Magnet-werkstoff	Remanenz Br in mT	Curie-Temp. in °C	TK (Br) 1/K	TK (HcJ) 1/K	max. Arbeits-temp. T_{max} in °C
AlNiCo	510–1350	800	–0,02 %	–0,03 %... +0,02 %	500
Ferrit (HF)	200–420	450	–0,2 %	+0,4 %	200
$SmCo_5$	800–970	720	– 0,145 %	–0,25 %	250
Sm_2Co_{17}	700–1050	820	–0,03 %	–0,15 %	350
REFeB	1100–1450	310	–0,13 %	–0,35 %... –0,8 %	80 ... 230

Tab. 15: Zusammenstellung der magnetischen Eigenschaften üblicher Magnetwerkstoffe

Werkstoff	spez. Dichte g/cm³	spez. elektr. Widerstand µOhm*cm	spez. Wärme J/(kg*K)	Wärmeleitfähigkeit W/(m*K)
Ferrit (HF)	4,85	ca. 1	500 ... 750	5 ... 10
AlNiCo	7,1 ... 7,3	45 ... 65	ca. 400	10 ... 100
RECo	ca. 8,35	50 ... 90	340 ... 360	11 ... 13
REFeB	7,5 ... 7,6	150	ca. 440	9

Werkstoff	Elastizitätsmodul kN/mm²	Zugfestigkeit kN/mm²	Druckfestigkeit kN/mm²	Biegefestigkeit kN/mm²
Ferrit (HF)	120 ... 180	ca. 50	300 ... 700	
AlNiCo	100 ... 200	30 ... 200	300 ... 400	250 ... 600
RECo	120 ... 180		300 ... 800	ca. 120
REFeB	ca. 140		ca. 750	ca. 250

Werkstoff	linearer Ausdehnungskoeffizient parallel zur Vorzugsrichtung	linearer Ausdehnungskoeffizient senkrecht zur Vorzugsrichtung
Ferrit (HF)	9,2 ... 13,3	9,2 ... 10
AlNiCo	13 ... 14	13 ... 14
RECo	6 ... 8	11 ... 13
REFeB	ca. 5	ca. −1

Tab. 16: Mechanische und physikalische Daten von Magnetwerkstoffen

2.8 Literaturverzeichnis

[1] Schüler, K.: Dauermagnete- Werkstoffe und Anwendungen, Springer Verlag, Berlin 1972

[2] Koch, J; Ruschmeyer, K.: Permanentmagnete I (Grundlagen) Valvo GmbH

[3] Phillippow, E.: Taschenbuch der Elektrotechnik, Band 1, Grundlagen, VEB Verlag Technik, Berlin

[4] Ruschmeyer, K.: Berechnung von Dauermagnetkreisen für statische und dynamische Anwendungen, Vortragsveröffentlichung Nr. 310 im Haus der Technik

[5] Hübner, K.-D.: Analytische Berechnungsverfahren von Magnetkreisen und die Grenzen ihrer Anwendbarkeit, Berichte der Arbeitsgemeinschaft Magnetismus, Band 1: Neuere magnetische Werkstoffe und Anwendungen magnetischer Methoden, Verlag Stahleisen mbH-Düsseldorf 1983 (Frühjahrstagung Bad Nauheim 19.-21.4.1982)

[6] Rodewald, W.: Seltenerd-Kobalt-Magnetwerkstoffe, Vortrag an der Technischen Akademie in Esslingen am 8.3.1983

[7] Michalowsky, L.: Magnettechnik, Fachbuchverlag Leipzig-Köln (1993)

[8] Cassing, W, u. a..: Elektromagnetische Wandler, Sensoren u. a., Expert Verlag, 2. Auflage 2002

[9] Cassing, W., u.a.: Dauermagnete, Mess- und Magnetisiertechnik, Expert Verlag 2017

[10] VDI/VDE Magnetik in der Messtechnik, GMA-Bericht 13, VDI/VDE-Gesellschaft Mess- und Automatisierungstechnik, 1987

[11] Bundesamt für Gesundheit –Magnete-, http://www.bag.admin.ch/themen/strahlung

[12] Wolber T et al.: Potential interference of small NdFeB magnets with cardic pacemakers and implantable cardioverter-defibrillators (2007)

[13] ICNIRP: Guidelines on limits of Exposure to Static Magnetic Fields, Health Physics 96(4): 504-514; 2009 und 74 84 9: 494-522,1998

[14] ICNIRP: Guidelines for limiting exposure to time varying electric and magnetic fields (1Hz-100 kHz); Health Physics 99(6): 818-836; 2010

[15] ICNIRP: Guidelines for limiting exposure to electric fields induced by movement of the human body in a static magnetic field ...; Health Physics 106(3): 418-425; 2014

[16] Bericht der EMF- Arbeitsgruppe des Bundesministeriums für Arbeit und Soziales, „Elektromagnetische Felder am Arbeitsplatz 400-D“ Abschlussbericht 2011 http://www.bmas.de/SharedDocs/Downloads/DE/PDF-Publikationen

[17] Bundesministerium für Arbeit und Soziales, Forschungsbericht 451 Elektromagnetische Felder am Arbeitsplatz Sicherheit von Beschäftigten mit aktiven und passiven Körperhilfsmitteln bei Exposition gegenüber elektromagnetischen Feldern, 2015 ISSN 0174-4992

[18] BGHM, Berufsgenossenschaft Holz und Metall, Nr. 0072, Stand 04/2020; Praxishilfe zur Erstellung einer Gefährdungsbeurteilung für Elektromagnetische Felder

[19] Council of the EU, SOC 764, CODEC 2184, Directive 2004/40/EC

[20] Landesumweltagentur Bozen, “Biologische Wirkung elektromagnetischer Wellen”

[21] Masson: Dissertation über „Studie zu Störspannungen an HSM im niederfrequenten EMF-Bereich“

[22] Bayrisches Landesamt für Arbeitsschutz, Elektromagnetische Felder am Arbeitsplatz“

[23] Bundeamt für Gesundheit (BAG), „Nichtionisierende Strahlung und Gesundheitsschutz in der Schweiz“

[24] Forschungsstelle für Elektropathologie München „Elektrische und magnetische Felder, Strom im Alltag“, Ausgabe 2011

[25] I.S.F Institut für Stressforschung „Biologische Wirkungen elektromagnetischer Felder“ Übersetzung aus dem Russischen, 1996

[26] Sonntag, Verlag Europa Lehrmittel, „Wirkung des elektrischen Stroms...“, 2008

[27] Rauschenberg, u. a., „Ressortforschungsberichte zur kerntechnischen Sicherheit und zum Strahlenschutz“, Deutsches Krebsforschungszentrum, Heidelberg, im Auftrag des BMU, 2012

[28] Bundesamt für Strahlenschutz, „Strahlung/Strahlenschutz“, Broschüre 2008

[29] Zschiesche, BG ETEM „Stromunfälle, Gefährdungen, gesundheitliche Auswirkungen, Erste Hilfe und ärztliche Maßnahmen“, 2013

[30] Bekanntmachung Bundesanzeiger: Schutz vor elektrischen und magnetischen Feldern..., Mai, 2008

[31] 26. BImSchV (1996): Verordnung über elektromagnetische Felder ...., BGBI. 1996

[32] Gassen: Das Gehirn; WBG Darmstadt, 2008

[33] Glaser, Roland: Heilende Magnete- strahlende Handys, Wiley Verlag, 2008

[34] Kiontke, Siegfried: Tatort Zelle, Vitatec Verlagsgesellschaft, 2014

[35] Bannwarth, Horst et.al.: Basiswissen Physik, Chemie und Biochemie, Springer Verlag, 3. Auflage 2013

[36] Mäntele, Werner: Biophysik, Verlag Eugen Ulmer, Stuttgart 2012

[37] Horn, Florian: Biochemie des Menschen, Georg Thieme Verlag, 2012

[38] Lipton, Bruce H.: Intelligente Zellen, KOHA Verlag, 2008

[39] Soyka, Werner u. a., Institut für Arbeitsschutz der DGUV (IFA); S. 254-264 (2020)

[40] WIKIPEDIA

[42] Youtube

3 Kunststoffgebundene Magnete

Martin Groenefeld

3.1 Einführung

Bei kunststoffgebundenen Magneten handelt es sich um Verbundwerkstoffe. Hierbei wird ein sortenreiner Magnetwerkstoffe als Pulver in eine Matrix aus einem Bindestoff eingebettet. Dieser Materialverbund kann anschließend mit gängigen Produktionsverfahren der Kunststofftechnik in die gewünschte Form gebracht und weiterverarbeitet werden.

Historisch geschah dies erstmalig 1934 [Baermann 1934], um gebrochene Magnetteile weiterhin nutzen zu können. Hierdurch wird erkennbar, dass beim aktuellen Thema des Recyclings von wertvollen Roh- und Werkstoffen den gebundenen Magneten eine wichtige Rolle zukommt. Darüber hinaus liegt der eigentliche Vorteil der gebundenen Magnete in der günstigen Kombination der Eigenschaften von Binder und Magnetanteil, der günstigeren Formgebung mit engen Toleranzen ohne Nacharbeit sowie der Anwendbarkeit von gut reproduzierbaren Herstellprozessen. Dem gegenüber ist leider der ungünstige Effekt zu berücksichtigen, dass in einem Verbundwerkstoff, bei dem nur ein Anteil zum Magnetismus beiträgt, die magnetischen Eigenschaften durch die Verdünnung deutlich reduziert werden. Dies wird daher im Folgenden genauer beschrieben und quantifiziert.

3.1.1 Reduktion magnetischer Eigenschaften in gebundenen Werkstoffen

Die Fähigkeit eines Werkstoffes, dauermagnetisch ein Feld zu erzeugen, hängt mit der parallelen Ausrichtung molekularer Dipolmomente zusammen. Hierbei überlagern sich die Felder der einzelnen Dipole additiv, d. h., ein äußeres Magnetfeld ist direkt proportional zu dem Volumenanteil des magnetischen Werkstoffes am gesamten Bauteil. Das ist nicht trivial und tatsächlich auch nur als Näherung gültig. Betrachtet man zum Beispiel die Leitfähigkeit von einem Verbundwerkstoff aus Polymer und Metall, so hängt die Leitfähigkeit ganz entscheidend davon ab, ob ein geschlossener Strompfad von einer Seite des Bauteils zur anderen besteht. Bei einem geringen Anteil von Metall ist das Bauteil ein guter Isolator und ab einer bestimmten Dichte von Metall, die auch von der Form der Füllpartikel abhängt, setzt eine geringe Leitfähigkeit ein, die dann stark überproportional mit dem Füllstoffanteil zunimmt. Idealerweise geschieht dies bei einem scharf definierten Füllstoffanteil. Dies ist Gegenstand der Perkolationstheorie, bei der ein solcher Übergang sehr komplex beschrieben wird. Ähnlich verhält es sich bei weichmagnetischen Eigenschaften. Auch die Permeabilität von verdünnten weichmagnetischen Pulvern zeigt eine stark nicht lineare Abhängigkeit von der Fülldichte, da auch bei der Flussleitung durch die magnetischen Partikel ein ähnliches Verhalten wie bei der elektrischen Leitung auftritt, obwohl hier auch durch den Binder hindurch die magnetische Isolation nicht perfekt ist, da auch das Vakuum eine geringe Permeabilität aufweist.

Durch die rein additive Überlagerung der magnetischen Felder, die jeder einzelne Dipol erzeugt, ist damit die nahezu lineare Behandlung der Feldwirkung eines gebundenen Werkstoffes vergleichsweise einfach.

In der Einführung zu Magnetwerkstoffen wurden schon die wichtigsten Werkstoffeigenschaften benannt. Bei Raumtemperatur ist der Werkstoff durch die Entmagnetisierungskurve hinreichend charakterisiert und kann für viele Bewertungen auf die dort relevanten Werte Remanenz (Stärke), Koerzitivfeld (magnetische Härte) und Energieprodukt reduziert werden. Letzterer Wert ist die wichtigste Kennzahl zur Bewertung der Leistungsfähigkeit eines Werkstoffes und ist nahezu direkt proportional zu der Kraft, die zwischen zwei Magneten oder zwischen einem Magneten und einem weichmagnetischen Bauteil wirkt.

Schematisch zeigt die Abb. 1.1 einen gebundenen Werkstoff, der durch magnetisierbare Partikel in einer nicht magnetisierbaren Matrix dargestellt ist. Neben der Entmagnetisierungskurve der magnetisierbaren Partikel ist hier der Volumenanteil f dieser Partikel im Gesamtvolumen relevant. Ob das Restvolumen komplett mit dem Matrixmaterial gefüllt ist oder wie in dem Bild gezeigt einen geringen Anteil von Poren, Lufteinschlüssen, Rissen oder ähnlichen Leerstellen enthält, mag für die Mechanik des Bauteils wichtig sein, ist aber nicht für die Magnetik von Bedeutung, solange diese Leervolumina klein und gleichmäßig verteilt sind.

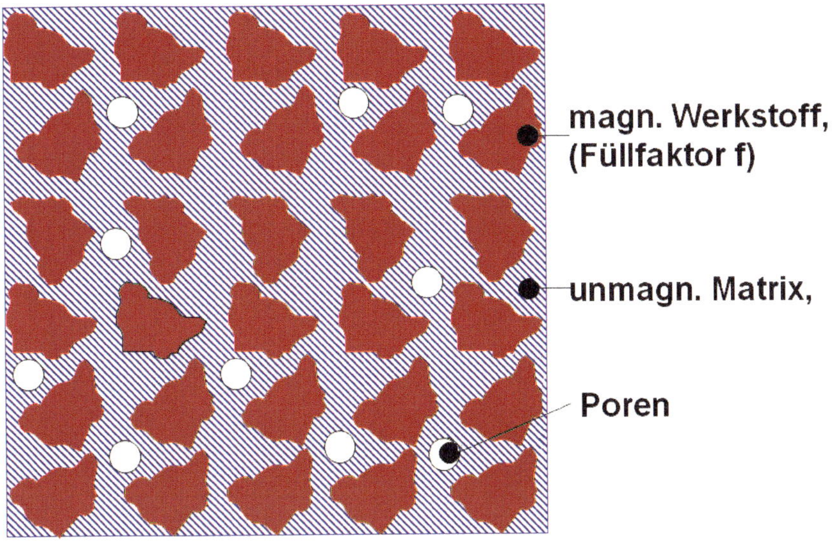

Abb. 1.1 schematisches Bild eines Verbundmagneten

Das Koerzitivfeld jHc ist definiert als das interne Feld, bei dem die Gesamtmagnetisierung verschwindet. Dies bedeutet im idealisierten Modell, dass alle magnetischen Partikel keine Magnetisierung mehr in die ursprüngliche Aufmagnetisierungsrichtung aufweisen, aber auch noch nicht in die Gegenrichtung des entmagnetisierenden Feldes ummagnetisiert sind. In diesem Fall sind das äußere Magnetfeld und das gemittelte Feld in den Partikeln identisch. Die Koerzitivfelder jHc des reinen Magnetwerkstoffes und des verdünnten Verbundwerkstoffes sind also in guter Näherung unabhängig vom Grad der Verdünnung gleich.

Für die Remanenz B_R hingegen würde man erwarten, dass diese durch die Verdünnung mit dem Volumenfaktor f gegenüber dem reinen Magnetwerkstoff reduziert ist, da der magnetische Fluss sich, wie oben beschrieben, aus der Volumenüberlagerung aller Volumenanteile ergibt. Dies ist nicht selbstverständlich, da in jedem Magnetpartikel in der Matrix das entmagnetisierende Feld überlagert wird von Streufeldern des Partikels selbst und von den Partikeln in der Umgebung.

Wenn makroskopisch das Feld im Werkstoff verschwindet, erzeugen die magnetisierten Füllpartikel aufgrund des eigenen Streufeldes ein der Magnetisierung entgegengerichtetes Feld. Somit liegt der magnetische Arbeitspunkt der Partikel im zweiten Quadranten auf der Entmagnetisierungskurve. Hierdurch ist die Remanenz noch geringfügig mehr als um den Faktor f reduziert, wenn die Polarisation des gebundenen Werkstoffes auch bei kleinen Gegenfeldern schon rückläufig ist. Dies ist bei allen Werkstoffen gegeben, bei denen das intrinsische Koerzitivfeld jHc deutlich unter der Remanenz B_R dividiert durch die Vakuumpermeabilität μ_0 liegt, d. h. $jHc < B_R / \mu_0$. Dies ist bei den heute gebräuchlichen Werkstoffen nur noch bei den AlNiCo-Materialien der Fall.

Gilt für den reinen Magnetwerkstoff

$$jHc > B_R / \mu_0$$

und ist dessen relative Permeabilität μ_r nahe 1, stehen Remanenz und Energieprodukt $(BH)_{max}$ in guter Näherung in der Beziehung:

$$(BH)_{max} = B_R^2 / (4\, \mu_0\, \mu_r)$$

Für Hartferrite und Seltenerdmagnete ist diese Näherung recht gut erfüllt. Dadurch wird die Remanenz gebundener Magnete um den Faktor f und das Energieprodukt um den Faktor f^2 gegenüber den reinen Magnetwerkstoffen reduziert.

Die Entmagnetisierungskurve J(H) ist in dem Fall idealisiert einfach um den Faktor f auf der vertikalen J-Achse nach unten skaliert (Abb. 1.2). Reelle Kurven weichen demgegenüber nur geringfügig ab.

Der Füllstoffanteil f gebundener Magnete kann maximal die Größenordnung der relativen Pressdichte erreichen und liegt typischerweise für die meisten Herstellprozesse eher im Bereich der Schüttdichte. Aufgrund der dichtesten Kugelpackung von 74 Vol.-% als Maßstab für die oberste Grenze liegt der Füllfaktor f je nach Herstellprozess und Rezeptur im Bereich 50 % bis 70 %. Die höchsten Werte für das Energieproduktes kunststoffgebundener Magnete erreichen daher ungefähr die Hälfte des Energieproduktes des reinen Magnetwerkstoffes. Die folgende Tabelle stellt dies an ein paar Musterwerkstoffen dar.

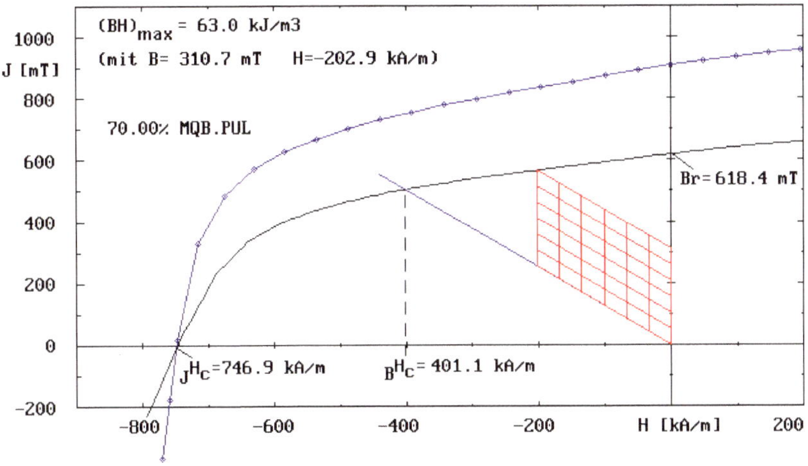

Abb. 1.2 Entmagnetisierungskurve eines reinen Magnetwerkstoffes und eines auf 70 Vol.-% verdünnten Werkstoffes in idealisierter Rechnung

Werkstoff	$(BH)_{max}$ kompakt	[kJ/m³] gebunden
Ferrit isotrop Ferrit anisotrop	8 30	4 15
AlNiCo isotrop AlNiCo anisotrop	18 50	9 /
Sm-Co isotrop Sm-Co anisotrop	55 220	(30) 70
Nd-Fe-B isotrop Nd-Fe-B anisotrop	(80) 320	60 (120)

Tab. 1.1: Vergleich typischer Werte des Energieprodukts für kompakte und kunststoffgebundene Magnete. Werte in Klammern stehen für nicht kommerzielle Werkstoffe

3.1.2 Bedeutung kunststoffgebundener Materialien

Kunststoffgebundene Magnete stehen also in ihrer magnetischen Leistung deutlich hinter den reinen „unverdünnten“ Magnetwerkstoffen. Würde man einen Motor mit gesinterten Ferritsegmenten durch einen gleichen Motor mit kunststoffgebundenen Segmenten aufbauen, so wäre das Drehmoment bei gleicher Bestromung deutlich reduziert. Die Haftkraft eines kunststoffgebundenen Magneten geht mindestens um den Faktor 2 gegenüber dem reinen Werkstoff zurück. Zusammengefasst leiden alle Anwendungen, bei denen die Stärke des Magneten direkt in die Leistungsfähigkeit der Anwendung eingeht.

Glücklicherweise gibt es Anwendungen, die ein Magnetfeld einer definierten Stärke benötigen, bei denen jedoch ein stärkeres Feld keinen Vorteil bringt. Insbesondere sind dies alle Sensoranwendungen, bei denen eine Magnetposition berührungslos und ggf. durch eine nicht magnetische Wand hindurch von einem elektronischen das Magnetfeld detektierenden Sensor erfasst wird. Die Anwendung erfordert, dass das erzeugte Feld deutlich über den möglicherweise auftretenden Fremdfeldern liegt. Darüber hinaus noch höhere Felder bringen aber keinen Vorteil. Sie können sogar stören, beispielsweise, wenn ferromagnetische Verunreinigungen Auswirkungen auf das Sensorsystem haben können, und wenn diese durch die stärkere Anziehung eher festgehalten werden.

Betrachtet man, dass das Erdmagnetfeld ca. 40–70 µT beträgt und technisch relevante Streufelder wenige mT betragen, erklärt es sich, dass das Arbeitsfeld von marktüblichen Sensorelementen im Bereich von wenigen bis ca. 70 mT beträgt. Dies liegt genau in dem Feldbereich, der mit kunststoffgebundenen Magneten gut erreicht wird (Abb. 1.3).

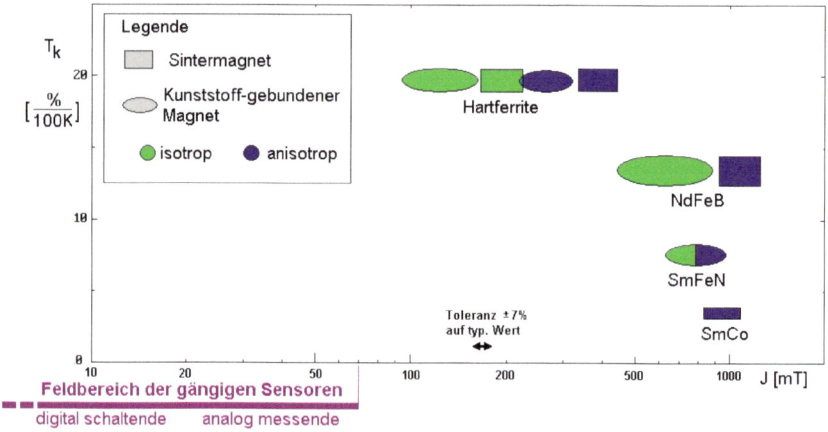

Abb. 1.3: Feldbereich verschiedener Werkstoffe im Vergleich zum Feldbedarf typischer Sensoren

Hinzu kommt, dass bei Sensoranwendungen sowohl in Bezug auf die Geometrie und Mechanik als auch in Bezug auf das Magnetisierungsmuster oft komplexe und sehr genaue Magnete benötigt werden, bei denen die Eigenschaften auch bei Großserien sehr reproduzierbar und gleichmäßig sind. In einem elektrisch geregelten Elektromotor kann eine Varianz des Magnetfeldes von einigen Prozent ausgesteuert werden. Das System, welches diese Regelung steuert, sollte aber sehr präzise sensieren.

Es ist ersichtlich, dass kunststoffgebundene Magnete ihren eigenen Markt in einer Welt zunehmender Elektronik finden. Ein weiterer hierfür aber sehr entscheidender Faktor ist die Möglichkeit, die Herstellprozesse weitgehend zu automatisieren und deren Prozessfähigkeit zu optimieren. Letztere gibt Auskunft darüber, mit welchen Fehlerraten Großserien von typischerweise mehreren Millionen Magneten prozessiert werden können, und inwieweit vereinzelte Fehler im Bereich von wenigen Schlechtteilen auf eine Million produzierte Teile (ppm-Rate = parts per million) durch die Prüfung von wenigen Teilen statistisch erkannt werden können. Da Sensoranwendungen häufig Massenanwendungen sind, spielt der Automatisierungsgrad nicht nur für die Wirtschaftlichkeit, sondern, gepaart mit der Prozessfähigkeit, auch für die Qualitätsplanung und die Sicherheit in der Fertigung eine entscheidende Rolle.

Da die Sensoranwendungen so eine große Bedeutung für kunststoffgebundene Magnete haben, ist ein separater Abschnitt in diesem Kapitel auch der sensierenden Seite in dem System von Sensor und Magnet gewidmet.

3.2 Werkstoffe

Als Matrix ist grundsätzlich jedes Material denkbar, welches einen Zusammenhalt des Bauteils sicherstellt. Obwohl dies auch Glas, ein keramischer Binder oder ähnliches sein könnte, sind wirtschaftlich und technisch hier ausschließlich Kunststoffe im Einsatz.

Die Einteilung der kunststoffgebundenen Magnete kann daher sowohl nach den eingebetteten Magnetwerkstoffgruppen als auch nach der Materialfamilie des Binders sowie dem Herstellprozess erfolgen. Da in den vorangegangenen Kapiteln die grundlegenden Magnetwerkstoffe schon ausführlich behandelt wurden, reicht hier die Betrachtung, dass grundsätzlich alle gängigen Magnetwerkstoffe auch als kunststoffgebundene Werkstoffvarianten existieren und sich daher die folgende Systematisierung auf den Binder konzentriert.

Bei dem Bindematerial sind 3 Arten von Kunststoffen eingesetzt:

- Duroplastische Kunststoffe
- Thermoplastische Kunststoffe
- Elastomere

Alle Kunststoffe zeichnen sich dadurch aus, dass Kohlenwasserstoffe vorwiegend als Makromoleküle (Polymere) vorliegen und diese bei Raumtemperatur als Feststoff vorliegen.

Thermoplastische Kunststoffe gehen bei Erhitzung in die Flüssigphase über, ohne dabei die Bindungen der Makromoleküle untereinander zu verändern. Die Makromoleküle liegen also im kalten Feststoff als eindimensionale Ketten vor, die durch die ungeordnete Lage in sich nur mechanisch verwickelt sind und dabei in unserem Fall ein Magnetmaterial einbetten. Beim Erwärmen sind die Ketten untereinander mechanisch verschiebbar, so dass die Anordnung sich leicht verändern lässt und der Werkstoff makroskopisch als flüssiges Material auftritt. Insofern können die in Thermoplaste eingebetteten Magnetwerkstoffe reversibel bei Wärme aufgeschmolzen und beim Abkühlen wieder in den festen Zustand gewandelt werden. Sie sind damit ideal für ein Recycling geeignet. Dies erfolgt standardmäßig mit Kreislaufmaterial in der Fertigung, zum Beispiel mit Angüssen. In einer Kreislaufwirtschaft, bei der Produkte nach ihrem Lebenszyklus demontiert werden, ist es aber auch denkbar, dass gebrauchte Magnete als Rohstoff direkt wieder Verwendung finden.

Damit unterscheiden sie sich grundlegend von den Duroplasten, die nach der Polymerisation nicht mehr reaktionsfrei thermisch aufgeschmolzen werden können. Grund hierfür ist eine in allen 3 Dimensionen engmaschige chemische Bindung zwischen den Polymeren. Die Einbettung der Magnetpulver geschieht deshalb in Prepolymeren. Die Prepolymere, typischerweise Kunstharze, sind mehr oder weniger hochvisköse Flüssigkeiten oder niedrigschmelzende weiche Feststoffe mittlerer Molekülgröße. Die Moleküle enthalten chemische funktionelle Gruppen. Diese sind reaktiv und sorgen dafür, dass durch eine Bindung zu anderen Molekülen nach der Formgebung ihre Endpolymerisation erfolgt. Diese Polymerisation wird beispielsweise durch einen separaten Zusatz (Härter) oder durch Temperatur angestoßen.

Dadurch härten die Werkstoffe irreversibel aus. Eine Formänderung ist danach nicht mehr durch Wärme und Verflüssigung möglich.

Die dritte Gruppe der möglichen Binder kommt aus der Gruppe der Elastomere. Sie ähneln den Duroplasten darin, dass bei Ihnen nach der Formgebung ebenfalls noch eine chemische Bindung zwischen den Polymeren erfolgt. Auch hier wird die finale Reaktion (Vulkanisation) durch Wärme und Druck oder Reagenzien angestoßen. Diese Bindungen zwischen den Makromolekülen ergeben jedoch keine festen 3-dimensionalen Verbindungen, sondern erlauben es den Kettenmolekülen, auf elastische Spannung durch eine Verdrehung und ein Entlanggleiten der Polymere zu reagieren. Hierdurch können mechanische Kräfte die makroskopische Form reversibel, d. h. elastisch verändern. Da bei der Verformung die Bindungen nicht aufgebrochen werden, wird die ursprüngliche Form nach Entlastung wieder angenommen.

Durch die Vulkanisation sind auch die Herstellprozesse für Elastomer gebundene Magnete irreversibel. Auch die im Elastomer gebundenen Werkstoffe sind daher nicht wieder durch Wärmeeinwirkung aufschmelzbar und können daher nicht einfach rezycliert werden, indem sie nur eine neue Formgebung erfahren. Eine Ausnahme bilden die thermoplastischen Elastomere, die jedoch aufgrund der geringeren Fähigkeit für hohe Füllstoffanteile bei kunststoffgebundenen Magnetwerkstoffen nicht zum Einsatz kommen.

Für die in Elastomere eingebetteten Magnetwerkstoffe ist es in manchen Fällen von Vorteil, dass die Formgebung kontinuierlich in Strangform oder Plattenform erfolgen kann. Ein weiterer Vorteil bei einigen Elastomer gebundenen Werkstoffen besteht darin, dass die durch Temperatur angeregte chemische Bindung zwischen den Molekülketten auch eine sehr gute Verbindung zum Füllstoff sowie zu metallischen Komponenten bewirkt. Hierdurch können die Bauteile bei der Formgebung auch gleichzeitig auf metallische Träger, Achsen oder ähnliche Teile aufvulkanisiert werden. Die Bindung zu dem Träger ist dabei ähnlich fest wie die Bindung im Magnetmaterial, und Spannungen, die beispielsweise durch unterschiedliche Wärmeausdehnung zwischen dem Magnetmaterial und verbundenen Komponenten entstehen, werden heruntergesetzt. Dadurch wird die Bildung von Spannungsrissen vermieden.

Für den eingebetteten Magnetwerkstoff sind die Hartferrite mengenmäßig bei weitem führend. Aufgrund der begrenzten Ressourcen einiger Rohstoffe, insbesondere der Seltenerdmetalle, gewinnen die Hartferrite sogar wieder an Bedeutung. Gerade in Sensoranwendungen wurden technische Lösungen auf Basis von Seltenerdmetallen erfolgreich durch gebundene Hartferrite ersetzt [MFB 2013]. Die Füllpartikel werden nicht aus dem ausgesinterten Magneten gemahlen, sondern direkt aus den Rohstoffen Eisenoxyd und Strontiumcarbonat in mehreren Reaktions- und Mahlprozessen erzeugt. Die eingebetteten Partikel liegen typischerweise im Bereich von Mikrometern, ähnlich wie man es aus dem Pulver zur Erzeugung eines gepressten Grünlings für die Sinterfertigung kennt. Durch die geringe Größe sind die Partikel monokristallin und eine Anisotropie kann sowohl durch ein Magnetfeld während der Formgebung als auch durch die Fließrichtung im Material erzeugt werden.

Hartferrite [Michalowsky 1995] finden sich sowohl in Elastomeren als auch in Thermoplasten als gebundenen Magnetwerkstoff. Durch die günstigen Formverfahren können hier die wirtschaftlichen Vorteile bestmöglich ausgespielt werden.

AlNiCo-Pulver spielen dagegen bei kunststoffgebundenen Materialien eher eine untergeordnete und zum Teil nur noch eine historische Rolle. In früheren Anwendungen wurden Sie in Traglagern und Fahrtenschreiber aufgrund des günstigen Temperaturverhaltens eingesetzt, sind aber dort, soweit die Anwendungen noch existieren, fast vollständig durch Sintermagnete ersetzt worden.

Seltenerdwerkstoffe haben schon seit Ende der 1980er Eingang in die Welt kunststoffgebundener Magnete gefunden. Für die NdFeB-Werkstoffe liegt das zum einen daran, dass über das Magnequench-Verfahren ein Herstellprozess für Pulver gefunden wurde, der sehr wirtschaftlich ist. Das Verfahren erlaubt es, die Zusammensetzung des Materials viel näher an die ideale Stöchiometrie der magnetisch wirksamen $Nd_2Fe_{14}B$-Phase zu legen, als dies im Sinterprozess möglich ist.

Aber auch SmCo oder im zunehmenden Maß SmFeN, d. h. nitrierte Legierungen aus dem Seltenerdmetall Samarium und Eisen [Iriyama 1993], kommen als Ergänzung oder Ersatz der gebundenen NdFeB Pulvern zum Einsatz. Die Seltenerdmetalle Neodym und Samarium werden immer zusammen gefördert, und obwohl der Anteil an Samarium hierbei deutlich geringer ist, besteht durch die stark steigende Verwendung von Neodym in gesinterten Magneten für die Elektromobilität und im Bereich der Windkraftanlagen ein Überangebot von Samarium. Samarium ist daher trotz seines deutlich geringeren Anteils an Oxyden im Erz inzwischen durch die geringere Nutzung vergleichswese günstig am Markt verfügbar.

3.3 Herstellung

3.3.1 Spritzguss

Die größte Formenvielfalt bildet neben dem erst jüngst aufkommenden 3D-Druck das Spritzgießverfahren. Hierbei gibt eine Spritzform, auch als „Werkzeug“ benannt, die Geometrie als Negativform vor. Das Ausgangsmaterial ist ein Granulat mit einer Körnung von wenigen mm. Die Körner bestehen aus einem Thermoplast, in den das Magnetpulver schon eingeschmolzen (compoundiert) wurde. Das Granulat wird über einen Trichter eingezogen und in einer Spritzeinheit bestehend aus Schnecke und Zylinder auf mehrere 100 °C aufgeschmolzen, gefördert, verdichtet und an der Spitze der Schnecke vordosiert.

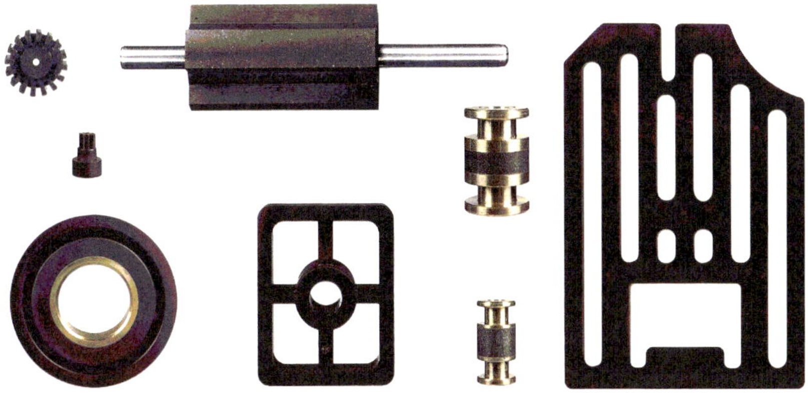

Abb. 3.1: Spritzgussteile, zum Teil mit Einleger, Werkbild der Magnetfabrik Bonn GmbH

Beim eigentlichen Spritzgussprozess wird das dosierte Material in sehr kurzer Zeit in der Größenordnung einer Sekunde mit der Schnecke aus dem Dosierbereich mit mehreren 100 bar herausgedrückt und über die Maschinendüse und den Angusskanal in das Formhohl gedrückt. Dort erfolgt bei der Abkühlung die Erstarrung des Kunststoffes, bei der ein gewisser Nachdruck der Schnecke das Material zum Ausgleich der Schwindung nachführt, bis das ganze Material im Angusskanal und im Formhohl erstarrt ist. Nach dieser Zeit fährt das Werkzeug auseinander, und die Magnetteile können entnommen werden [Michaeli 1993].

In Abb. 3.2 ist der Vorgang in den 3 Schritten gezeigt. Im oberen Teil wird das Material (3) aus dem Trichter (2) in die Spritzeinheit aus Zylinder (4) und Schnecke (1) eingezogen und durch die Schnecke durch Drehung gefördert. Hierbei wird das Material durch Friktion und die Heizbänder (5) erwärmt und schmilzt auf. Sobald sich die Schmelze vor der Düse auf der in der Abbildung rechten Seite aufstaut, fährt die Schnecke weiterdrehend zur Aufrechterhaltung eines Staudrucks zurück (Mitte). Nach abgeschlossener Dosierung fährt die Schnecke wieder vor und stößt das Material durch die Einspritzdüse in das Werkzeug (6), in dem die Angusswege und das Formhohl nur schematisch angedeutet werden.

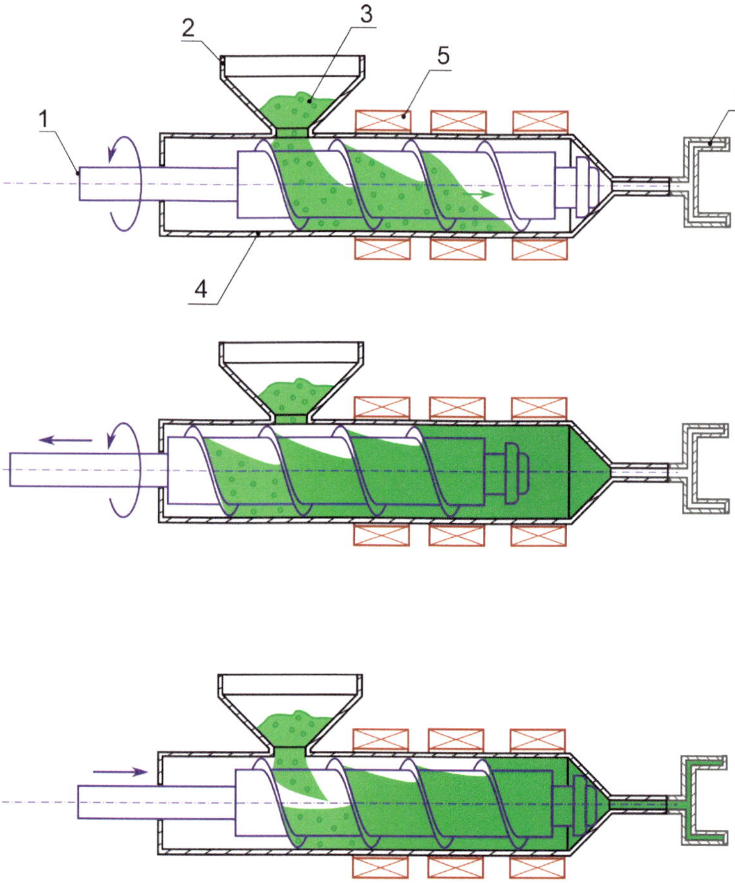

Abb. 3.2: Spritzgussprozess in verschiedenen Stufen, Quelle: [Wiki1]

Der Spritzguss ist aufgrund des identischen Vorgangs bei jedem Spritzzyklus sehr prozessfähig. Unterschiede, wie sie beispielsweise bei thermischen Prozessen durch die Lage der verschiedenen Teile im Ofen oder bei einer Schleifbearbeitung durch den Schleifmittelverschleiß und die sporadischen Korrrektur durch Nachstellung vorkommen, sind hier nicht gegeben.

Während des Spritzvorgangs kann ein Magnetfeld in der Spritzform dem Werkstoff sowohl eine Richtungsanisotropie einprägen als auch das geformte Teil in der gewünschten Weise magnetisieren.

Wie in Abb. 3.3 gezeigt kann das orientierende Magnetfeld durch magnetfeldgebende Komponenten, beispielsweise Anordnungen von Dauermagneten in der Spritzform, an jedem Formhohl individuell aufgebracht werden (oberer Teil) oder durch eine Spule auf Seite der Maschine als Feld über das ganze Werkzeug hinweg erzeugt werden (unterer Teil). Im letzteren Fall werden alle Magnete in den Formen z. B. in axialer Richtung entlang der roten Feldlinien gerichtet und aufmagnetisiert. Aber es können auch Eisenleitstücke das Feld in jeder Werkzeugform individuell umlenken, um z. B. eine radiale Magnetisierung (rechte untere Seite in dem Bild) zu ermöglichen.

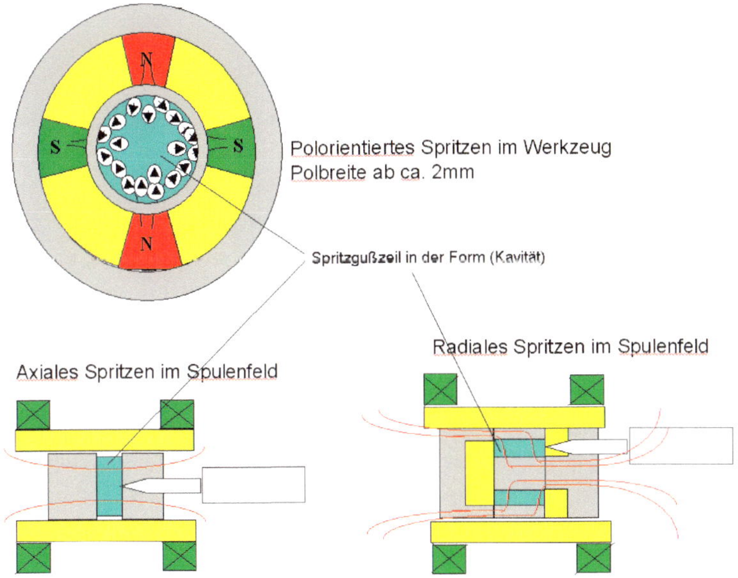

Abb. 3.3: Arten der magnetischen Orientierung im Spritzwerkzeug

3.3.2 Formpressen

Das Formpressen entspricht der Herstellung eines Grünlings für den Sinterprozess und ist damit in Bezug auf die Formenvielfalt ähnlich eingeschränkt wie Sinterteile. Durch einen Ober- und Unterstempel können die Stirnflächen ohne Hinterschneidung, jedoch ansonsten beliebig geformt werden, während die Seitenfläche durch die Pressmatrize ein gleichbleibendes Profil aufweisen muss. Aber im Unterschied zum Sinterprozess ist das in die Spritzform eingeführte Pulver eine Mischung aus duroplastischem Kunststoff und Magnetpulver. Die Aushärtung des Duroplastbinders kann thermisch in der Form oder in einem nachgeschalteten Tempervorgang erfolgen. Die Aushärtung des Binders erfolgt bei ca. 250 °C bis 350 °C, eine Formveränderung / Schrumpfung ist hierbei extrem gering.

Dadurch, dass der ausgestoßene Rohmagnet keinen Sinterprozess erfährt, entfällt die hierbei typische Schrumpfung und die Bauteilgeometrie ist deutlich enger toleriert und nahe der Abmessung des Presswerkzeuges. Eine weitere Bearbeitung durch Schleifen kann meist entfallen. Die Dichte an Magnetmaterial ist im Vergleich zum Spritzguss mit ca. 75 Vol.-% etwas höher und die magnetischen Werte entsprechend erhöht.

3.3.3 Vulkanisation

Als weitere Gruppe von Werkstoffen werden Elastomere eingesetzt. Hierbei wird ein schon vorgeformtes Teil, z. B. eine Ringschnur zur Dosierung in ein Presswerkzeug eingelegt und eine Verdichtung und Vernetzung des Elastomers (Vulkanisation) wird durch Temperatur und Pressdruck ausgelöst. Der große Vorteil bei diesen Bindern besteht darin, dass die Vulkanisation auch eine gute Anheftung des Magneten an metallische Einlegeteile ermöglicht, wenn diese entsprechend mit einem Haftvermittler vorbehandelt wurden. Durch das Fließen beim Pressen erhalten die Magnete einen gewissen Grad an Anisotropie.

Alternativ kann auch der Druck und die Temperatur in einer Spritzgussform aufgebracht werden. Hierbei kann die Anisotropie durch ein einwirkendes Magnetfeld auch gezielt beeinflusst werden [Schumacher 2009].

3.3.4 Extrusion

Bei der Extrusion von Thermoplast- oder Elastomerteilen (Abb. 3.4) wird das Material ähnlich dem Spritzgussprozess in einer Einheit aus Schnecke (1) und Zylinder (2) verdichtet und aufgeschmolzen. Der Staudruck am Ende der Schnecke erzeugt einen kontinuierlichen Strang, der aus der Düse austritt und in einem Wasserbett erstarrt. Die Form des Düsenaustritts erzeugt den Umriss des erzeugten Stranges, der kontinuierlich als endloses Profil extrudiert und anschließend in Abschnitte der gewünschten Länge getrennt wird.

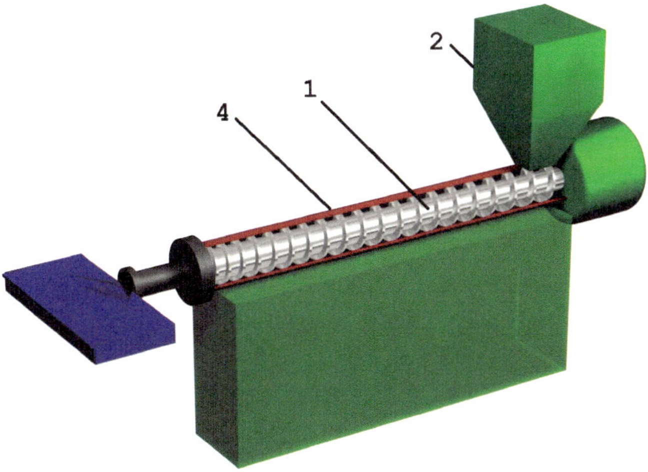

Abb. 3.4: vereinfachte Darstellung eines Extruders mit Sicht in die geöffnete Zylindereinheit Quelle: [Wiki2]

3.3.5 Kalandrierung

Der Kalandrierprozess ist ein Walzverfahren, welches für Magnete ausschließlich mit elastomergebundenen Werkstoffen eingesetzt wird. Das in der Abb. 3.5 von oben eingeführte Material (3) wird in mehreren Schritten zwischen Walzen (1) auf seine endgültige Dicke (2) gebracht und verdichtet. Hierbei entsteht ein flacher elastischer Strang (4). Aus den in der gewünschten Länge geschnittenen magnetisierbaren Platten von typischerweise 1 mm bis 20 mm Stärke können nachträglich Teile gestanzt oder geschnitten werden, die in zwei Dimensionen die frei wählbare Form der Stanzschneide erhalten. Für diesen Prozess wird in großen Mengen Ferritpulvern als magnetsierbares Füllmaterial verwendet, da ohne ein richtendes Magnetfeld beim Kalandrieren eine magnetische Vorzugsrichtung senkrecht zur Walzrichtung entsteht. Hierfür ist die kristalline Plättchenform des Ferritpulvers mit der Magnetisierachse senkrecht zur flachen Seite verantwortlich, aufgrund derer die mechanische Ausrichtung durch die Walzen zu einer magnetischen Vorzugsachse und einer recht guten Anisotropie senkrecht zu der Kalandrierfläche führt. Bei einem etwas niedrigeren Anteil der Ferritpartikel in der Elastomermatrix im Vergleich zur im Spritzgussverfahren erreichbaren Dichte ist der Grad der Anisotropie durchaus vergleichbar. Es werden aber auch dünne Folien mit Seltenerdwerkstoffen kalandriert und daraus Kleinteile für höherwertige Sensoranwendungen geschnitten.

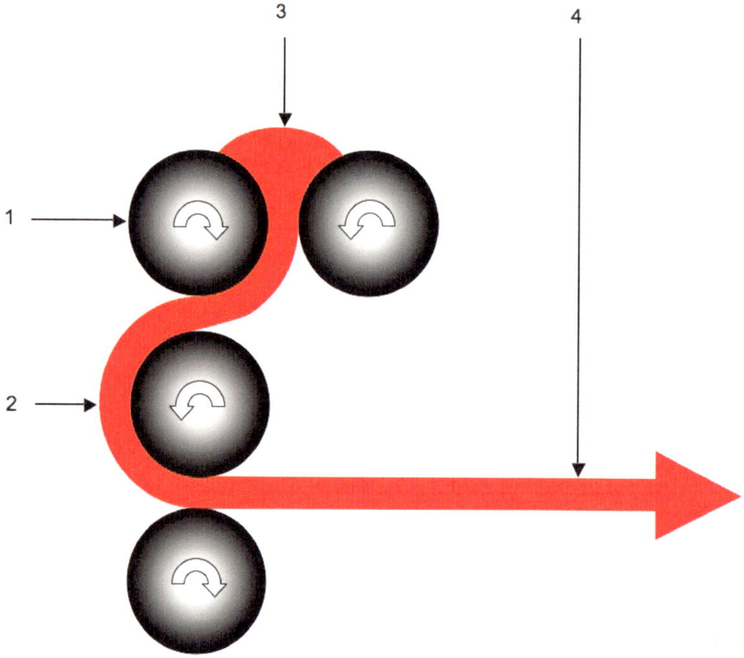

Abb. 3.5 Schematische Darstellung der Materialformung im Kalander. Quelle: [Wiki2]

3.3.6 3D-Druck

Parallel zu der rapiden Entwicklung von 3D-Druck-Verfahren für Kunststoffteile hat sich die Technik zur Erzeugung von Dauermagneten aus Thermoplast-gebundenen Magnetpulvern entwickelt. Erfolgreich eingesetzt wird bisher sowohl das Fused Deposition Modelling, (FDM-Verfahren), bei dem aus einem kontinuierlichen Filament schichtweise eine 3D Geometrie aufgebaut wird, als auch die Stereolithographie (SLA) und bei metallischen Magnetmaterialien das Selective Laser Sintering (SLS) [Huber 2020]. In Abb. 3.6 ist gezeigt, dass sich damit aus einem Magnetmaterial sehr kleine Strukturen darstellen lassen. Deren Auflösung ist fast nur noch durch die Feinheit der Körnung des Magnetpulvers limitiert.

Mit dem Verfahren lassen sich fast beliebige Formen ohne Werkzeug erzeugen. Es ist bisher nur eingeschränkt möglich, dem Material eine Anisotropie aufzuprägen [Sonnleitner 2020]. Auch die Verdichtung zu einem 100 % dichten Verbundstoff ist sehr eingeschränkt, da ohne eine äußere Form, die einen Verdichtungsdruck aufbauen könnte, gefertigt wird. Hier sind sicher weitere Entwicklungen möglich. Dennoch lassen sich schon heute magnetische Werte erreichen, die einem im Spritzgussverfahren erzeugten Magneten mit niedrigerem Füllstoffanteil nahekommen.

Abb. 3.6: Im SLA-Verfahren gefertigte Miniatur des Stefan-Doms, aus [Huber 2020].

3.4 Anwendungen

Sei es als Antrieb oder in der berührungslosen Sensorik. Dauermagnete sind in vielen Anwendungen, bei denen es um Bewegung geht, alternativlos [Campbell 1996]. Insofern kann ein Kapitel über die Anwendung kunststoffgebundener Magnete immer nur beispielhaft die Möglichkeiten aufzeigen. In diesem Abschnitt wird deshalb an Beispielen aufgezeigt, in welchen Funktionen die Schwerpunkte der Anwendungen von kunststoffgebundenen Magneten liegen. Diese ergeben sich in direkter Konsequenz aus den Unterschieden zu den 100 % reinen Magnetwerkstoffen, d. h. aus dem Vorteil der Präzision und der geometrischen Vielfalt sowie der kostengünstigen und sehr prozessfähigen Herstellung gegenüber dem Nachteil der stark reduzierten magnetischen Eigenschaften.

Kurz zusammengefasst sind dies damit Anwendungen, bei denen die magnetische Leistung des Werkstoffes, gemessen beispielsweise am Energieprodukt $(BH)_{max}$, für die Leistungsfähigkeit des Produktes nicht die allein ausschlaggebende Wirkung hat.

Zum einen stellt dies den großen Bereich von Sensorik-Anwendungen dar, bei denen ein elektronisches Sensorelement die Bewegung oder Position eines Gebermagneten erfasst. Weiterhin finden sich aber auch Vorteile im Bereich kostengünstigster Anwendungen unter Nutzung der magnetischen Haftkraft und bei Kleinsystemen, die in Großserien eingesetzt werden.

3.4.1 Anwendung von kunststoffgebundenen Magneten in der Sensorik

Sensoren zur Erfassung von Magnetfeldern in Verbindung mit einem Dauermagneten werden in einer Vielzahl von Anwendungen eingesetzt, um die relative Position oder den Winkel zwischen mechanischen Teilen zu messen. Generell werden dabei schaltende Anwendungen, beispielsweise als Anzeige für ein geöffnetes Fenster sowie analoge bzw. inkrementelle Messsysteme mit entsprechenden Sensortypen unterschieden (Abb. 4.1).

Ein gängiges Beispiel für die letztere Gruppe ist jede Art von Geschwindigkeits- oder Positionssteuerung in elektrischen Maschinen.

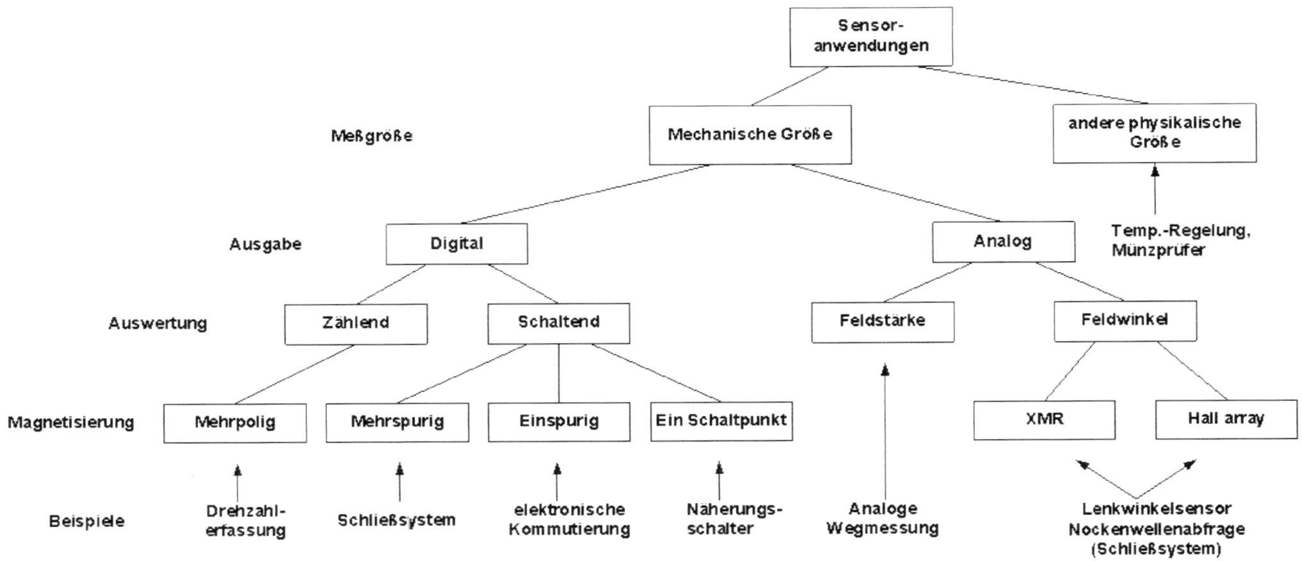

Abb. 4.1: Einteilung der Sensoranwendungen nach verschiedenen Kriterien

Schaltende oder kontinuierlich messende Sensoren haben keine beweglichen Teile mit Ausnahme der Reedschalter. Ihr Hauptvorteil ist daher ihre nahezu unbegrenzte Lebensdauer im Vergleich zu Mikroschaltern. Grob eingeteilt sind mechanische Schalter für 10^6 bis 10^8 Lastzyklen ausgelegt, Reedschalter ohne Last bis typ. 10^9 bis 10^{10} Schaltzyklen. Auf Halbleitern basierende Schalter sind dagegen verschleißfrei und haben eine Lebensdauer, die unabhängig von der Anzahl der Schaltzyklen ist.

Bei der kontinuierlichen Positions- oder Rotationsmessung konkurrieren magnetische Sensoren mit optischen Verfahren. Während letztere eine genauere Positionsmessung liefern, sind Magnetsysteme unempfindlicher gegenüber Staub und äußeren Einflüssen.

Abb. 4.2: Mehrpoliger Magnet für Fensterheber im Automobil (Werkbild der Magnetfabrik Bonn GmbH)

Da die Sensoranwendungen den Hauptteil der Nutzung kunststoffgebundener Magnete ausmachen, werden im Folgenden die gängigen Sensortypen kurz beschrieben.

Reedschalter

Das direkte Gegenstück zu mechanischen Mikroschaltern sind Reedschalter. Bei diesen Bauteilen sind zwei ferromagnetische Kontakte in einer inerten Atmosphäre in einem Glasrohr eingeschlossen. Ein externes Feld magnetisiert die Kontakte, die sich durch die dort induzierten Magnetpole anziehen, und schließt den Kontakt. In Reedschalteranwendungen wurden früher AlNiCo-Magnete verwendet. Heute sind oft Hartferrite die kostengünstigere Lösung oder es werden Seltenerdmagnete eingesetzt, weil sie einen größeren Schaltabstand zulassen.

Hall-Sonden, CMOS-Hall-Sensoren, CMOS-Hall-Array

Hall-Effekt-Sensoren basieren auf einem dünnen Film aus halbleitendem Material, der eine kleine Spannung senkrecht zu einem angelegten Strom und einem angelegten Magnetfeld erzeugt. Diese Spannung ist ein direktes Maß für das Magnetfeld. Bei schaltenden Sensoren wird das analoge Signal durch einen nachwandelnden Schmitt-Trigger in ein digitales Signal umgewandelt. Bei analogen Sensoren ist eine Kompensation von Temperaturdrift und Nichtlinearitätseffekten erforderlich. Der Hauptteil der Dauermagnete in diesem Bereich sind kunststoffgebundene Multipolmagnete mit unterschiedlichen Magnetisierungsmustern und unregelmäßig magnetisierte Permanentmagnete, die zur Geschwindigkeits- und Positionserfassung eingesetzt werden.

XMR-Sensoren

Magnetoresistive (MR) Sensoren nutzen die Feldabhängigkeit des elektrischen Widerstands in einer leitenden oder halbleitenden Sonde. Während traditionelle MR-Effekte in den meisten Halbleitern eher klein sind (ca. 1–3 %), erlebte dieser Sensortyp in den letzten Jahren eine Renaissance mit extrem großen MR-Effekten (XMR-Sensoren), die als AMR (anisotrope MR), GMR (Giant MR) und CMR (Colossal MR) bezeichnet werden. Obwohl der traditionelle MR-Effekt zur Messung der Feldstärke verwendet wurde, werden MR- und XMR-Sensoren jetzt und in naher Zukunft zunehmend verwendet, um Feldwinkel zu messen, indem sie die Widerstandsänderung in zwei Richtungen auswerten.

In der „On-Axis-Winkelmessung“, bei der sich der Magnet und der Sensor beide auf der Drehachse befinden, wurden früher hauptsächlich

Neodym-Eisen-Bor-Magnete verwendet [MFB 2007]. Aufgrund der Seltenerdknappheit im Jahr 2010 und aus wirtschaftlichen Gründen wurden für diese Anwendungen inzwischen spezielle spritzgegossene Ferritmagnete entwickelt [MFB 2013]. Bei der Detektion eines Rotorwinkels außerhalb der Drehachse in permanenterregten Synchronmotoren werden üblicherweise mehrpolig magnetisierte kunststoffgebundene Hartferrite eingesetzt.

Induktionsspulen

Dreht sich die Welle eines Motors mit konstanter Drehzahl, kann die induzierte Spannung in einer Spule ausgewertet werden, um die Winkelgeschwindigkeit und die Position der Drehwelle zu bestimmen. Solche Induktionsspulen sind vergleichbar der Wicklung eines Generators, Anzahl und Polung der Einzelwickel entsprechen den Polen des Gebermagneten. Als Gebermagnet werden typischerweise mehrpolige polymergebundene Hartferritringmagnete an der rotierenden Welle befestigt. Die Rotationsgeschwindigkeit kann entweder durch die Amplitude der induzierten Wechselspannung oder durch das Zählen der Perioden dieser Spannung erfasst werden. Die Phase entspricht der Drehposition. Dieses Verfahren wird zur Drehzahlregelung in Werkzeugmaschinen und in Waschmaschinen sowie in Getriebesteuerungen eingesetzt.

3.4.2 Haftanwendungen

Elastomergebundene Magnete werden aufgrund ihrer Elastizität gerne genutzt, um die Haftkraft auszunutzen, ohne durch scharfe Kanten die Gegenseite zu schädigen. Großflächig kalandrierte Hartferritplatten sowie NdFeB-Platten können einseitig kaschiert und zur Werbung oder Kennzeichnung bedruckt werden. Auf der haftenden Seite sind streifenförmig wechselnde Pole aufmagnetisiert, die bei einem Polabstand von 2–6 mm eine gute Anhaftung auf Eisenflächen ergeben. In Form solcher Platten können Fahrzeuge mit Werbung versehen und Regale gekennzeichnet werden. Aber auch als gestanzte Teile zieren kleine Formteile als Gadgets Kühlschränke oder sie helfen als Pfeile und Symbole auf Plantafeln.

Als eine über Jahrzehnte genutzte Massenanwendung wurden elastische Platten auch zur Geräuschdämmung in Autotüren eingelegt und halten sich dort selbstständig über die Magnetkraft.

Extrudierte Bänder befinden sich in der Dichtung aller Kühlschränke, da diese aus Sicherheitsgründen keinen Rastverschluss haben dürfen. Durch die Magnetkraft wird die Dichtung an den Eisenrahmen gezogen, die Türe zugehalten und ein Luftaustausch mit Wärmeeintritt verhindert.

Im Spritzguss hergestellte Magnete dienen in Flüssigkeiten dem Abfangen von ferromagnetischer Verunreinigung, z. B. in Getrieben zum Auffangen von Abrieb [Seitz 1996].

3.4.3 Kleinmotoren und -generatoren

Die Permanentmagneterregung in elektrischen Maschinen stellt bei weitem das größte Anwendungsfeld für Dauermagnete dar [Gieras 2010]. Hierfür kommen kunststoffgebundene Magnete weniger zum Einsatz, da der erzeugte Fluss durch den Binder reduziert ist, und diese Verminderung direkt in die Leistungsfähigkeit der Maschine eingeht.

Dennoch gibt es im Bereich sehr kleiner Motoren und Generatoren eine Vielzahl von Anwendungen. Der Vorteil liegt hier in der guten Prozessfähigkeit der Herstellung bei Großserien aber auch in der geringeren Sprödigkeit. Absplitterungen von Magnetkanten sind eine Quelle von Verschmutzung, die bei kleinem Luftspalt zwischen Stator und Rotor sehr kritisch sind und zu Motorgeräuschen oder sogar zum Ausfall führen können.

Als Beispiel zeigt die Abb. 4.3 ein Antriebsmotor für die Anzeigeinstrumente im Fahrzeugcockpit. Der als Rotor ausgelegte Dauermagnet mit einem Abtriebszahnrad als Teil seiner Geometrie wird einteilig im Spritzgussverfahren hergestellt. Die automatisierte Verarbeitung erlaubt eine sehr saubere und sichere Produktion dieser Motoren in einer jährlich zweistelligen Millionenhöhe. Die Alternative eines Sinterferrits, der ein eingespritztes Kunststoffritzel enthält, ist der Konstruktion aus Qualitätssicht und mit Blick auf die Kosteneffizienz deutlich unterlegen.

Bei größeren Motoren und Generatoren werden in der Regel die vielpoligen Statoren oder Rotoren mit einzelnen Magneten für jeden Pol bestückt. Dem gegenüber haben die kunststoffgebundenen Magnete den Vorteil, dass ein mehrpoliger Stator oder Rotor in einem Prozessschritt hergestellt wird.

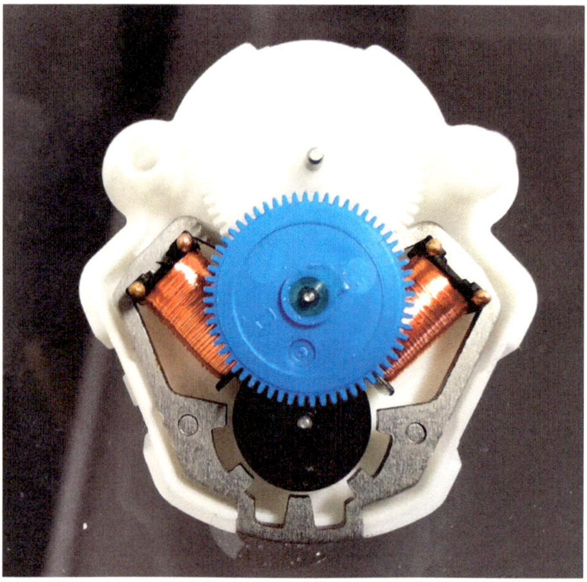

Abb. 4.3: Kleiner Schrittmotor (ohne Oberteil Gehäuse) für KFZ-Instrumententafel (Werkbild der Magnetfabrik Bonn GmbH)

Die Anwendbarkeit für Magnete in Kunststoffbindung ist umso vorteilhafter, je kleiner die Motoren sind. Grob liegt die Grenze des wirtschaftlichen Vorteils bei Maschinen der Leistungsklasse ab 100 Watt. Aber auch viel kleinere 2-polige Maschinen im Bereich einzelner Watt sind mit standardisierten Ferritsegmenten manchmal die wirtschaftlichere Alternative. Ein gutes Beispiel für Antriebe im 2–3stelligen Wattbereich, bei denen kunststoffgebundene Magnete erfolgreich eingesetzt werden, sind die seit der Jahrtausendwende entwickelten permanentmagnetisch erregte Heizwasserpumpen in Gebäuden. Die verbesserte Energieeffizienz dieser Pumpen hat auch über die Ökodesign Richtlinie 2009/125/EG zu einer EU-Verordnung geführt [EU 2012], durch die mittelfristig der Strom von zwei typischen Kernkraftwerksblöcken in Europa allein im Bereich der Gebäudeumwälzpumpen eingespart werden kann.

3.5 Magnetisierung

Bei Spritzgussteilen ist es möglich, die anisotrope Orientierung und die Magnetisierung in einem Prozessschritt mit der Formgebung zu vollziehen. Alle anderen Werkstoffe werden abschließend nach der Formgebung in der gewünschten Polorientierung magnetisiert. Den gesinterten Werkstoffen entsprechend kann dies mit gepulsten Feldern durch Spulen erfolgen, bei denen ein sehr hoher Strom kurzzeitig das erforderliche Feld erzeugt. Bei kunststoffgebundenen Seltenerdmagneten betragen die benötigten Felder typischerweise mindestens 2000 kA/m. Entsprechende Spulen, die mit Kühlung ausgestattet sind, um in der Serie mehrere 100 Pulse pro Stunde zu erzeugen, lassen sich bis zu einer Polteilung von ca. 3 mm pro Einzelpol aufbauen. Als Faustformel ist deshalb zum Beispiel bei einem am Außendurchmesser magnetisierten Ring die Polzahl begrenzt durch den Durchmesser, gemessen in mm, also ein Ring mit Außendurchmesser 12 mm kann grob bis zu 12 Polen tragen. Bei den kunststoffgebundenen Ferriten, bei denen Magnetisierfelder in der Größenordnung von 600–1000 kA/m ausreichend sind, kann eine 2-fach engere Polteilung noch sicher erreicht werden. Für Hartferrite reicht zum Sättigen auch eine Dauermagnetanordnung für eine uniaxiale Magnetisierung. Hier kann also auf eine Investition in Impulsfeldgeneratoren verzichtet werden.

Für Sensoranwendungen, bei denen eine noch engere Polteilung und sehr hohe Präzision erforderlich ist, kann die Magnetisierung auch durch einen kontinuierlich schreibenden Spulenkopf, ähnlich einer Datenspeicherung auf einem Magnetband, erfolgen. Entsprechend sind beliebig kleine Polteilungen möglich. Eine Polteilung, die geringer ist als der halbe Messabstand in einer Sensoranordnung von der Magnetoberfläche bis zum sensitiven Element in dem Sensorelement wird jedoch ineffizient, da das Feld B_0 an der Oberfläche des Magneten bei einer Polteilung d mit zunehmenden Abstand s nach einem Exponentialgesetz abnimmt

$$B=e^{-s/(\pi d)}\,B_0$$

Bei sehr präzisen Messanwendungen werden mit dem schreibenden Verfahren mehrere Spuren geschrieben, die beispielsweise mit dem Noniusverfahren eine absolute Positionserkennung mit einer Ortsauflösung im Bereich von Mikrometern erlaubt.

3.6 Magnetische Qualifizierung / Qualitätssicherung

An die Prüfung kunststoffgebundener Magnete sind grundsätzlich ähnliche Anforderungen gestellt, wie allgemein bei Dauermagneten [DIN IEC 60404-8-1]. Dennoch unterscheiden sich die Prüfungen in der Praxis aufgrund der anwendungsspezifischen Anforderungen insbesondere bei der Sensorik deutlich [Trout 2002].

Anisotrope Sintermagnete müssen beispielsweise für den Einsatz in Elektromotoren oder Generatoren in erster Linie gewisse Werkstoffanforderungen in Bezug auf die Kennwerte Remanenz, Koerzitivfeldstärke und Energieprodukt aufweisen. Diese Werte werden an wenigen Probekörpern mit einem Permagraphen erfasst.

Die magnetische Bewertung an Einzelmagneten lassen sich auf eine sehr schnelle integrative Momentmessung mittels einer Helmholtzspule reduzieren, da der magnetische Fluss in einem Motor unterhalb der Eisensättigung proportional zum magnetischen Moment der erregenden Magnete ist. Ungleichmäßigkeiten in der Magnetisierung haben nur einen geringen Einfluss auf den magnetischen Fluss und damit das Drehmoment bei Bestromung und damit die Leistungsfähigkeit des Motors.

Kunststoffgebundene Magnete für Sensoren sowie vielpolige Magnetringe für Kleinmotoren können aufgrund der bogenförmigen Orientierung nicht in einem Permagraphen gemessen werden. Die Werkstoffkennwerte lassen sich gemäß den Vorgaben der DIN IEC 60404-8-1 nur an separaten Formteilen aus dem gleichen Werkstoff ermitteln. Die kunststoffgebundenen Magnete für Sensoren müssen aber insbesondere bei analogen Messungen sehr hohe Anforderungen an das gesamte Magnetfeldprofil erfüllen. Dies bedeutet, dass in der Regel die Bewertung eines Prüflings das Abfahren auf einer Linie oder Fläche außerhalb des Magneten mit einem kalibrierten Messelement erfordert. Je nachdem, ob der Prüfling auf einem definierten Kreis oder in einer definierten Fläche gemessen wird, nutzt man, ähnlich wie bei taktilen mechanischen Messungen, Prüfaufbauten, die entweder einen rotierenden Magneten mit einem auf einem festen Teilkreis angebrachten Sensor messen oder bei denen der Magnet in einer Ebene oder im Raum magnetisch komplett kartographiert wird.

Ein Aufbau zum Kartographieren des Feldverlaufs im Raum vergleichbar einem taktilen mechanischen Messplatz ist in Abb. 6.1 gezeigt.

Abb. 6.1: In 3 Dimensionen linear abfahrender Messplatz

Für die Messung auf einem Teilkreis, bei dem sich der Prüfling vor oder neben einem Messkopf dreht, sind mehrere Anordnungen möglich, je nachdem, ob der Teilkreis am Außen- oder Innendurchmesser des Prüflings oder auf der Stirnfläche erfasst wird. In Abb. 6.2 ist darum ein prinzipieller Messaufbau gezeigt, mit dem die verschiedenen Messungen durchgeführt werden können.

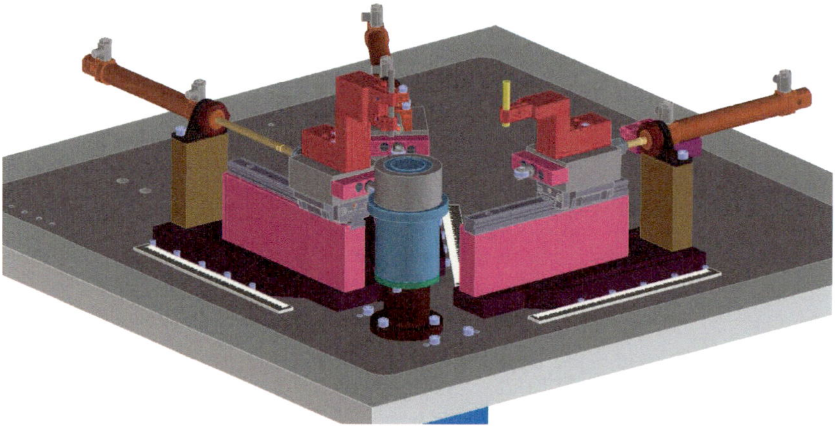

Abb. 6.2: Aufbau zum rotierenden Messen eines Magneten.

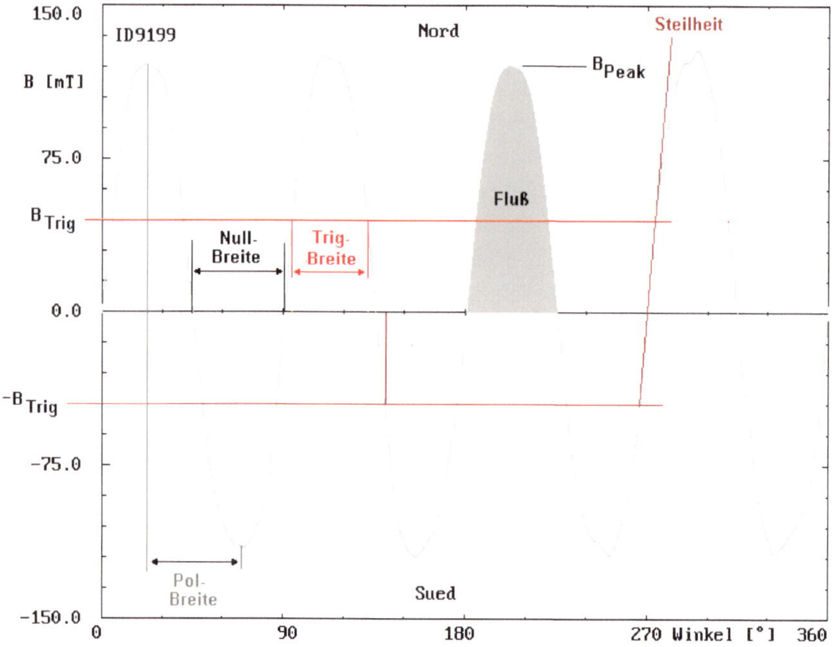

Abb. 6.3: Gemessenes Feldprofil mit verschiedenen Bewertungskriterien.

In Abb. 6.3 ist am Beispiel eines 8-poligen Magneten für eine Komponente der Feldstärke das abgewickelte Feldprofil über 360° gezeigt. Wenn der untersuchte Magnet in seiner Anwendung einen Sensor ansteuert, der nur eine Feldkomponente erfasst, so wird bei der Prüfung diese Komponente, beispielsweise die radiale Feldkomponente, am Außendurchmesser des Magneten erfasst. Für Sensoren, die mehrere Feldkomponenten oder die Feldrichtung detektieren, sind entsprechend bei der Qualifizierung und in der Qualitätssicherung mehrere Feldkomponenten zu bestimmen.

Bei der Auswertung der Messung an einem rotierenden Magneten über 360° werden typischerweise bei einem mehrpoligen Teil für jeden einzelnen Pol Daten wie die maximale Polstärke B_{Peak}, die Polbreiten bzw. Nullbreiten von Nulldurchgang zu Nulldurchgang des Profils und deren Summenfehler, die Triggerbreiten eines jeden Pols, d. h. die Breite zwischen definierten Feldwerten, die Steilheit der Kurve an jedem Nulldurchgang oder der magnetische Fluss der Einzelpole bewertet. Je nach Anwendung können die Einzelwerte gegen artikelspezifische Grenzwerte geprüft werden, oder es kann in einer Statistik der einzelnen Pole für jedes Teil beispielsweise die Streuung der Polstärken untereinander mit Grenzwerten verglichen werden (s. Abb. 6.3).

3.7 Feldberechnung

Nicht nur bei der magnetischen Bewertung und Vermessung, sondern auch im Bereich der Simulation von Magneten sind die kunststoffgebundenen vielpoligen Magnete aufgrund ihrer Anwendungsfelder gesondert zu betrachten.

Gesinterte Magnete für elektrische Maschinen, Lautsprecher, Kupplungen oder Haftmagnete stellen zusammen mit einem Eisenrückschluss einen mehr oder weniger geschlossenen magnetischen Kreis dar. Weichmagnetische Leitstücke sorgen für eine Führung der magnetischen Flusslinien. Nur in einer vergleichsweise schmalen Unterbrechung des Magnetkreises durch einen Luftspalt wird das Magnetfeld als Kraftwirkung oder Wechselwirkung mit einer elektrischen Wicklung wirksam. Die den Fluss erzeugenden Dauermagnete sind jeweils in einer festen Richtung magnetisiert. Dies ist als Beispiel an einer Magnetkupplung in Abb. 7.1 gezeigt. Die Modellierung in einer Feldberechnungsroutine erfordert lediglich die Angaben zu den Magnetabmessungen, der Richtung der Magnetisierung und der magnetischen Materialkennlinien.

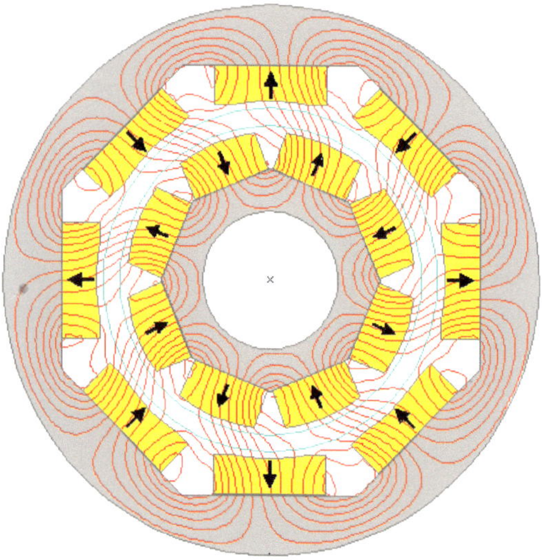

Abb. 7.1: Magnetkupplung

Kunststoffgebundene Magnete haben hingegen typischerweise in einem Bauteil an jedem Ort eine andere Richtung und oft auch eine andere Stärke der Magnetisierung. Die Stärke und Richtung der Magnetisierung resultiert aus dem Herstellungsprozess. So prägt eine Spule beim Magnetisieren eines isotropen Magneten diesem an jedem Punkt eine Magnetisierung auf, deren Richtung durch das lokale Feld gegeben ist. Hierdurch ist das Modell des Magneten für die Feldberechnung nicht allein durch das Design definiert, sondern es muss der gesamte Feldverlauf im Werkzeug beim Herstellungsprozess berücksichtigt werden. So wird beim Magnetisieren durch das Feld des Magnetisierkopfes ortsabhängig im Magnetmaterial die Feldverteilung als Magnetisierungsverteilung eingeprägt. Ähnlich erzeugen beispielsweise Multipolfelder in der Spritzkavität eine von der Position im Magneten abhängige Vorzugsrichtung. Die Simulation des Magneten muss demnach mehrstufig erfolgen

In einem ersten Schritt wird das Feld des Spritzgusswerkzeuges simuliert [Abb. 7.2 oben] und daraus in jedem Volumenelement des Magneten eine entsprechende Magnetisierstärke und Richtung definiert. Im darauffolgenden Schritt wird auf dieser Basis der Magnet modelliert und der aus der Magnetisierungsverteilung resultierende Feldverlauf des Magneten berechnet [Abb. 7.2 unten].

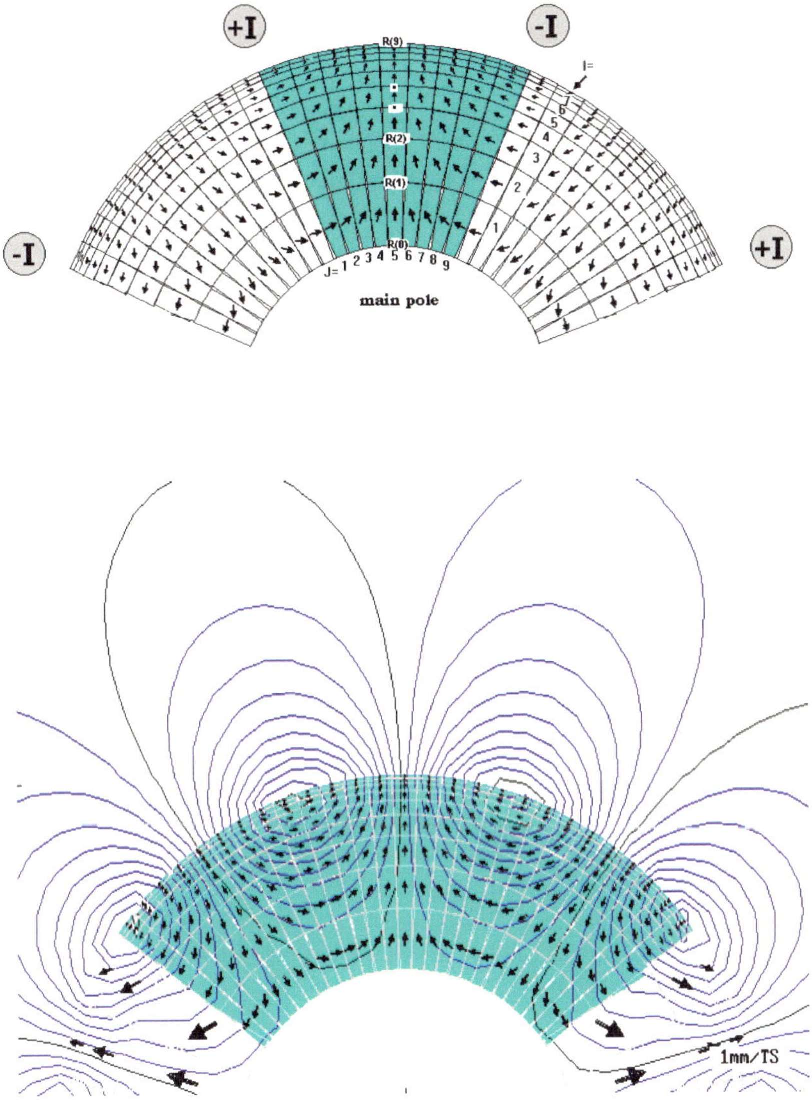

Abb. 7.2: Darstellung der zweistufigen Simulation am Beispiel eines Polwechsels

Andererseits sind einfache Schaltanwendungen eines über eine Achse magnetisierten Magneten deutlich einfacher zu simulieren als die Feldberechnungen in magnetischen Kreisen. Solange keine Eisenleitstücke existieren, kann das Feld eines uniaxial magnetisierten einfachen Formmagneten durch Integration über die Magnetpole im Ladungsmodell oder über die Außenströme im Strommodell nach Biot/Savart angegeben und die Integrale zum Teil analytisch gelöst werden. Das Feld eines Magneten von einfacher Bauform, beispielsweise für Ringe oder Blöcke lässt sich damit in 3 Dimensionen als geschlossene Formel angeben. Als Beispiel sei für Blöcke auf Rechnungen von Akoun [Akoun 1984] verwiesen und allgemein zum magnetischen Kreis und zur Anwendung des Biot-Savart-Gesetzes auf Kapitel 3–5 in [Roters 1941] und Kapitel 3 in [Schnell 1973].

3.8 Literatur

Akoun 1984: G. Akoun, J.P. Yonnet, 3D Analytical Calculation of the Forces exerted between two cuboidal Magnets, IEEE Trans. on Magn., MAG-20 No5 (1984) S. 1962p

Baermann 1934: Deutsches Reichspatent DRP 656 966 vom 12.07.1934

Campbell 1996: P. Campbell, Permanent Magnet Materials and their Applications, Cambridge University Press, Cambridge 1996

Dehler 1944: H. Dehler, Elektrotechnische Zeitschrift, 65. Jahrg. Heft 11/12, S. 93-95

EU 2012: EU-Verordnung 547/2012

Gieras 2010: J.F. Gieras, Permanent Magnet Motor Technology, Design and Applications, CRC Press, Boca Raton, 2010

Huber 2020: C. Huber et.al. , Additive Manufactured Polymer-Bonded Isotropic NdFeB Magnets by Stereolithography and their Comparison to Fused Filament Fabricated and Selective Laser Sintered Magnets, Materials 2020, 13(8), S. 1916

Iriyama 1993: T. Iriyama et,al., Development of high-energy product $Sm_2Fe_{17}N_3$ bonded magnets, Advanced Materials 93, edited by M.Homma, Trans. Mat. Res. Soc. Jpn, Vol14B, S. 1063

MFB 2007: Gebermagnete für die Winkelsensorik der Reihe 67.043 und 67.044, Praxis kompakt 1/2008, www.magnetfabrik.de

MFB 2013: Gebermagnete für die Winkelsensorik, Praxis kompakt 1/2013, www.ma gnetfabrik.de

Michaeli 1993: Technologie des Spritzgießens, W. Michaeli u. a., Carl Hanser Verlag München, ISBN 978-3-446-45042-4

Michalowsky 1995: Magnettechnik, Grundlagen und Anwendungen, L. Michalowsky u. a., Fachbuchverlag Leipzig 1995, ISBN 3-343-00897-4
Roters 1941: Electromagnetic Devices, H.C. Roters, John Wiley & Sons, New York, ISBN 13: 978-0471739203
Schnell 1973: Magnete, Grundlagen – Aufbau – Anwendungen, G. Schnell, Karl Thiemig Verlag München, ISBN 3-521-06082-9
Seitz 1996: G296 04 621.3: Deutsches Gebrauchsmuster, Scheibenförmiger Fangmagnet zur Absonderung von Metallpartikeln
Sonnleitner 2020: K. Sonnleitner et al, 3D printing of polymer-bonded anisotropic magnets in an external magnetic field and by a modified production process, Appl. Phys. Lett. 116, 092403 (2020)
Schumacher 2009: H.Schumacher, Elastomergebundene Magnetsysteme, Tagungsband zum 9. Symposium Magnetoresistive Sensoren und Magnetische Systeme, Grundlagen – Herstellung – Anwendungen 14. März 2007 in Wetzlar der Firma Sensitec GmbH
Trout 2002: S.R. Trout, Magnetic Testing of Bonded Magnets, NATO/ARW Conference on Bonded Magnets, Aug. 22-33 2002, Newark, DE, USA
Wiki1: https://commons.wikimedia.org/w/index.php?curid=11478077 Cdang, Brendan Rockey, University of Alberta Industrial Design /Eigenes Werk
Wiki2: Aus Wikipedia (de.wikipedia.org), gekennzeichnet als "public domain"

4 Elektroband für energietechnische Anwendungen: Motoren, Generatoren, Transformatoren

Nora Leuning, Kay Hameyer

4.1 Grundlagen weichmagnetischer Werkstoffe für elektrische Maschinen

Energieressourcen sind knapp. Die Energiewende von fossilen Energieträgern und Kernenergie zu nachhaltigen Energiequellen und das stetige Wachstum von Industrie und Weltbevölkerung verdeutlichen die Bedeutung des Themas Energiewirtschaft. Der weltweite Energiebedarf wächst stetig, wobei Energie nicht nur eine potenziell knappe Ressource ist, sondern stets auch einen erheblichen Kostenfaktor darstellt. Einsparungen von Energie können sowohl ökonomisch als auch ökologisch motiviert begründet sein. Damit ist die Steigerung der Effizienz bei der Energiegewinnung, -übertragung und -nutzung eine wichtige Zielgröße aktueller Entwicklungen. Die Weiterentwicklung der Technologien in der Energiewandlung und -übertragung ist gesellschaftlich notwendig.

Die Effizienz von elektrischen Maschinen, sowohl von Motoren als auch von Generatoren und Transformatoren, ist hierbei maßgeblich von den verwendeten Magnetkreismaterialien abhängig. Bei den „klassischen" Magneten handelt es sich um Hartmagnete. Diese haben ein statisches Magnetfeld und „behalten" ihre Magnetisierung. Sie werden beispielsweise im Rotor von permanentmagneterregten Synchronmaschinen (PMSM) verwendet, in denen sie ein magnetisches Feld bereitstellen. Das weichmagnetische Material in elektrischen Maschinen wird benötigt, um den magnetischen Fluss in Stator und Rotor zu führen und zu verstärken. Es sollte eine hohe Magnetisierung haben, eine einfache Ummagnetisierung ermöglichen und geringe Ummagnetisierungsverluste aufweisen. Vereinfacht lässt sich das Prinzip der Energiewandlung in einem Motor am Beispiel einer PMSM wie folgt erklären: Die Zähne des Stators sind mit Kupferspulen umwickelt. Werden diese mit einem Strom gespeist, erzeugen sie ein magnetisches Feld. Durch die Verschaltung der Spulen und entsprechenden Stromeinspeisung kann ein Drehfeld im Luftspalt der Maschine erzeugt werden, welches durch das weichmagnetische Material im magnetischen Kreis gezielt geführt wird. Die ferromagnetischen Eigenschaften sorgen für eine Bündelung des Magnetflusses. Die eigentliche Energiewandlung findet im Luftspalt zwischen dem feststehenden Stator und dem rotierenden Läufer statt. Das erzeugte Drehmoment des Motors ist proportional zur magnetischen Flussdichte im Luftspalt. Die Drehzahl der Maschine ist über die fixe Polpaarzahl und über die variierbare Ummagnetisierungsfrequenz eingestellt.

Typische Hartmagnetmaterialien sind einfache Ferrite, Samarium-Kobalt(SmCo)- oder Neodym-Eisen-Bor(NdFeB)-Magnete. Für die weichmagnetischen Materialien stehen Elektroband, Softmagnetic Composites oder amorphe Metalle zur Verfügung. Den mit Abstand bedeutendsten Teil der Anwendung in kommerziellen Maschinen stellen die Eisen-Silizium(FeSi)-Elektrobleche dar.

Dieses FeSi-Elektroblech ist ein funktioneller Werkstoff, der die hohen Anforderungen an die magnetischen Eigenschaften erfüllt. Aufgrund seiner Vielseitigkeit und der unzähligen Variationsmöglichkeiten im Spannungsfeld der magnetischen, mechanischen und technologischen Anforderungen ist FeSi-Elektroblech als Werkstoff flächendeckend in der Energiegewinnung, -übertragung und -nutzung einsetzbar und erfüllt darüber hinaus auch ökonomische Anforderungen. Sowohl im Schwermaschinenbau als auch im Transportwesen, in der Energietechnik, im Motorsport, im Haushalt und in vielen weiteren Bereichen wird Elektroblech verwendet.

Bei Elektroblech handelt es sich um einen sogenannten Funktionswerkstoff, dessen Hauptaufgabe darin besteht Energie möglichst verlustarm zu übertragen. Die Begriffe Elektroband und Elektroblech werden häufig synonym verwendet, wobei Elektroband in erster Linie das hergestellte Stahlmaterial bezeichnet und sich Elektroblech auf die geschnittenen Lamellen in den Motoren oder Transformatoren bezieht. Das Hauptmerkmal von Statoren und Rotoren von Wechsel- und Drehstrommaschinen aus Elektroblech ist, dass diese nicht aus Vollmaterial hergestellt sind, sondern aus gestapelten Blechschnitten, wie in Abbildung 1 zu erkennen ist. Der Grund hierfür ist, dass die Verluste im Zuge der Ummagnetisierung unter anderem von der Dicke des Materials abhängig sind. Elektroblech wird daher in Lamellen geschnitten, gestapelt und durch eine Beschichtung voneinander elektrisch isoliert. Je dünner das Blech ist, desto geringer ist der Anteil der klassischen Wirbelstromverluste. Konventionelle Elektrobandsorten bestehen aus Eisen-Silizium-Legierungen und sind verhältnismäßig kostengünstig.

Abb. 1: Rotoren und Statoren aus lamelliertem Elektroband (M. Jaeger, Institut für Elektrische Maschinen, RWTH Aachen, 2019)

Durch Verwendung fein abgestimmter Legierungskonzepte, genaue Kontrolle der primär- und sekundärmetallurgischen Prozesse, gezielte Wärmebehandlungen und schonende Bearbeitung lassen sich die gewünschten Eigenschaften generell einstellen. Magnetische Zielgrößen sind unter anderem die Sättigungsmagnetisierung, der magnetische Feldbedarf, die Ummagnetisierungsverluste sowie die Permeabilität. Darüber hinaus sind weitere technische Eigenschaften von zunehmender Bedeutung, um die ohnehin schon stark optimierten elektrischen Maschinen punktuell zu verbessern. Die mechanische Festigkeit spielt im Zuge immer höherer Drehzahlen und schmaler Rotorgeometrien eine Rolle. Die thermischen Eigenschaften in Kombination mit dem Kühlsystem stehen in direkter Verbindung zur Dimensionierung der Maschine, um die durch die Verluste entstehende Wärme effizient abzuführen. Das Gewicht des Motors beziehungsweise die Werkstoffdichte kann bei mobilen Anwendungen, z. B. beim elektrischen Fahren oder Fliegen, ein entscheidender Faktor sein. Nicht zu vernachlässigen sind auch Themen wie die zyklische mechanische und thermische Belastung der Komponenten, magnetische und mechanische Alterung oder das Komponentenrecycling.

Gerade wegen der breit gefächerten Variationsmöglichkeiten bleibt Elektroblech Gegenstand aktueller Forschung. Es stellt sich die Frage, wie durch geschickte Wahl der Werkstoffparameter eines Elektrobleches die Effizienz der Maschine verbessert werden kann. Des Weiteren kann eine gezielte Materialauswahl nur unter Berücksichtigung definierter Anforderungen und damit unter Berücksichtigung der Maschinentopologie, -geometrie und des Anwendungshorizonts erfolgen.

4.1.1 Elektrobanddesign

Die zuvor genannten Maßnahmen, eine gezielte Blechdickenverringerung und das Legieren mit Silizium sind Maßnahmen, die seit je her genutzt werden, um die Eigenschaften von Elektroband zu verbessern. Die Verringerung der Ummagnetisierungsverluste und Verbesserung der Magnetisierbarkeit sind die Hauptziele der Werkstoffoptimierung. Verschiedene strukturelle Werkstoffparameter haben einen direkten und indirekten Einfluss auf die magnetischen Eigenschaften. Insbesondere die Legierung, Blechdicke, Korngröße, Textur und die mechanischen Eigenspannungen beeinflussen die magnetischen Eigenschaften signifikant. Diese Parameter werden im Herstellungs- und Verarbeitungsprozess des Stahlbandes gezielt variiert. Da die Parameter jedoch teils gegensätzliche Effekte haben und das magnetische Verhalten stark nichtlinear ist, ist die Herstellung eines perfekten Elektrobandes folglich ausgeschlossen. Es bedarf des Designs eines Elektrobandes, welches optimiert für die jeweilige Anwendung ist. Um das bestmöglich geeignete Blech für die gestellten Anforderungen zu finden, muss im Rahmen von Kosten und Effizienz stets ein trade-off verschiedener Zielgrößen in Kauf genommen werden.

Lamellierung von Elektroblech

Die Lamellierung von Elektroblech (die Verwendung dünner, voneinander elektrisch isolierter Blechlamellen im magnetischen Kern der Maschine) stellt, wie der Name „Elektroblech“ schon vorwegnimmt, die Hauptmaßnahme dar, um die Ummagnetisierungsverluste zu verringern. Geringe Blechdicken sind hierbei vorteilhaft, da der klassische Wirbelstromverlustanteil mit abnehmender Blechdicke verringert werden kann (siehe Abbildung 2). Die klassischen Wirbelstromverluste p_{cl} sind quadratisch von der Blechdicke d_{Blech} abhängig, wie in der zugehörigen Formel zu erkennen ist:

$$p_{\text{cl}} = \frac{\pi\left(d_{\text{Blech}} B f\right)^2}{\rho_m \rho_{\text{el}}}$$

Die Verwendung sehr dünner Bleche ist besonders für höherfrequente Anwendungen von Bedeutung, da die Wirbelstromverluste quadratisch mit der Frequenz f und der magnetischen Flussdichte B ansteigen. Die Dichte des Materials ρ_{m} und die elektrische Leitfähigkeit ρ_{el} sind Werkstoffparameter, welche die klassischen Wirbelstromverluste bestimmen, werden jedoch erst im folgenden Abschnitt diskutiert.

Übliche Kaltbanddicken für FeSi-Elektroband liegen in der Größenordnung von 0,2 mm bis 0,5 mm. Bei großen, langsam drehenden Generatoren der Stromerzeugung kommen auch höhere Blechdicken von 1,0 mm zum Einsatz. Bestrebungen die Blechdicken weiter zu reduzieren, zeigen unterschiedliche Erfolge, da bei Blechen < 0,25 mm die Herstellung, Verarbeitung sowie die Maschinenkonstruktion deutlich erschwert werden. Ein Beispiel der sogenannten ultra-dünnen Elektrobänder sind Bleche mit einer Dicke von 0,08 mm. Die Eisenverluste des Materials können bei steigenden Frequenzen gegenüber 0,35 mm dickem Blech deutlich verringert werden, doch die Verarbeitung zu Motorengeometrien durch das Schneiden erhöht die Verluste wiederum. Konventionelle Trenntechniken, wie das serienmäßige Stanzen, können bei solch dünnen Blechen nicht angewendet werden. Darüber hinaus verringert sich durch den, relativ gesehen, erhöhten Anteil an Isolationsschichtdicke der Anteil des magnetischen Materials im Bauraum.

Obwohl die sehr dünnen Lamellen eine Möglichkeit für höherfrequente Anwendungen, insbesondere im Bereich der Mittelfrequenztransformatoren darstellen, begünstigen sie nicht zwangsläufig die Optimierung rotierender elektrischer Maschinen, insbesondere mit Blick auf den Materialeinsatz und Prozessaufwand.

Legierung

Die Legierungsstrategie für FeSi-Elektroblech ist im Allgemeinen darauf ausgelegt, die magnetischen Eigenschaften des Elektrobandes zu optimieren. Konventionelle Güten haben einen Siliziumgehalt von 0,3 Gew.-% bis

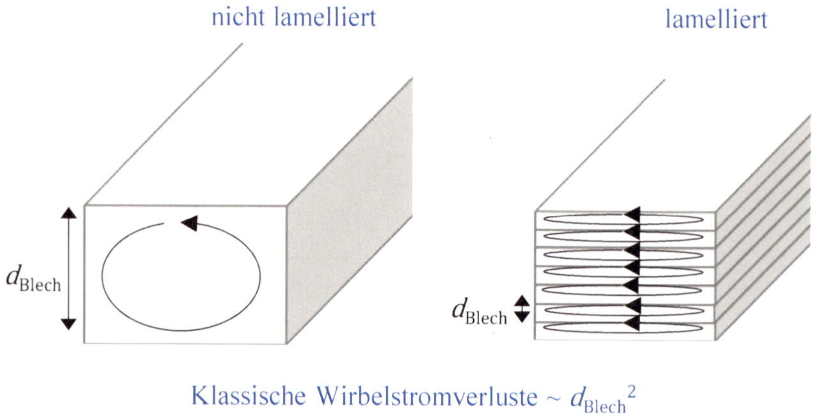

Abb. 2: Schematische Abbildung der Ausbildung von Wirbelströmen in einem Vollmaterial und in einem lamellierten Blechpaket

3,2 Gew.-%. Silizium verbessert die magnetischen Eigenschaften, indem es den elektrischen Widerstand ρ_{el} erhöht, wodurch Wirbelstromverluste nach

$$p_{\text{cl}} = \frac{\pi\left(d_{\text{Blech}}Bf\right)^2}{\rho_m \rho_{\text{el}}}$$

gemindert werden. Auf der anderen Seite bewirkt ein steigender Siliziumanteil jedoch eine Verringerung der Sättigungspolarisation, da der Anteil an ferromagnetischem Eisen (Fe) reduziert wird, was generell eine Verschlechterung der Induktion und damit auch der Leistungsdichte der Maschine nach sich zieht. Ein zusätzlicher, entscheidender Faktor, der den Siliziumgehalt der Legierungen einschränkt, ist der negative Einfluss auf die Bearbeitbarkeit von Elektroband. Ein Siliziumgehalt oberhalb 3,2 Gew.-% ist für kaltgewalztes Material, insbesondere in den relevanten Dickenabmessungen unter 0,5 mm unüblich, da die Umformbarkeit hierdurch stark eingeschränkt und der Kaltwalzprozess deutlich erschwert wird. Auf der anderen Seite sind gewisse Gehalte an Silizium jedoch für die mechanischen Eigenschaften notwendig, da es als Mittel der Festigkeitssteigerung dient, um Anforderungen an die Festigkeiten der Lamellen auch bei hohen Drehzahlen und geringen Stegbreiten zu erfüllen. Auch die Stanzbarkeit wird durch höhere Siliziumgehalte im Allgemeinen erschwert Ein weiteres Mittel zur Verbesserung der magnetischen Eigenschaften ist es, eine hohe Reinheit des Gefüges zu gewährleisten. Mikroeinschlüsse und Ausscheidungen behindern freie magnetische Domänenwandbewegungen, welche den Ummagnetisierungsprozess bewirken. Die Verluste steigen dadurch. Die sogenannte Hystereseverlustkomponente wird bereits durch eine geringe Zahl von Ausscheidungen und Einschlüssen erhöht. Folglich ist es notwendig, den Gehalt an zur Ausscheidung neigenden Elementen, insbesondere Sauerstoff (O), Kohlenstoff (C), Stickstoff (N), Schwefel (S), gering zu halten. Aluminium kann in gewissen Bereichen als Substitution für Silizium dienen. Aluminium erhöht ebenfalls den elektrischen Widerstand und im Gegensatz zu Silizium hat es keinen negativen Effekt auf die Duktilität und damit auf die Verarbeitbarkeit. Nachteile einer Siliziumsubstitution durch Aluminium sind jedoch der hohe Preis sowie die hohe chemische Aktivität des Aluminiums, die zu einer Anfälligkeit für Ausscheidungen und Wechselwirkungen mit weiteren Legierungs- und Begleitelementen führt. Forschungen zeigen ein Verlustminimum bei verschiedenen kumulierten Aluminium- und Silizium-Gehalten von 4,5 Gew.-%, 3,6 Gew.-% und 2,7 Gew.-% und weisen damit auf einen generell empfehlenswerten Gesamtlegierungsgehalt < 5 Gew.-% hin, der dann noch eine ausreichende Sättigungspolarisation aufweist. Die verwendeten Legierungsstrategien führen generell zu guten Ergebnissen, jedoch zeigen aktuelle Bemühungen aus anderen Werkstoffdesign-Bereichen, dass durch die Erforschung innovativer Legierungskonzepte mit Kupfer, Mangan oder Phosphor weitere Erfolge erzielt werden können. Im Hinblick auf Siliziumsubstitution sowie Mangan- und Aluminium-Zugaben sollen besonders vorteilhafte Kombinationen aus Festigkeit und elektromagnetischen Eigenschaften möglich werden.

Kristallografische Textur

Generell wird Elektroband in zwei grundsätzlich verschiedenen Varianten hergestellt. Der Unterschied bezieht sich auf die sogenannte Textur. Man unterscheidet kornorientiertes Elektroband und nichtkornorientiertes Elektroband. Der Begriff kristallografische Textur bezeichnet formell die Gesamtheit aller Orientierungen innerhalb eines Polykristalls. Metallische Werkstoffe wie Eisen weisen in ihrer Kristallstruktur Symmetrien auf. Die Atome sind periodisch in einem Kristallgitter angeordnet. Die kleinste symmetrische Einheit nennt sich Elementarzelle. Im Falle von ferritischem Eisen handelt es sich um eine kubisch raumzentrierte Elementarzelle mit je einem Atom auf den Würfelecken und einem Atom in der Mitte der Elementarzelle. Diese Elementarzellenstruktur bildet translatorisch das

Kristallgitter in einem gewissen Materialbereich. Wenn das ganze Material die gleiche Gitterausrichtung aufweist, handelt es sich theoretisch um einen Einkristall.

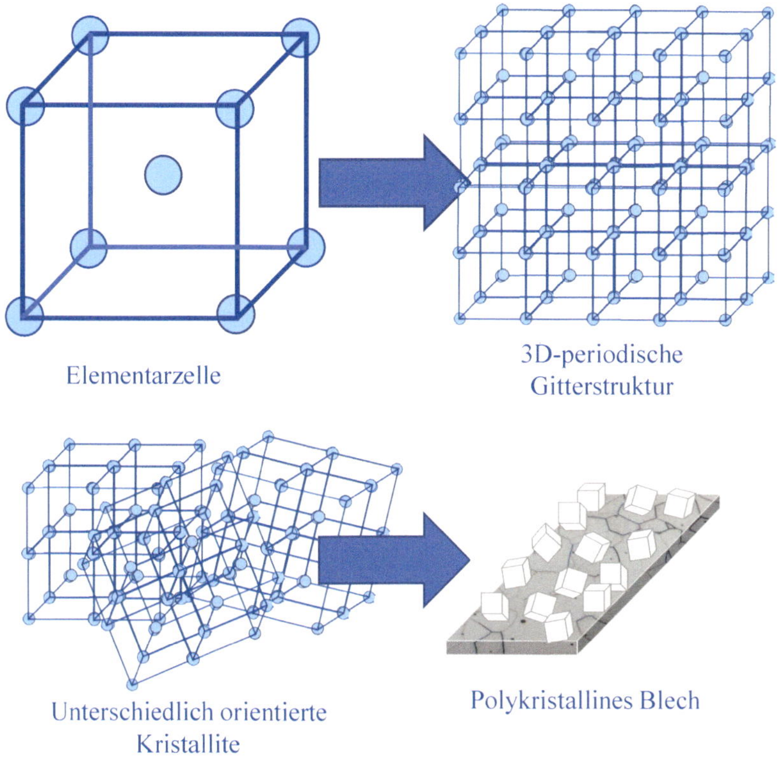

Abb. 3: Schematische Darstellung des Zusammenhangs zwischen Elementarzelle und kristallografischer Textur von Elektroband

Während der Herstellung kommt es jedoch zur Ausbildung einer Kornstruktur. Körner innerhalb des Elektrobandes sind Bereiche, die eine unterschiedliche Orientierung der Gitterstruktur aufweisen. Die chemische Zusammensetzung und der Elementarzellentyp sind identisch und die Körner unterscheiden sich nur in ihrer Ausrichtung. Verdeutlicht wird der Zusammenhang zwischen der Ausrichtung der Elementarzelle und der Textur des polykristallinen Elektrobandes in Abbildung 3.

Beim kornorientierten Elektroblech sind die Körner nahezu identisch ausgerichtet. Benachbarte Körner unterscheiden sich nur um 3° bis 7° in ihrer Ausrichtung. Bei nichtkornorientiertem Elektroband sind die Ausrichtungen der Körner möglichst gleichverteilt, um eine hohe Isotropie zu erzeugen. Dargestellt sind die beiden Varianten in Abbildung 4.

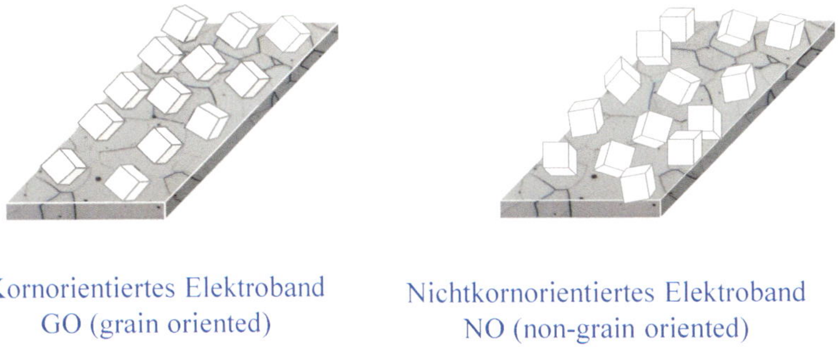

Abb. 4: Unterscheidung zwischen korn- und nichtkornorientiertem Elektroband anhand der Textur

Der kristallografischen Textur kommt eine große Bedeutung zu, da FeSi-Einkristalle unterschiedliches Magnetisierungs-verhalten in den verschiedenen kristallografischen Richtungen aufweisen. Entlang der Würfelkanten ([100]-Richtungen) erfolgt die Magnetisierung am einfachsten, wohingegen die Magnetisierung entlang der Flächendiagonalen bereits erschwert ist ([110]-Richtungen). Die schwerste Magnetisierungsrichtung tritt jedoch entlang der Raumdiagonalen auf ([111]-Richtungen). Magnetisierungskurven entlang der kristallografischen Richtungen sind in Abbildung 5 dargestellt. Die Ausrichtung der Elementarzellen in Bezug auf die Blechachsen beeinflusst dadurch das Magnetisierungsverhalten.

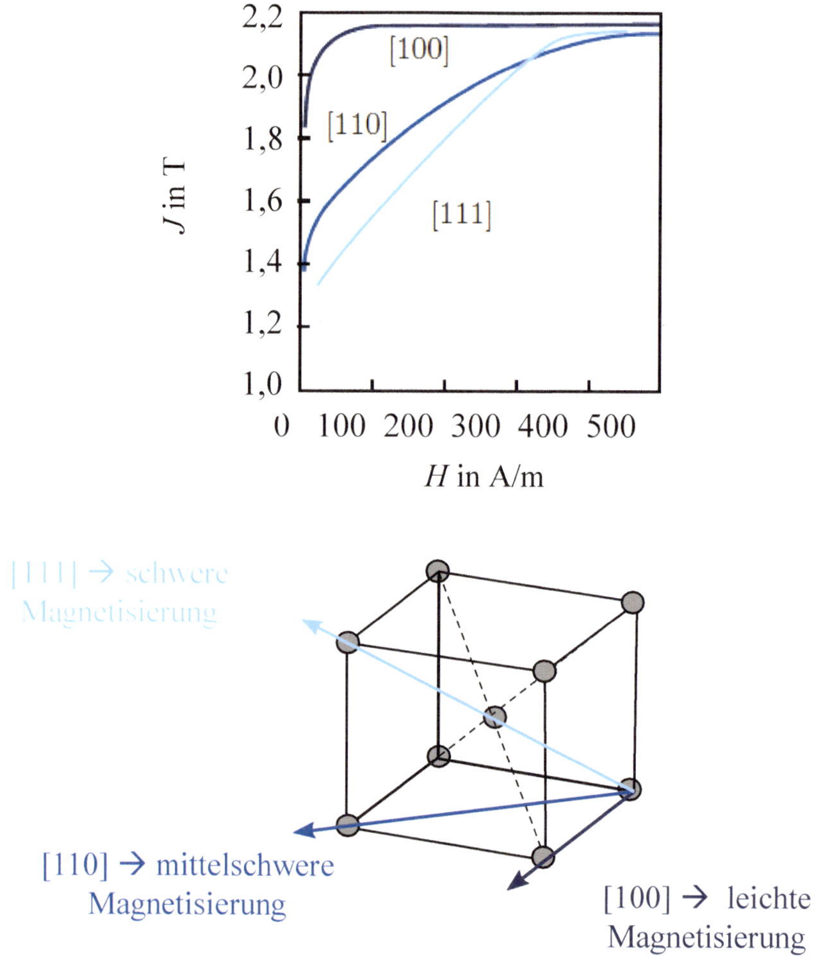

Abb. 5: Magnetische Anisotropie der kubisch-raumzentrierten Elementarzelle von Eisen nach [1]

Die kornorientierte Variante mit einer gezielten Ausrichtung einfacher Magnetisierungsachsen entlang der Walzrichtung wird in der Regel für Transformatoren genutzt. Die Magnetisierungseigenschaften sind anisotrop und entlang der Walzrichtung hervorragend. In den Transformatorschenkeln alterniert die Magnetisierung und die positiven Eigenschaften können hier ideal genutzt werden. In rotierenden Maschinen treten dahingegen nicht nur rotierende Magnetisierungsverhältnisse auf, beispielsweise im Übergang vom Zahn zum Joch, sondern es handelt sich auch um runde Geometrien, die aus den Elektrobändern ausgestanzt werden. Das bedeutet, dass jede Lamelle nicht nur Zähne in Walzrichtung aufweisen, sondern in jeder Orientierung innerhalb der Blechebene. Daher sind hier möglichst isotrope Magnetisierungseigenschaften in der Blechebene erwünscht. Das sogenannte nichtkornorientierte Elektroband wird genutzt. Obwohl als nichtkornorientiertes Elektroband (NO) klassifiziert, zeigt auch NO gewisse Vorzugsorientierungen. Da bei NO das Verhalten in der gesamten Blechebene von Bedeutung ist und homogene magnetische Eigenschaften in allen Rotationswinkeln erwünscht sind, werden sogenannte kristallografische Fasern betrachtet, die die Rotation kristallografischer Orientierungen berücksichtigen und somit Indikator für günstige oder schädliche Effekte der Textur sind. Eine hohe Intensität der Würfelfaser {001}<uvw> ist vorteilhaft, da hier die maximale Menge einfacher Magnetisierungsachsen gleichmäßig in der Blechebene verteilt ist. Diese Faser wird auch θ-Faser genannt. Demgegenüber steht die unvorteilhafteste Ausrichtung der Kristallorientierungen, die sogenannte γ-Faser ({111}<uvw>). Bei dieser Textur finden sich lediglich Raumdiagonalen in der Blechebene. Genau diese Faser ist jedoch in gewalztem Stahlblech besonders ausgeprägt und häufig zu finden. Die Herstellung gezielter Textureigenschaften ist bei den typischen Elektrobandlegierungen äußerst schwierig und auf konventionellen Herstellungsrouten kaum realisierbar. Die Texturoptimierung ist daher auch heute noch Gegenstand aktueller Forschungsvorhaben.

Mikrostruktur

Eine weitere Methode, um FeSi zu optimieren, besteht in der Mikrostrukturoptimierung. Wie beschrieben, sind Körner Bereiche des Materials mit einer einheitlichen Ausrichtung der Elementarzelle. Wie groß die Bereiche sind, wird durch den Prozess beeinflusst. Die Korngröße hat einen direkten Einfluss auf die magnetischen Eigenschaften von FeSi-Elektroblech, da Korngrenzen Hindernisse für freie Domänenwandbewegungen und damit für eine ungehinderte Magnetisierung darstellen.

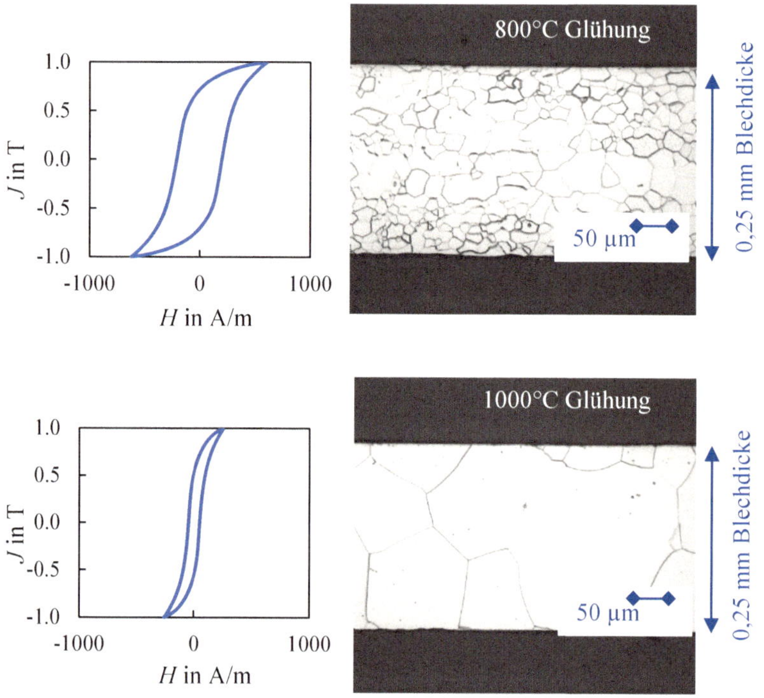

Abb. 6: Arbeiten der DFG-Forschergruppe FOR 1897 „Verlustarme Elektrobleche für energieeffiziente Antriebe": Elektrobänder mit unterschiedlicher Schlussglühung und resultierende Korngrößen

Folglich verschlechtert ein feinkörniges Gefüge die Magnetisierbarkeit insbesondere im Bereich kleiner und mittlerer Polarisationen, da in diesem Bereich der Magnetisierungsvorgang maßgeblich durch Domänenwandbewegungen erfolgt. Auch die Verluste werden erhöht. Hierbei muss jedoch der Einfluss der verschiedenen Verlustbeiträge (Hystereseverluste, klassische Wirbelstromverluste, Excess-Verluste) zu den Gesamtverlusten berücksichtigt werden. Die Hystereseverluste sinken generell mit steigender Korngröße, bleiben jedoch oberhalb einer gewissen Korngröße konstant. Wirbelstromverluste sind allgemein unabhängig von der Korngröße. Der Excess-Verlustanteil hingegen steigt mit wachsender Korngröße aufgrund entstehender lokaler Wirbelströme im Bereich der Domänenwände. Diese sollen jedoch nicht mit den globalen Wirbelstromverlusten verwechselt werden. Die dargelegten Zusammenhänge zeigen eine stark nichtlineare

Frequenzabhängigkeit des Effekts der Korngröße und somit der elektromagnetischen Eigenschaften. Der komplexe Zusammenhang der Korngröße, der Magnetisierung und der Verluste sowie die ausgeprägte Abhängigkeit vom Betriebspunkt zeigen die Notwendigkeit einer vertieften Betrachtung der Mikrostruktur, also auch Schwankungen der Korngröße und die Berücksichtigung realer Arbeitsbereiche. In Abbildung 6 sind zwei reale Gefüge eines 0,25 mm Elektrobandes dargestellt, welche sich lediglich durch die Korngröße unterscheiden.

Elektrobanddesign entlang der Prozesskette

Die Herstellung von Elektroband folgt, grob betrachtet, den konventionellen Verfahrensschritten der Blechherstellung: Stahl-, Warmband- und Kaltbanderzeugung; Wärmebehandlung, Bandbeschichtung und Adjustage. Aus dem so hergestellten Band werden anschließend Blechlamellen herausgetrennt, die paketiert und fixiert und letztlich zu den gewünschten Magnetkernen zusammengefügt werden. Aufgrund der hohen Anforderungen, die an die Herstellung von Elektroband gerichtet sind, wird es auf modernsten metallurgischen Prozessrouten hergestellt.

- Stahlerzeugung und Sekundärmetallurgie: Im Stahlwerk durchläuft das Roheisen in der Sekundärmetallurgie unter anderem Prozesse zur Entschwefelung und eine Vakuum-Behandlung zur Tiefstentkohlung. Wie bereits zuvor erklärt, wird angestrebt, den Reinheitsgrad auf ein höchstmögliches Niveau zu bringen.
- Formgebung und Warmwalzen: Anschließend wird die Schmelze an der Stranggießanlage vergossen. Neben den typischen Dünnbrammen (50 mm) oder dem Gießen von Strängen (215 mm) mit anschließendem Warmwalzprozess zeigt sich als Weiterentwicklung das endmaßnahe Bandgießen (2 mm – 3 mm) als verfahrenstechnisch besonders geeignet. Anschließend wird das Band gebeizt und besäumt.
- Kaltwalzen: In mehreren Kaltwalzdurchgängen wird das gebeizte Warmband auf die gewünschte Enddicke gebracht. Diese Enddicke liegt in der Regel zwischen 0,1 mm und 0,5 mm. Besonders für hochsilizierte Sorten hat sich das reversierende Walzverfahren und durchgesetzt, da durch den höheren Siliziumanteil die Verformungseigenschaften verschlechtert werden und die Umformkräfte dementsprechend hoch sind.

- Wärmebehandlung: Nach dem Kaltwalzen erfolgt eine Wärmebehandlung unter Schutzgasatmosphäre. Hierbei unterscheidet man zwischen zwei verschiedenen Glühbehandlungen, die auf die beiden unterschiedlichen Lieferformen, in der das Elektroband an den Kunden geliefert werden kann, zurückzuführen sind. Die eine Variante ist die Schlussglühung im Durchlaufofen. Hierbei werden die magnetischen Eigenschaften durch Rekristallisierung des Walzgefüges, Grobkornbildung und eine weitere Verminderung des Kohlenstoffes optimiert. Dieses Elektroband wird als „schlussgeglühtes nichtkornorientiertes Elektroband" an den Kunden geliefert. Die zweite Variante bezeichnet man als „nichtschlussgeglühtes nichtkornorientiertes Elektroband". Hier findet im Hauben- oder Durchlaufofen lediglich eine Rekristallisationsglühung statt. Die magnetische Schlussglühung erfolgt erst beim Kunden. Um eine ausreichende Anzahl an Keimen für das gezielte Kornwachstum bei der Schlussglühung bereitzustellen, wird im Walzwerk anschließend noch ein geringer Umformgrad eingebracht.
- Isolierung/Lackierung: Letzter optionaler Schritt vor dem Längs- und Querteilen der Bänder in den Adjustageanlagen ist das Lackisolieren der Oberfläche der Bänder. Durch das elektrische Isolieren der einzelnen Lamellen werden die Wirbelstromverluste weiter verringert. Darüber hinaus wird die Stanzbarkeit erhöht und die Lamellen sind vor Korrosion geschützt. Lacke gibt es auf organischer und anorganischer Basis und mit verschiedenen Zusammensetzungen und Eigenschaften.
- Verarbeitung: Beim Kunden erfolgen die letzten Verarbeitungsschritte zur Magnetkernherstellung. Durch Stanzen oder Schneiden und anschließendes Fügen werden die Magnetkerne gefertigt. Hierbei gibt es verschiedenste Möglichkeiten zur Fixierung der einzelnen Blechlamellen, z. B. Schweißen oder Nieten. Beim Kunden können auch verschiedene abschließende Glühbehandlungen durchgeführt werden. Entweder wird nach dem Heraustrennen der Lamellen eine Spannungsarmglühung der Stanzteile oder eine ganzheitliche Magnetkern-Spannungsarmglühung durchgeführt. Äquivalent gilt für das nichtschlussgeglühte NO, dass entweder eine Schlussglühung der Stanzteile oder des gesamten Magnetkerns erfolgt.

Abb. 7: Schematische Darstellung der Elektrobandherstellung und relevante Materialparameter

Um die geforderten magnetischen Eigenschaften gezielt einstellen zu können, müssen bei den herstellenden Prozessschritten wie Warmwalzen, Bandgießen und den Wärmebehandlungen alle Parameter genau abgestimmt sein. In diesen Schritten sind insbesondere die Atmosphäre, die Temperatur, die Abkühl- und Aufheizgeschwindigkeiten, die Dickenreduktion pro Walzstich, die Endwalztemperatur sowie generell die Verfahrensgeschwindigkeiten und zum Teil die auftretenden Kräfte zu beachten. In den verarbeitenden Prozessen besteht die Gefahr, die gezielt eingestellten magnetischen Eigenschaften infolge der mechanischen Bearbeitung zu verschlechtern. Insbesondere das Heraustrennen der Lamellen durch Schneiden oder Stanzen sowie das Paketieren sind hier kritische Verfahrensschritte.

4.1.2 Magnetische Eigenschaften

Für die Anwendung von Elektroblech als Magnetkernmaterial in elektrischen Maschinen sind vordergründig die magnetischen Eigenschaften entscheidend. Aber auch die mechanisch-technologischen Eigenschaften sind für die Anwendung insbesondere in rotierenden elektrischen Maschinen von Bedeutung. Die zentralen Eigenschaften sollen im Folgenden kurz vorgestellt werden.

Domänentheorie

Der Ferromagnetismus ist die technologisch bedeutendste Form von Magnetismus in Festkörpern. Eine Abgrenzung des Ferromagnetismus zu Dia- und Paramagnetismus verdeutlicht dessen Charakteristika. Diamagnetismus tritt zwar in allen Stoffen auf, jedoch kann die auftretende Wirkung bei gleichzeitigem Bestehen einer weiteren Hauptform in demselben Stoff überlagert werden. Bei Diamagneten werden durch ein äußeres Magnetfeld im Inneren magnetische Momente induziert. Diese schwächen jedoch das äußere Magnetfeld. Für Festkörper hat der Diamagnetismus keine große Bedeutung. Paramagnetische Stoffe weisen magnetische Momente im Inneren auf, die regellos verteilt sind, sodass die Magnetisierung im Mittel null ist. Durch ein äußeres Magnetfeld werden die inneren Momente ausgerichtet. Die ausgerichteten Momente verstärken die Wirkung des äußeren Magnetfeldes bis zur Sättigung proportional. Im Gegensatz zu dia- und paramagnetischen Stoffen tritt bei ferromagnetischen Stoffen und Verbindungen ein spontanes magnetisches Moment ohne die Anwesenheit eines äußeren Magnetfeldes auf. Durch ein äußeres Magnetfeld werden die Momente jedoch weiter ausgerichtet und diese verstärken das äußere Magnetfeld überproportional. Die technisch eingesetzten ferromagnetischen Werkstoffe sind alle Legierungen und Oxide der ferromagnetischen Übergangsmetalle Eisen, Kobalt und Nickel. Nur einige Beispiele für Legierungen sind FeSi, FeCo, FeAlNiCo. Auch einige Metall-Oxide von eigentlich nicht ferromagnetischen Elementen zeigen ferromagnetisches Verhalten. Ein Beispiel hierfür ist CrO2. Im Falle von Dauermagneten werden oftmals Eisen-, Kobalt- und Nickellegierungen in Verbindungen mit Seltenerdmetallen, wie Nd_2Fe14B, SmCo5 eingesetzt. Zum besseren Verständnis der beim Ferromagnetismus auftretenden physikalischen Vorgänge ist es hilfreich, im Material die kleinsten Bereiche gleicher Magnetisierung zu betrachten.

Die sogenannten Domänen sind Bereiche im Werkstoff mit einheitlicher Ausrichtung der magnetischen Momente (in der Größenordnung von circa 1 µm bis 100 µm). Die magnetischen Domänenstruktur ist nicht zu verwechseln mit der Kornstruktur. Domänen werden durch die parallele Ausrichtung der magnetischen Momente gebildet und können infolge des Magnetisierungsvorgangs ihre Orientierung ändern. Damit ändert sich die Domänenstruktur. Die Kristallorientierung, welche durch die Gitterstruktur der Atomanordnung in einem rekristallisierten Metall festgelegt ist, ist die Kornstruktur unabhängig vom Magnetisierungszustand. Aneinandergrenzende Domänen können unterschiedlich ausgerichtet sein. Die Grenzflächen zwischen zwei Domänen bezeichnet man als Domänenwände. Im Extremfall können alle Domänen eines ferromagnetischen Werkstoffes so ausgerichtet sein, dass die Gesamtmagnetisierung gleich null ist, da sich die unterschiedlichen Ausrichtungen aller Domänen gegenseitig kompensieren. Domänen- und Korngrößen sind innerhalb eines Werkstoffes in der Regel nicht identisch. In Abbildung 8 (unten) ist eine mögliche Domänenstruktur dargestellt.

Das Anlegen eines äußeren Magnetfeldes an einen ferromagnetischen Werkstoff nimmt zum einen Einfluss auf die Ausrichtung der einzelnen Domänen und zum anderen Einfluss auf deren Größe und Form.

Die Domänenstruktur eines weichmagnetischen Materials ergibt sich aus einem Energiegleichgewicht der mikromagnetischen Energiebeiträge. Die sogenannte Austauschenergie beschreibt, vereinfacht ausgedrückt, die Beziehung zwischen den magnetischen Momenten. Die Austauschenergie wird minimiert, wenn benachbarte magnetische Momente parallel ausgerichtet sind. Folglich trägt sie dazu bei, dass große Domänen entstehen, da dies Bereiche mit paralleler Ausrichtung der magnetischen Momente sind, wie in Skizze 1 aus Abbildung 8 verdeutlicht wird. Die sogenannte Anisotropieenergie ist auf die kristalline Anisotropie der Elementarzelle zurückzuführen. Sie sorgt dafür, dass sich magnetische Momente bevorzugt entlang einfacher Magnetisierungsachsen, im Falle von Elektroblech an den Würfelkanten (100-Richtungen), ausrichten. Innerhalb eines Korns kommt es daher oft auch zu antiparalleler Ausrichtung der Domänen, wie im mittleren Bild von Abbildung 8 zu sehen ist.

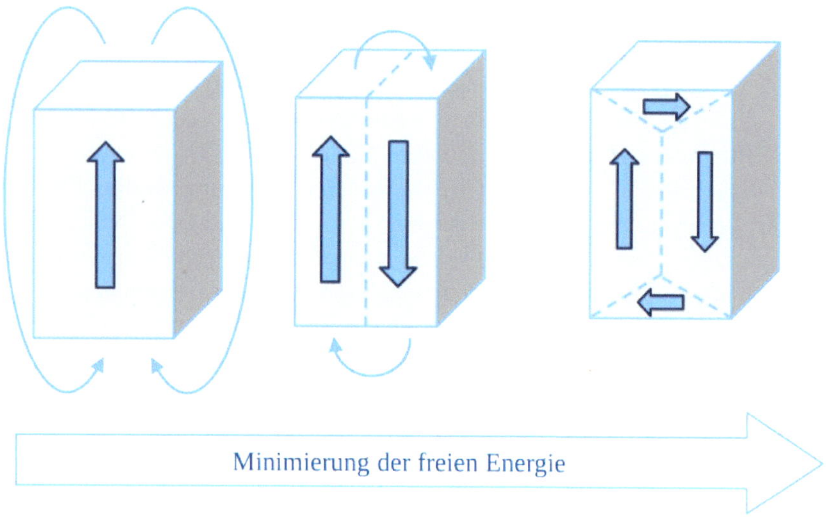

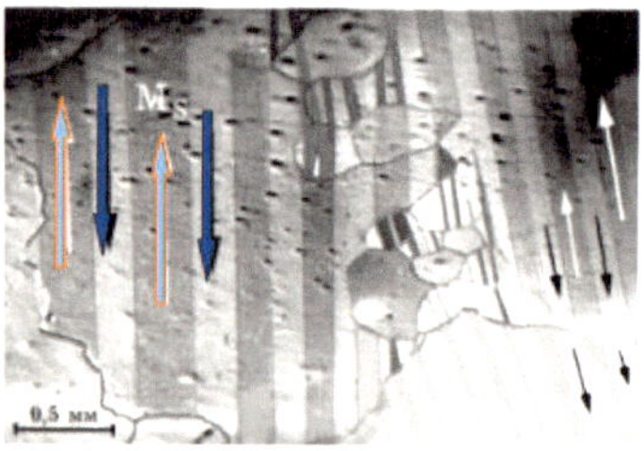

Domänenstruktur eines
3,0 Gew.-% FeSi Polykristalls[1]

Abbildung: Gorkunov E.S., Dragoshansky Yu.N. Russian JNDT, 1999, N6, p. 3-23:

Abb. 8: Schematische Darstellung der Ausbildung der Domänenstruktur von Elektroband

Die Domänenwand zwischen zwei solcher benachbarten Domänen hat eine gewisse Dicke. Wie viele Momente die Domänenwand umfasst, hängt von der Konkurrenz der Austauschenergie und der Anisotropieenergie ab. Die Anisotropieenergie bestrebt, dass der Wechsel der Momentorientierung abrupt stattfindet. Die resultierende Domänenwand wäre kleiner als ein magnetisches Moment. Die Austauschenergie hingegen setzt sich diesem abrupten Wechsel entgegen, da benachbarte Momente möglichst nur einen geringen Orientierungsversatz aufweisen und möglichst parallel angeordnet sein sollen. Die resultierende Domänenwanddicke, das heißt, wie viele unterschiedlich ausgerichtete Momente die Wand umfasst, resultiert aus einem Energieminimum der Austausch- und Anisotropieenergiebeiträge.

Eine weitere mikromagnetische Energie ist die magnetostatische Energie. Diese strebt danach, das äußere Magnetfeld zu minimieren. Ein Beispiel ist in Abbildung 8 (oben) der Übergang vom zweiten auf das dritte skizzierte Bild. Es bilden sich zusätzliche Domänen, die den magnetischen Fluss innerhalb des Materials schließen, um das äußere Magnetfeld zu minimieren. Darüber hinaus gibt es die sogenannte magnetoelastische Energie, welche die Wechselwirkung der magnetischen Eigenschaften mit mechanischen Spannungen beschreibt. Die resultierende Domänenstruktur eines weichmagnetischen Materials wie Elektroband ergibt sich aus dem Energiegleichgewicht der mikromagnetischen Energiebeiträge, wenn kein äußeres Magnetfeld anliegt.

Magnetisierungsprozess

Mit Hilfe der Domänentheorie kann jedoch auch der Magnetisierungsprozess verhältnismäßig einfach beschrieben werden, also der Fall, dass an das Material ein äußeres Magnetfeld angelegt wird. Wird an ein unmagnetisiertes Elektroband ein magnetisches Feld H angelegt, verschieben sich die Domänenwände so, dass die günstig zur Feldrichtung liegenden Domänen auf Kosten der ungünstig orientierten Domänen wachsen. Dies bewirkt einen Anstieg der Magnetisierung. Verdeutlichen kann man die auftretenden Vorgänge anhand der Neukurve, wie sie in Abbildung 9 dargestellt ist.

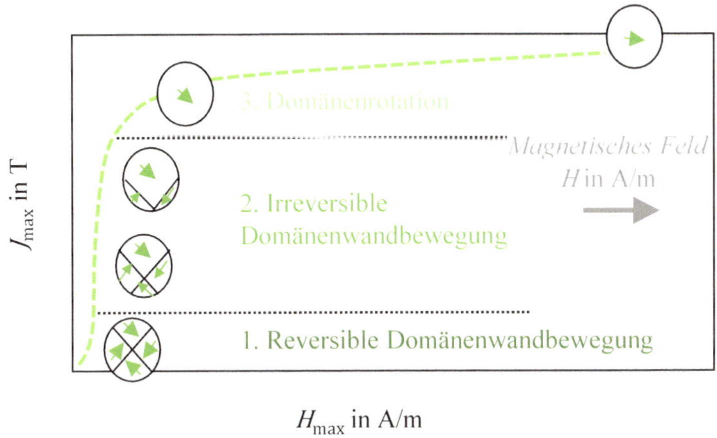

Abb. 9: Darstellung des Magnetisierungsprozesses von Elektroband anhand der Domänentheorie

Wird an einen demagnetisierten ferromagnetischen Werkstoff ein magnetisches Feld der Feldstärke *H* angelegt und dieses kontinuierlich erhöht, folgt die magnetische Flussdichte B in diesem Werkstoff dem abgebildeten Verlauf der Neukurve. In Bereich 1 kommt es zum einen zu Drehprozessen der Magnetmomente innerhalb der verschiedenen Domänen und zum anderen finden reversible Verschiebungen der Domänenwände statt. Durch Gitterfehler wird die freie Domänenwandbewegung behindert und die Domänenwände werden „gepinned". Korngrenzen, Ausscheidungen, Versetzungen oder Einschlüsse stellen solche Gittereffekte dar. Wird das äußere magnetische Feld innerhalb dieses Bereiches abgeschaltet, so kehren die Domänenwände in ihre Ausgangsposition zurück und der Magnetisierungsprozess ist in diesem Bereich reversibel. Bei einer weiteren Erhöhung der Feldstärke kommt es jedoch zu irreversiblen Verschiebungen der Domänenwände über die Pinningstellen hinweg, es kommt zu sogenannten Barkhausensprüngen der Domänenwände. Die Verschiebung braucht umso mehr „Kraft", das bedeutet eine höhere Feldstärke, je mehr Gitterfehler vorhanden sind. Die „günstig" orientierten Domänen, welche auf Kosten der ungünstig orientierten Domänen gewachsen sind, machen nun den gesamten Werkstoff aus. Sie sind jedoch nicht in Richtung des äußeren Magnetfeldes ausgerichtet, sondern entlang der einfachen Magnetisierungsachsen. Im dritten Bereich der Neukurve findet bei weiterer Erhöhung der Feldstärke eine Domänenrotation statt, um die magnetischen Momente in Richtung des äußeren Magnetfeldes zu drehen. Die Verteilung der einfachen Achsen ist von der Textur abhängig, sodass dieser Bereich der Magnetisierung unter anderem von der Textur beeinflusst wird. Sind im gesamten Werkstoff alle magnetischen Momente gleich ausgerichtet, befindet sich der Werkstoff in Sättigung und eine weitere Erhöhung der Feldstärke *H* führt zu keiner weiteren Erhöhung der inneren magnetischen Polarisation *J*.

Der Zusammenhang von magnetischem Feld *H*, magnetischer Flussdichte B und magnetischer Polarisation *J* lässt sich einfach beschreiben:

$$B = \mu_0 \cdot H$$

wobei μ_0 die magnetische Feldkonstante der Größe $4\pi \cdot 10^{-7}$ Vs/(Am) ist. Im Vakuum ergibt sich also ein linearer Zusammenhang zwischen der magnetischen Feldstärke *H* in A/m und der magnetischen Flussdichte *B* in

T. Ein weichmagnetisches Material, welches in ein Magnetfeld eingebracht wird, verstärkt durch Ausrichtung der Domänen den magnetischen Fluss:

$$B = \mu \cdot H \text{ ,}$$

wobei die materialabhängige magnetische Permeabilität μ keine Konstante ist. Sie ist stark nichtlinear, weshalb auch das magnetische Verhalten stark nichtlinear ist. Die Permeabilität kennzeichnet die Beziehung zwischen angelegtem Feld und resultierendem Magnetisierungsverhalten, wie es mit Hilfe von Magnetisierungskurven dargestellt werden kann. Üblicherweise wird zur Beschreibung der Werkstoffeigenschaften die relative Permeabilität μ_r des Stoffes gewählt. Sie gibt das Verhältnis der Permeabilität im Vakuum mit der stoffeigenen Permeabilität μ an:

$$\mu_r = \frac{\mu}{\mu_0}$$

Die magnetische Flussdichte innerhalb des weichmagnetischen Materials kann auch als Summe des Einflusses des äußeren magnetischen Feldes und der Magnetisierung M in A/m des Werkstoffes beschrieben werden:

$$B = \mu_0 \cdot (M + H)$$

Die Summe aus innerer Magnetisierung und äußerem Magnetfeld ergibt mit der magnetischen Feldkonstante die magnetische Flussdichte. Anstelle der Magnetisierung wird zur Charakterisierung der magnetischen Eigenschaften häufiger die magnetische Polarisation J in T herangezogen. Diese beschreibt ebenfalls ausschließlich das Materialverhalten, jedoch nicht in der Einheit der magnetischen Feldstärke, wie es die Magnetisierung M tut, sondern in derselben Einheit wie die magnetische Flussdichte, das heißt in T, da sie den Beitrag der Magnetisierung mit Berücksichtigung der magnetischen Feldkonstante ausdrückt:

$$J = \mu_0 \cdot M$$

Daraus ergibt sich die Beziehung zwischen magnetischer Feldstärke, magnetischer Flussdichte und magnetischer Polarisation wie folgt:

$$B = \mu_0 \cdot H + J$$

Im Falle von Elektroblech sind B und J in einer vergleichbaren Größenordnung, da der Beitrag von $\mu_0 \cdot H$ bei den angelegten Feldstärken nur einen kleinen Effekt aufweist. Bei Hartmagneten, welche hohe Feldstärken im kA/m- Bereich benötigen, ergibt sich jedoch ein deutlicher Unterschied zwischen diesen Größen.

Das formelmäßige und anhand der Domänentheorie beschriebene Magnetisierungsverhalten kennzeichnet sich durch seine starke Nichtlinearität, welche charakteristisch für ferromagnetisches Material ist. Eine weitere Besonderheit dieser Materialgruppe ist die magnetische Hysterese.

Magnetische Hysterese

Neben dem nichtlinearen Magnetisierungsverhalten des Werkstoffes beim erstmaligen Anlegen eines magnetischen Feldes kommt es zu einer weiteren Besonderheit, die auch auf die Struktur der ferromagnetischen Materialien zurückzuführen ist. In einem zeitlich veränderlichen Wechselfeld durchläuft die Magnetisierung eine geschlossene Hysteresekurve. Anhand einer beispielhaften Hysteresekurve, wie in Abbildung 10 dargestellt, können einige wichtige Kennwerte für ferromagnetische Werkstoffe abgelesen und das magnetische Verhalten erklärt werden.

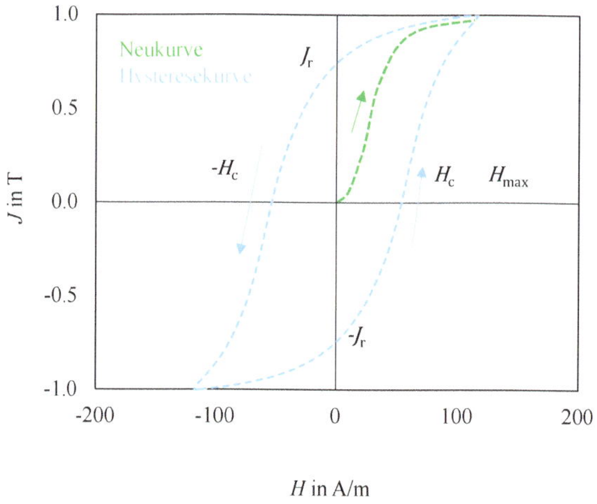

Abb. 10: Beispielhafte Darstellung einer magnetischen Hysteresekurven mit Darstellung der charakteristischen Kennwerte

Befindet man sich nach dem erstmaligen Anlegen des magnetischen Feldes, in dem die Flussdichte der Neukurve gefolgt ist, im Bereich der Sättigung Bs und vermindert die magnetische Feldstärke *H*, so fällt die Magnetisierung nicht entsprechend der Neukurve ab, sondern es bleibt eine Restmagnetisierung des Materials bestehen, auch wenn die Feldstärke *H* den Wert null erreicht. Der entsprechende Wert wird Remanenz Br genannt. In der Hystereseschleife ist dies der Schnittpunkt der Kurve mit der Ordinatenachse ($H = 0$). Wird nun ein magnetisches Feld entgegengesetzter Richtung und gleicher Größe angelegt, sinkt die magnetische Flussdichte weiter ab und nähert sich der Abszissenachse. Schließlich wird die Abszissenachse geschnitten. Der Punkt, an dem die Hysteresekurve die Abszissenachse schneidet, ist ein weiterer relevanter Kennwert. An diesem Punkt ist die magnetische Polarisation null. Das Material ist also wieder entmagnetisiert. Die dafür benötigte Feldstärke wird Koerzitivfeldstärke genannt und hat die Abkürzung H_c (Schnittpunkt mit der Abszissenachse). Wird die Feldstärke in gegensätzlicher Richtung weiter erhöht sinkt die Kurve weiter, bis eine Sättigung B_s gleichen Betrags in negativer Richtung eintritt. Wird nun die Feldstärke wieder auf ihren anfänglich positiven Wert erhöht, so zeigt sich ein punktsymmetrischer Verlauf bis zur Sättigung Bs. Somit entsteht eine geschlossene Hysteresefläche. Die Kennwerte der Sättigungsflussdichte B_s, der Remanenz B_r und der Koerzitivfeldstärke H_c können anhand der Hysterese leicht abgelesen, beziehungsweise gemessen werden. Wie zuvor beschrieben, können durch den formelmäßigen Zusammenhang zwischen magnetischer Flussdichte *B* und magnetischer Polarisation *J* die wichtigen Kennwerte auch durch die Sättigungspolarisation und Remanenzpolarisation ausgedrückt werden.

Ummagnetisierungsverluste

Eine weitere, wenn nicht sogar die wichtigste Kenngröße für Elektroband kann, wenn auch nur indirekt, ebenfalls anhand der Hysteresekurve ermittelt werden: die Ummagnetisierungsverluste. Weichmagnetisches Material soll leicht durch ein äußeres Magnetfeld magnetisierbar und entmagnetisierbar, beziehungsweise ummagnetisierbar sein. Im Gegensatz dazu müssen bei hartmagnetischen Werkstoffen stärkere Magnetfelder angelegt werden, um die magnetische Polarisation zu ändern. Die Ummagnetisierungsverluste sind proportional zur Fläche, welche die Hysteresekurve aufspannt, da sie ein Maß für die zur Ummagnetisierung aufzubringende Energie darstellt. Die Koerzitivfeldstärke H_c gibt an, wie stark das von außen angelegte Feld sein muss, um die magnetische Polarisation des Werkstoffes auf den Wert null zu bringen. Die aufzubringende Feldstärke, um einen gewissen Zielwert der Polarisation zu erzielen, ist H_{max}. Beide Größen sollten möglichst klein sein, um die Hysteresefläche und damit auch die Verluste zu minimieren. Die Fläche der Hysteresekurve entspricht dem Energiebedarf W, der zur Ummagnetisierung aufgebracht werden muss:

$$W = \oint H dB$$

Um den spezifischen Ummagnetisierungsverlust p_s in W/kg (entscheidend für die Klassifizierung) daraus abzuleiten, muss das Integral mit der Ummagnetisierungsfrequenz f multipliziert und durch die Dichte ρ_m des verwendeten Materials dividiert werden. Es ergibt sich:

$$p_s = \frac{f}{\rho_m} \oint H dB$$

Ohne die Berücksichtigung der Dichte können auch die volumetrischen Verluste P_s in W/m^3 berücksichtigt werden. Die Verluste hängen stark von der magnetischen Polarisation und der Ummagnetisierungsfrequenz ab, wie in Abbildung 11 dargestellt ist. Üblicherweise werden die Verluste daher in Abhängigkeit dieser beiden Anregungsparameter beschrieben.

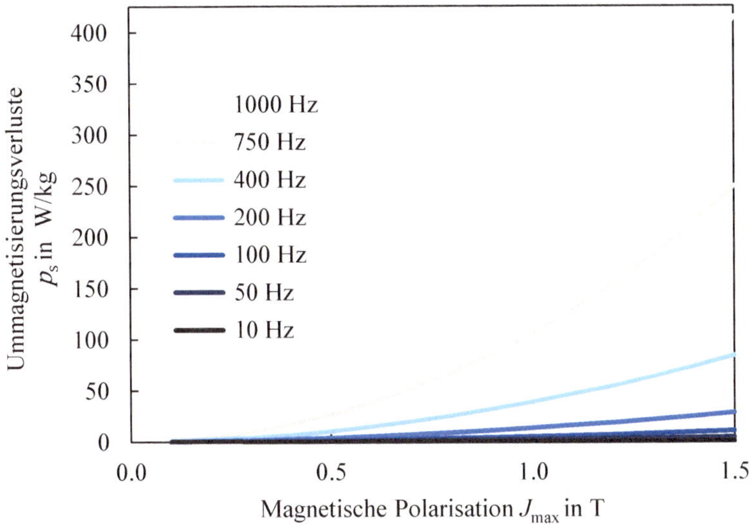

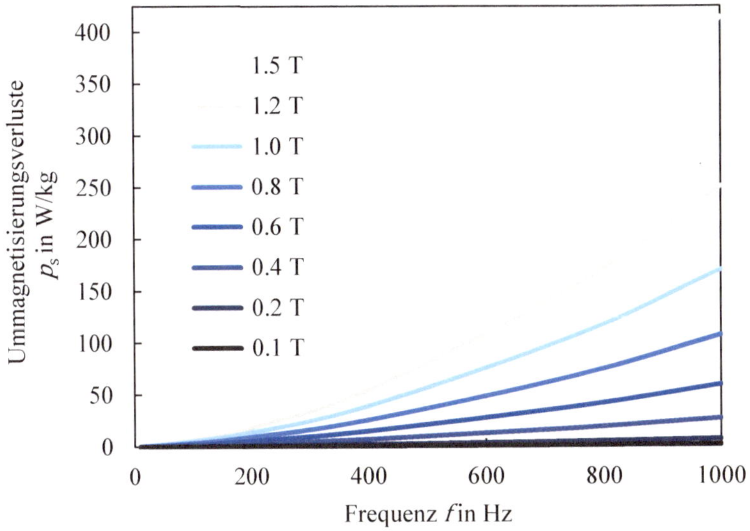

Abb. 11: Einfluss der magnetischen Polarisation und Ummagnetisierungsfrequenz auf die Verluste von Elektroblech

Es gibt verschiedene Ansätze, um die Verluste in Elektroband zu beschreiben. Um eine physikalische Interpretation des Verhaltens zu ermöglichen, wird in der Regel auf die Verlustaufteilung in drei verschiedene Beiträge zurückgegriffen.

Demnach lassen sich die Verluste in die sogenannten Hystereseverluste p_{hyst}, klassischen Wirbelstromverluste p_{cl} und Excess-Verluste p_{exc} aufteilen:

$$p_{\mathrm{s}} = \underbrace{p_{\mathrm{hyst}}}_{p_{\mathrm{statisch}}} + \underbrace{p_{\mathrm{cl}} + p_{\mathrm{exc}}}_{p_{\mathrm{dynamisch}}}$$

Die Hystereseverluste sind statische Verluste. Die Energie, die für einen Durchlauf der Hysteresescheife aufgewendet werden muss, ist unabhängig von der Frequenz. Die benötigte Energie resultiert aus dem Beitrag der Barkhausensprünge, also wie viel Energie benötigt wird, um die Domänenwände zu verschieben und die Ummagnetisierung zu ermöglichen. Diese Verlustkomponente steigt linear mit der Frequenz, also mit der Anzahl der Hysteresedurchläufe und der dafür benötigten Energie.

Die Hystereseverluste sind stark von der Korngröße abhängig und nehmen bei kleinen Korngrößen überproportional stark zu, da Korngrenzen Pinningstellen für die freie Domänenwandbewegung darstellen. Zunehmende Unreinheit des Elektrobandes durch Ausscheidungen oder Einschlüsse, Versetzungen oder innere Spannungen verschlechtern die Hystereseverluste ebenfalls.

Die bei der Ummagnetisierung entstehenden globalen Wirbelströme im Elektroblech wurden bereits im Rahmen des Elektrobanddesigns thematisiert. Durch die Lamellierung des Elektroblechs in elektrischen Maschinen werden lange Wirbelstrompfade unterbunden und dadurch die Wirbelstromverluste deutlich reduziert. Dabei wird der Kern aus einzelnen Blechen gestapelt und jede Schicht gegen die benachbarten Schichten elektrisch isoliert. Die klassischen Wirbelstromverluste p_{cl} in einem Elektroblech der Dicke d_{Blech} können näherungsweise durch die bereits zuvor gezeigte Formel beschrieben werden:

$$p_{\mathrm{cl}} = \frac{\pi\left(d_{\mathrm{Blech}} B f\right)^2}{\rho_m \rho_{\mathrm{el}}}$$

Die Verluste sind abhängig von der Frequenz f und der magnetischen Flussdichte B. Die Wirbelstromverluste steigen quadratisch mit diesen beiden Anregungsparametern an, sodass diese Verlustkomponente bei hohen Frequenzen dominant wird. Durch Variation der Elektrobandparameter, der Dichte des Werkstoffes ρ_{m}, dem spezifischen elektrischen Widerstand ρ_{el} und allem voran der Blechdicke d_{Blech} kann diese Verlustkomponente gezielt verringert werden. Übliche Blechdicken liegen zwischen 0,20 mm bis 0,5 mm. Die Isolationsschicht nimmt meist zwischen 1 und 4 µm in Anspruch.

Die sogenannten Excess-Verluste oder auch Zusatzverluste beschreiben den Anteil, der in älteren Verlustseparationsansätzen nicht durch die Hysterese- und klassischen Wirbelstromverluste abgedeckt werden konnte. Unter der Annahme, dass die Hystereseverluste linear frequenzabhängig sind und die Wirbelstromverluste quadratisch von der Frequenz abhängen, kann man eine Aussage über die Größe der Excess-Verluste treffen. Die Excess-Verluste stellen die Abweichungen der gemessenen Verluste von den theoretisch errechneten Verlusten dar. In der Literatur wird oft ein Wert der Frequenzabhängigkeit der Excess-Verluste von $f^{1,5}$ genannt. Die physikalische Interpretation der Excess-Verluste erklärt diese mit lokalen Wirbelstromverlusten im Bereich der Domänenwände. Die sich während des Ummagnetisierungsvorgangs schnell bewegenden Domänenwände induzieren beim Springen durch ein hohes dB/dt lokale Wirbelströme im Bereich der Domänenwände. Die freie Springweite ist umso größer, je größer die Korngröße ist. Demnach führen kleine Korngrößen generell zu geringeren Excess-Verlusten. Eine mögliche Formel zur Beschreibung der Excess-Verluste ist folgende Gleichung

$$p_{exc} = c_1 \frac{\sqrt{d_{KG}}}{\rho} d_{Blech} B^{1,5} f^{1,5}$$

Hierbei ist c_1 eine experimentell zu ermittelnde Konstante und d_{KG} die Korngröße. In der Literatur gibt es jedoch auch andere Beschreibungsansätze für die Excess-Verluste. Generell sind die Verlustseparation und Modellierung derzeit Gegenstand zahlreicher Forschungsvorhaben. Neben der dargestellten Separation von Bertotti stehen Hysteresemodelle oder neuartige Domänentheorie-basierte Ansätze zur Analyse und Modellierung der Verluste zur Verfügung.

Relevanz der Verlustseparation

Die Relevanz der Verlustseparation und der genaueren Betrachtung der Materialeigenschaften von Elektroband wird deutlich, wenn man sich die Normklassifizierung und allgemeine Materialauswahl genauer anschaut. Die Klassifizierung von Elektroband orientiert sich an der DIN EN 10106 und kann (beispielhaft) folgende Bezeichnung annehmen: M270-35A. Der Buchstabe M kennzeichnet, dass es sich um Elektroblech handelt. Die erste Zahl gibt die höchstzulässigen Ummagnetisierungsverluste in W/kg multipliziert mit 100 an, nach Norm festgelegt bei einer Frequenz von 50 Hz und einer Aussteuerung von 1,5 T. Die Zahl hinter dem Bindestrich entspricht dem Wert des hundertfachen der Nenndicke in mm. Der Buchstabe A kennzeichnet die nichtkornorientierte Variante von Elektroblech. Es gibt andere Normen, bei denen der Wert von 400 Hz und 1,0 T als Orientierungspunkt gilt. Dünnere Elektrobänder werden oft in der Form NO10, NO20 oder NO23 dargestellt, welche sich primär auf die Dicke bezieht. Da das magnetische Verhalten jedoch stark nichtlinear ist und diese Nichtlinearität von den Werkstoffparametern wie Blechdicke, Korngröße, Legierung und Textur abhängt, können gleich klassifizierte Elektrobänder deutlich unterschiedliches Verhalten abseits der Klassifizierung an den Normpunkten aufweisen. Daher ist es zwingend notwendig, für eine Anwendung in elektrischen Maschinen die tatsächlichen Betriebspunkte zu berücksichtigen.

Im Folgenden wird ein Beispiel aus der DFG-Forschergruppe FOR 1897 „Verlustarme Elektrobleche für energieeffiziente Antriebe“ gezeigt. Die Diagramme in Abbildung 12 zeigen die Ummagnetisierungsverluste bei 1,5 T und die Aufteilung der Verluste in Hysterese-, klassische Wirbelstrom- und Excess-Verluste.

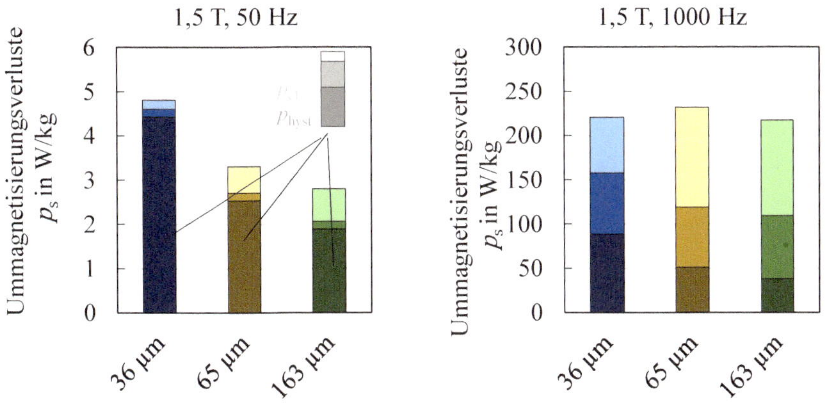

Abb. 12: Beispielhafte Verlustkomponentenverteilung für drei Materialien mit unterschiedlichen Korngrößen

Die drei Elektrobleche wurde experimentell aus der gleichen Legierung hergestellt und alle auf eine Enddicke von 0,25 mm gewalzt. Die Elektrobänder unterscheiden sich nur in ihrer Korngröße, welche durch unterschiedliche Glühtemperaturen während der Schlussglühung herbeigeführt wurden. Im linken Teilbild sind die Ergebnisse für 50 Hz dargestellt. Es handelt sich also um den Normpunkt 50 Hz und 1,5 T.

Demnach würde das erste Material mit einer Korngröße von 36 µm deutlich schlechter klassifiziert als die beiden anderen. Des Weiteren sieht man, dass bei dieser Frequenz die Hystereseverluste dominant sind wohingegen die klassischen Wirbelstromverluste aufgrund der geringen Blechdicke und der geringen Anregungsfrequenz verschwindend gering sind. Des Weiteren kann man den gegensätzlichen Einfluss der Korngröße auf die Hysterese- und Excess-Verluste erkennen. Bei einer kleinen Korngröße, hier bei dem Material mit 36 µm Körnern, sind die Hystereseverluste sehr groß, wohingegen die Excess-Verluste sehr klein sind. Demgegenüber steht das Material mit der größten Korngröße von 163 µm, welches geringe Hystereseverluste, aber höhere Excess-Verluste als die anderen beiden Werkstoffe aufweist.

Denkt man an Traktionsantriebe, treten deutlich höhere Frequenzen als 50 Hz auf. Betrachtet man die Verluste derselben Materialien bei 1000 Hz, stellt sich ein ganz anderes Bild dar. Das Material mit der mittleren Korngröße weist nun die höchsten Verluste auf, wohingegen das Material mit der kleinen sowie auch das mit der großen Korngröße nahezu identische

Verluste aufweist. Die Hystereseverluste nehmen einen deutlich geringeren Anteil an den Gesamtverlusten an. Die Excess-Verluste vergrößern ihren Einfluss. Die Wirbelstromverluste sind für die drei Materialien identisch, da ihre Blechdicke und ihre Legierung identisch sind. In der untenstehenden Tabelle 1 sieht man für das gezeigte Beispiel von Abbildung 12, welchen Anteil die einzelnen Komponenten an den Gesamtverlusten bei den gezeigten Punkten einnehmen. Bei unterschiedlichen Blechdicken verschieben sich jedoch auch die anderen Anteile und deren Bedeutung signifikant.

	50 Hz			1000 Hz		
	36 µm	65 µm	163 µm	36 µm	65 µm	163 µm
p_{exc}	4 %	18 %	26 %	29 %	49 %	50 %
p_{cl}	4 %	5 %	6 %	31 %	30 %	33 %
p_{hyst}	92 %	77 %	68 %	40 %	22 %	17 %

Tab. 1: Prozentualer Anteil der Verlustkomponenten an den Gesamtverlusten bei 1,5 T

Am Beispiel zeigt sich, dass man je nach Betriebspunkt unterschiedliche Werkstoffe auswählen sollte und dass die Orientierung an der Normklassifizierung nicht ausreicht. Die „besser" klassifizierte Variante wäre in diesem Beispiel deutlich kostenintensiver, würde jedoch in einer Anwendung bei 1000 Hz keine Vorteile bringen. Im Realfall gibt es eine Vielzahl weiterer Randbedingungen, die für die Werkstoffauswahl entscheidend sind, was im folgenden Kapitel näher erläutert wird.

4.1.3 Weichmagnetische Werkstoffalternativen

Bevor im nächsten Kapitel die anwendungsoptimierte Elektrobandauswahl thematisiert wird, sollen hier ganz knapp weichmagnetische Werkstoffalternativen erläutert werden. Neben Elektroband stehen verschiedene Alternativen zur Verfügung, die zum Teil technische Vorteile bieten, jedoch auch deutliche Nachteile aufweisen:

- Kaltgewalztes Elektroband wird in elektrischen Antrieben angewendet, bei denen die Verluste eine untergeordnete Rolle spielen und die Kosten so gering sein sollen, dass sich die Maßnahmen zur Verbesserung, wie eine Blechdickenreduzierung, Legierung oder Korngrößenoptimierung nicht lohnen würden. Durch den hohen Eisenanteil haben diese Bleche eine hohe Sättigungspolarisation.

- Nickel-Eisen- sowie Kobalt-Eisen-Elektrobleche sind in ihren werkstoffwissenschaftlichen Zusammenhängen dem Eisen-Silizium-Elektroblech sehr ähnlich. Neben Eisen sind Kobalt und Nickel die weiteren Elemente mit ferromagnetischem Verhalten der Übergangsmetalle. Eisen-Kobalt hat mit einem Wert von ca. 2,3 T die höchste Sättigungspolarisation. Außerdem ist die Festigkeit sehr hoch. Der größte Nachteil liegt in dem deutlich höheren Preis im Gegensatz zu FeSi-Elektroband und die erschwerte Verarbeitung aufgrund der Sprödigkeit. Nickel-Eisen hat im Vergleich die geringsten Ummagnetisierungsverluste. Demgegenüber steht jedoch eine deutlich niedrigere Sättigungspolarisation.
- Bei amorphen und nanokristallinen Materialien wird durch eine sehr schnelle Abkühlung die Rekristallisation unterdrückt. Beim amorphen Material bildet sich folglich keine Kornstruktur aus. Das Material weist sehr geringe Verluste und eine hohe Permeabilität auf, jedoch geringe Werte für die Sättigung. Aufgrund der Fertigungsprozesse können nur dünne Bänder hergestellt werden. Bei nanokristallinen Materialien wird aus dem amorphen Zustand durch die Temperaturbehandlung eine Rekristallisation mit sehr geringen Korngrößen erzeugt. Auch dieses Material weist, entgegen dem Effekt der Korngröße im Mikrometerbereich, sehr günstige Verlusteigenschaften auf.
- Bei SMC handelt es sich um „Soft Magnetic Composites", also um ferromagnetische Partikel, die voneinander isoliert sind. Vorteile sind die dreidimensionalen isotropen magnetischen, thermischen und mechanischen Eigenschaften. In den isolierten Partikeln entstehen nur geringe Wirbelstromverluste. Das Material ist daher für hohe Frequenzen geeignet. Generell weist das Pulver geringe Herstellungskosten auf und es können dreidimensionale Rotorgeometrien realisiert werden. Nachteile sind jedoch die geringe magnetische Permeabilität, die hohe Koerzitivfeldstärke sowie die geringe mechanische und thermische Festigkeit.

Diese äußerst knappe Aufstellung einiger Vor- und Nachteile alternativer weichmagnetischer Werkstoffe für elektrische Maschinen soll einen kurzen Überblick geben. Bei Anwendungen jenseits der Antriebe, beispielsweise bei Hochfrequenztransformatoren, Drosseln und Spulen oder bei Antriebsanwendungen mit besonderen Anforderungen, beispielsweise in der Medizintechnik oder in Weltraumanwendungen, finden sich häufiger alternative Werkstoffe. Bei dem Großteil industrieller oder kommerzieller Antriebsmotoren oder Generatoren kommen jedoch FeSi-Elektrobleche zum Einsatz, welche im vorherigen Kapitel im Detail erläutert wurden.

4.2 Anwendungsoptimierte Werkstoffauswahl

4.2.1 Anforderungsspezifikationen

Bei der Auslegung von elektrischen Maschinen spielen eine Vielzahl von Randbedingungen eine Rolle, allen voran die Anforderungen an Leistung, Drehmoment, Drehzahl oder Wirkungsgrad. Darüber hinaus müssen natürlich auch die elektrischen Anforderungen, beispielsweise die Spannung, die Stromdichte oder die Frequenz berücksichtigt werden. Für viele Antriebe sind auch klare geometrische und mechanische Anforderungen definiert. So sind Statoraußendurchmesser und axiale Länge durch den Bauraum begrenzt und die Luftspaltweitetoleranz muss eingehalten werden, ebenso die mechanische Festigkeit des Rotors. Auch die thermischen Anforderungen an die absolute Temperatur oder die zulässige Temperaturerhöhung sowie akustische Anforderungen sind zu beachten. Die Randbedingungen stellen zwangsläufig auch Anforderungen an die verwendeten Materialien und die technologischen Eigenschaften des verwendeten Elektrobleches. Neben diesen „festen" Auslegungsanforderungen sind jedoch auch die Betriebsanforderungen von Bedeutung, beispielsweise das Fahrprofil, das Klima oder die Einsatzdauer. Die Wechselwirkung einiger dieser Spezifizierungsanforderungen werden im folgenden Kapitel näher betrachtet und erläutert.

Die Herausforderung bei der Elektrobandauswahl besteht darin, die teils gegensätzlich wirkenden Einflussfaktoren, Stellgrößen und Zielsetzungen in geeigneter und optimalerweise ganzheitlich zu betrachten und zu berücksichtigen:

- starke Nichtlinearität der magnetischen Eigenschaften
- gegensätzlich wirkende Zieleigenschaften (magnetisch/mechanisch)
- Verarbeitbarkeit
- Effizienz
- Kosten
- gegensätzlicher Einfluss der Optimierungsstrategien

Wie bereits im vorherigen Kapitel beschrieben, reduziert beispielsweise das Legieren mit Silizium die klassischen Wirbelstromverluste, gleichzeitig sind, im Hinblick auf die Verarbeitbarkeit, dem Legierungsgehalt Grenzen gesetzt. Darüber hinaus verringert das Legieren mit Silizium auch die erzielbare Sättigungspolarisation und steigert die Kosten signifikant.

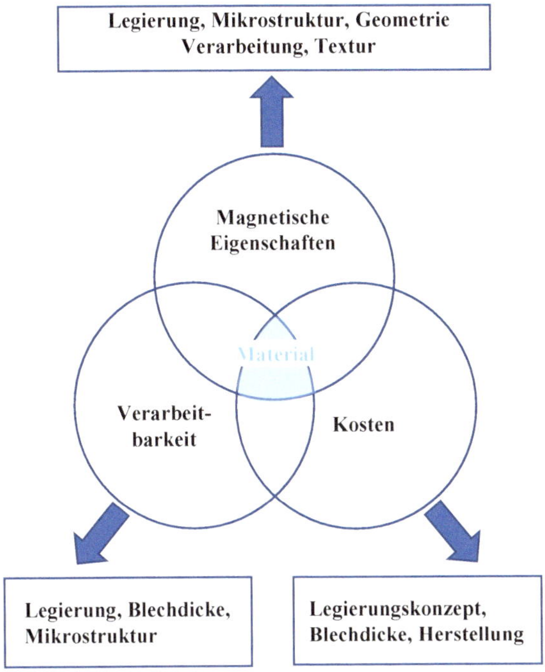

Abb. 13: Kompetitive Anforderungen an die mechanischen, magnetischen und ökonomischen Eigenschaften von Elektrobändern.

Im Herstellungsprozess nimmt der Siliziumgehalt Einfluss auf die Rekristallisationskinetik und damit auf die erzielbare Mikrostruktur. Als zweites Beispiel dient die Korngröße. Mit steigender Korngröße sinken die Hystereseverluste, aber die Excess-Verluste steigen. Auch die Festigkeit nimmt mit größeren Körnern ab. Als drittes Beispiel sei die Verringerung der Blechdicke genannt. Diese wirkt sich vorteilhaft auf die klassischen Wirbelstromverluste aus, aber gleichzeitig steigt durch die Isolationsschichten der Anteil an nichtmagnetischem Material innerhalb des Magnetkerns. Die Verarbeitbarkeit wird erschwert und die Kosten steigen stark an, da eine höhere Anzahl an Blechschnitten benötigt wird und damit auch signifikant mehr Bandmaterial.

Da nicht aus jedem zur Verfügung stehenden Material ein Prototyp einer Maschine aufgebaut werden kann, helfen Simulationsmodelle, die Maschineneigenschaften währen des Designprozesses zu berechnen. So kann das Betriebsverhalten in verschiedenen Szenarien simuliert werden.

4.2.2 Materialmodellbildung

Die Simulation kann das Materialverhalten nur dann ausreichend genau abbilden, wenn die verwendeten Materialmodelle das nichtlineare Magnetisierungsverhalten abbilden können. Eine typische Simulationskette für die Berechnung einer elektrischen Maschine ist in Abbildung 14 dargestellt. Zunächst erfolgt hier die magnetische Charakterisierung am sogenannten Single-Sheet-Tester, am Epstein-Rahmen oder an Ringkernen.

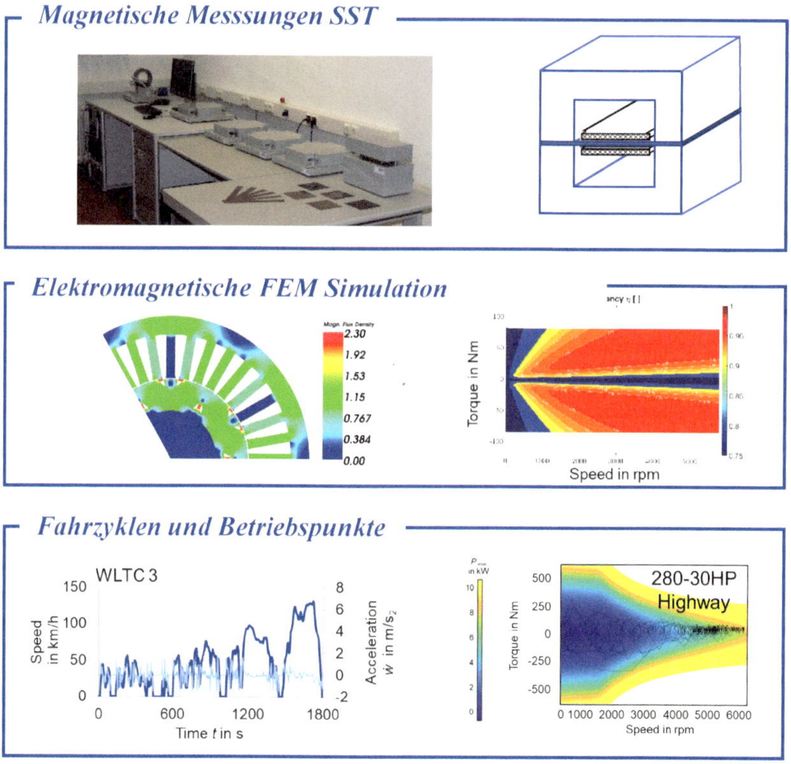

Abb. 14: Beispiel einer Simulationskette für die Berechnung eines elektrischen Antriebs.

Die Materialmodelle für die Abbildung der magnetischen Eigenschaften beschreiben zum einen das Magnetisierungsverhalten, beispielsweise mit Hilfe der sogenannte Reluktivität und zum anderen die Eisenverluste mit Hilfe eines geeigneten Eisenverlustmodells. Anhand einer 2D- oder 3D-Finite-Elemente(FE)-Maschinensimulation kann die lokale magnetische Flussdichte berechnet und die Drehzahl-Drehmoment-Charakteristik für die Maschine ermittelt werden. Im Post-Processing können die Eisenverluste im Betriebskennfeld berechnet werden. Die Ergebnisse können auch mit einem Fahrzeugmodell gekoppelt und typische Fahrzyklen berücksichtigt werden. Die Fahrzyklen beschreiben die Betriebspunktverteilung und -häufigkeit im Drehzahl-Drehmoment-Kennfeld. Mit Hilfe einer so aufgebauten Simulationskette können Variation der Geometrie oder der verwendeten Materialien in der Simulationskette einfach berücksichtigt werden und die Ergebnisse einen quantitativen Vergleich liefern.

Ist die Simulationskette modular aufgebaut, können auch Modelle zum akustischen, thermischen oder mechanischen Verhalten gekoppelt werden.

Modellierung des Magnetisierungsverhaltens

Das Magnetisierungsverhalten kann, wie bereits erwähnt, über die B/H-Charakteristik berücksichtigt werden. Hierfür wird die magnetische Feldstärke als Funktion der magnetischen Flussdichte aufgetragen.

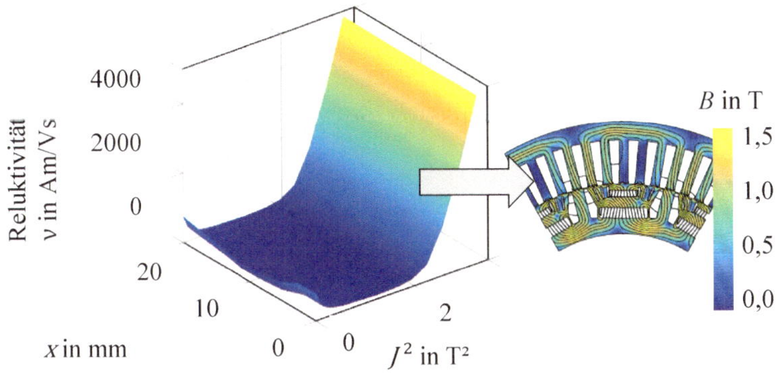

Abb. 15: Beispielhafte Darstellung der Reluktivität und Simulationsergebnis mit Berücksichtigung des Schnittkanteneffekts (Abstand zur Schnittkante *x*).

Die Reluktivität ν kann dann genutzt werden, um das Vektor-Potential in der Finite-Element(FE)-Simulation zu lösen. Üblicherweise werden bei der Simulation Werte der magnetischen Flussdichte weit über dem gemessenen Bereich benötigt, weswegen eine Extrapolation der Messdaten notwendig wird. Diese kann entweder auf Basis der Extrapolationsmethode von Fröhlich-Kennelley erfolgen, welcher die Steigungen der Magnetisierungskurve berücksichtigt oder anhand der Sättigungspolarisation des Materials.

Eisenverlustmodellierung

In Bezug auf die Eisenverlustmodellierung stehen verschiedene Modelle zur Verfügung, wie beispielsweise die in Abbildung 16 genannten Modelle. Diese reichen von rein empirischen Modellen über physikalisch motivierte Modelle bis hin zu den sogenannten Hysteresemodellen, welche die Verluste nicht nur in Abhängigkeit der magnetischen Flussdichte und Frequenz beschreiben, sondern die gesamte magnetische Hysterese berücksichtigen. Die simpelste Form der Verlustmodellierung, welche die Verluste in Abhängigkeit der Frequenz und der magnetischen Flussdichte beschreibt, ist die sogenannte Steinmetz-Gleichung:

$$P_{\text{Steinmetz}} = kf^{\alpha}B^{\beta}.$$

Hier beschreibt B den Scheitelwert der magnetischen Flussdichte und f die Ummagnetisierungsfrequenz. Die Parameter k, α and β sind Fitting-Parameter, welche mathematisch anhand der gemessenen Verluste bestimmt werden.

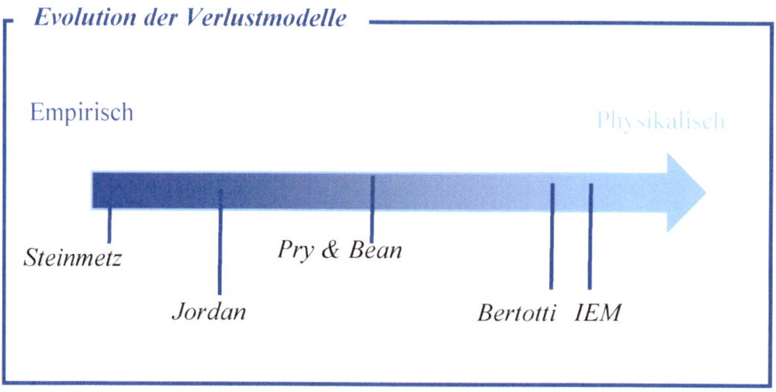

Abb. 16: Die Evolution verschiedener Eisenverlustmodelle.

Eine Weiterentwicklung hiervon ist die Formulierung nach Jordan, welche zusätzlich den Einfluss der klassischen Wirbelstromverluste berücksichtigt:

$$P_{\mathrm{Jordan}} = k_{\mathrm{hyst}} f B^2 + k_{\mathrm{cl}} f^2 B^2 .$$

In diesem Modell wird die physikalisch motivierte Aufteilung in verschiedene Eisenverlustkomponenten berücksichtigt. Pry und Bean erweitern ihr Modell um den Effekt der Excess-Verluste. Das wohl bekannteste Eisenverlustmodell ist jedoch die statistische Verlusttheorie von Bertotti mit Aufteilung der Gesamtverluste in Hysterese-, klassische Wirbelstrom- und Excess-Verluste:

$$P_{\mathrm{Bertotti}} = k_{\mathrm{hyst}} f B^2 + k_{\mathrm{cl}} f^2 B^2 + k_{\mathrm{exc}} f^{1,5} B^{1,5}$$

Hier beschreiben k_{hyst}, k_{cl} und k_{exc} Faktoren, die aus den Messdatensätzen bestimmt werden können. Die Identifikation der Komponenten basiert auf der Messung der magnetischen Eigenschaften und der Materialparameter. Die Hystereseverluste können durch die Messung der quasi-statischen Verluste bestimmt werden. Die klassischen Wirbelstromverluste können nach der im vorherigen Kapitel genannten Formel mit Hilfe der Blechdicke, Dichte und des elektrischen Widerstandes berechnet werden. Die Excess-Verluste können entweder durch ein Parameter-Fitting oder mit Hilfe der Korngröße und Domänenwandenergie bestimmt werden. Dieser Term der Formel wird im Bertotti-Modell durch das Konzept der magnetischen Objekte erklärt. Die Stärke des Bertotti-Modells liegt in ihrer ganzheitlich physikalischen Interpretation. Jedoch verschlechtert sich die Modellgenauigkeit bei hohen Frequenzen und Polarisationen zunehmend. In verschiedenen Veröffentlichungen wurde gezeigt, dass das Bertotti-Modell bei hohen Aussteuerungen von Flussdichte und Frequenz die Verluste in der Regel unterschätzt. Infolgedessen wurde die IEM-Formel vorgestellt, welche auf dem Bertotti-Modell basiert, es jedoch um einen weiteren Verlustterm ergänzt. Der sogenannte Sättigungsterm berücksichtigt das nichtlineare Materialverhalten bei hohen Flussdichten. Die Erweiterung der Formel resultiert in der folgenden mathematischen Formulierung

$$P_{\mathrm{IEM}} = a_1 f B^{\alpha + B\beta} + a_2 f^2 B^2 \left(1 + a_3 B^{a_4}\right) + a_5 (f B)^{1,5}$$

Die IEM-Formel zeigt eine Verbesserung der Modellgenauigkeit bei hohen magnetischen Flussdichten aufgrund des vierten Verlustterms mit einer Abhängigkeit der magnetischen Flussdichte einer höheren Ordnung. Diese hier gezeigte Ausführung verschiedener Verlustmodelle stellt nur einen knappen Auszug der Thematik dar. Die Eisenverlustmodellierung ist ein wichtiges Forschungsgebiet im Bereich der elektrischen Maschinen und ihrer Simulation. Der Vorteil an physikalisch motivierten Modellen ist hierbei jedoch deutlich zu erkennen, da es Rückschlüsse auf die Elektroblecheigenschaften und deren Einfluss auf das Betriebsverhalten der Maschine ermöglicht.

Modellweiterentwicklung

Eine verbesserte Materialmodellbildung ist ein notwendiger Bestandteil, um Effekte und physikalische Begebenheiten des weichmagnetischen Kernmaterials in den Maschinensimulationen berücksichtigen zu können. Nur wenn das Materialverhalten ausreichend genau abgebildet wird und mathematisch beschrieben werden kann, ist es möglich die Genauigkeit der Maschinensimulationen nachhaltig zu verbessern und die Wechselwirkung von Design und Betriebsverhalten den zu Grunde liegenden Zusammenhängen zuzuordnen. Als Eingangsdaten in die FE-Simulation dienen das Magnetisierungs- und Verlustverhalten. Daher sind alle Effekte, die dieses Verhalten beeinflussen, potenziell auch für das Betriebsverhalten von Interesse. Einige Beispiele für Effekte mit einem Einfluss auf die Eigenschaften, die in den üblich verwendeten Modellen nicht berücksichtigt werden, sind folgende:

- Einfluss der Anisotropie und der Vektoreigenschaften: Wie bereits beschrieben, handelt es sich bei nichtkornorientiertem Material nicht um ein perfekt isotropes Material. Hierbei ist es auch nicht ausreichend, die Eigenschaften in Walz- und Querrichtung zu mitteln, da das Verhalten zwischen diesen Orientierungen nicht linear ist. Darüber hinaus handelt es sich bei der magnetischen Feldstärke und Flussdichte um Vektorgrößen, doch allein schon bei den standardisierten Messmethoden wird die magnetische Flussdichte nur in ihrer Hauptrichtung berücksichtigt, sodass dieser Effekt sowohl in der Charakterisierung als auch in der Modellierung häufig vernachlässigt wird.
- Einfluss der Anregungsform: Die gezeigten Modelle sind in der Regel auf reine Sinusanregung ausgelegt und an dieser validiert. In elektrischen Maschinen kommen jedoch auch andere Anregungsformen vor.

beispielsweise pulsweitenmodulierte Signale bei Maschinen, welche Inverter-gespeist sind. Des Weiteren wird die Flussdichte als rein alternierend angenommen. In der Realität kann es aber auch zu rotierenden magnetischen Feldern kommen.

- Einfluss mechanischer Spannungen: Mechanische Spannungen verschlechtern die magnetischen Eigenschaften von Elektroblech signifikant. Die mechanischen Spannungen werden entweder während der Verarbeitung vom Bandmaterial zur elektrischen Maschine eingebracht, das heißt beim Schneiden, Paketieren, dem Einbringen der Wicklungen oder dem Einpressen in das Gehäuse, oder während des Betriebs, beispielsweise durch die Zentrifugalkräfte.

Für die meisten der genannten Effekte gibt es bereits Modellansätze. Diese sind jedoch noch nicht vollständig etabliert und derzeit Fokus aktueller Forschungsbestrebungen. Auch die zugehörigen Effekte werden noch wissenschaftlich durchdrungen und quantitativ beschrieben. Neue Modelle wie das kontinuierliche Schnittkantenmodell, diverse Anisotropiemodelle oder die kontinuierliche Beschreibung mechanischer Spannungsabhängigkeiten können darüber hinaus nur schwer in Simulationsketten mit kommerziellen Programmen implementiert werden.

4.2.3 Fallbeispiel einer gezielten Elektrobandauswahl

Im Folgenden soll an einem Beispiel die Relevanz einer genauen Betrachtung der Wechselwirkungen zwischen den Elektroblecheigenschaften und dem Betriebsverhalten von elektrischen Maschinen verdeutlicht werden. Als Beispiel dient der Antrieb eines Elektroautos. Es handelt sich um einen Kleinwagen mit zwei Asynchronmaschinen als Antrieb. Im Rahmen des Beispiels wurden vier industrielle Elektrobandgüten ausgewählt und eine Simulationsstudie durchgeführt. In Abbildung 17 sind die Eisenverluste, aufgeteilt in Hystereseverluste, klassische Wirbelstromverluste und der Summe aus Excess- und nichtlinearen Verlusten dargestellt. Es werden zwei verschiedene Fahrzyklen betrachtet, zum einen ein „Urbaner Zyklus“ der die Fahrt in einer Stadt, mit typischem Stop-and-Go-Verkehr repräsentiert und zum anderen ein „Autobahn Zyklus“ mit höheren Geschwindigkeiten. Auf den ersten Blick sieht die Verlustkomponentenverteilung für beide Beispiele ähnlich aus. Ein näherer Blick zeigt jedoch einige wichtige Schlüsse auf, die man hieraus ziehen kann.

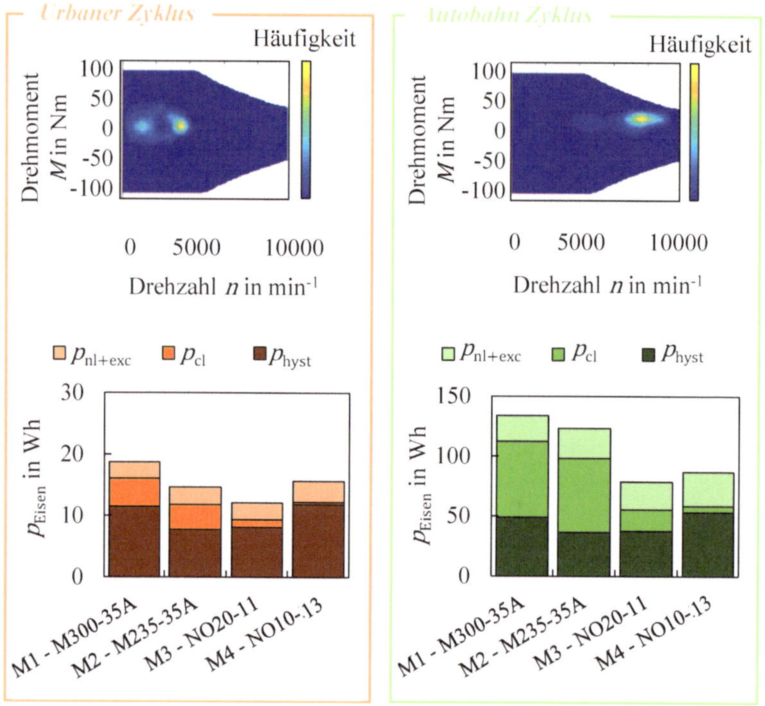

Abb. 17 Simulationsstudie eines Elektroantriebs in unterschiedlichen Fahrzyklen mit Berücksichtigung von vier industriellen Elektrobändern [2].

So zeigt sich, dass eine bessere Güte nicht zwangsläufig zu der höchsten Effizienz mit geringsten Verlusten führt. In beiden Fahrzyklen ist M4 nicht das Material mit den geringsten Gesamtverlusten. Ein hoher Siliziumgehalt ist auch nicht immer notwendig. Im Falle des Urbanen Zyklus hat Material M1 mit einem höheren Siliziumgehalt trotzdem höhere Verluste als das Material M2. Beide Materialien weisen die gleiche Blechdicke von 0,35 mm auf. Die Vorteilhaftigkeit von M2 liegt darin, dass die Hystereseverluste in dem Urbanen Zyklus dominant sind. Diese werden von der Korngröße maßgeblich bestimmt, welche bei M2 größer ist. Man könnte sich folglich das teure Legierungselement Silizium für diesen Antrieb sparen. Weiterhin zeigt Material M2 im Urbanen Zyklus fast dieselben Verluste wie Material M4, ist jedoch 3,5-mal dicker, sodass weniger Blechschnitte verwendet werden müssen. Bei sehr dünnem Material sind die Hystereseverluste in der Regel höher, da das Kornwachstum durch die Blechdicke begrenzt ist. Bei einer Blechdicke von 0,1 mm ist die Ausdehnung in Dickenrichtung auf 100 µm begrenzt. Im Autobahn Fahrzyklus nimmt die Bedeutung der Hystereseverluste und damit der Korngröße deutlich ab. Durch die höheren Drehzahlen und damit höheren Ummagnetisierungsfrequenzen kommt den klassischen Wirbelstromverlusten eine höhere Bedeutung zu. Diese sind bei dem 0,2 mm Blech im Vergleich zum 0,35 mm Blech sehr gering. Betrachtet man die Bedeutung der Hystereseverluste, wäre hier sogar eine kleineren Korngröße denkbar, die die Hystereseverluste nur unwesentlich erhöhen bei hohen Frequenzen und im Gegenzug würde die Excess-Verlust Komponente geringer ausfallen. Das Kornwachstum wird über die Temperatur und Zeit eingestellt. Man könnte hier also weitere Kosten während der Herstellung einsparen, wenn man sich für eine kleine Korngröße entscheidet.

In diesen Ansätzen ist ein Tailor-Made-Materialdesign, beziehungsweise eine gezielte Materialauswahl möglich. Es ist nicht das Ziel, ein perfektes Elektroband zu finden, was durch die Nichtlinearitäten schlicht nicht existiert, sondern das Material mit den bestmöglichen Eigenschaften. Diese müssen jedoch im Gesamtanwendungskontext betrachtet werden. Wenn der Effekt in der Maschine gering ist, können gerade in der Serienfertigung hohe Kosten eingespart werden, wenn die Materialparameter geschickt (kombiniert) auf die Anwendung abgestimmt werden.

4.2.4 Fazit und Ausblick

Durch die Verwendung von Elektroblechen, die im Hinblick auf ihre spezifischen Anforderungen ausgewählt sind, können die Betriebseigenschaften von elektrischen Maschinen verbessert und potenziell Ressourcen eingespart werden. Dabei ist nicht nur auf die Effizienz, sondern auch auf Kosten und Praktikabilität zu achten. Der Effizienzbegriff bezieht sich hier jedoch nicht auf die gesamte Maschine, sondern auf bestimmte Betriebspunkte oder den Anwendungsbereich. Bei Haushaltsgeräten spielt die Effizienz oft nur eine untergeordnete Rolle. Hier spielen Verarbeitbarkeit und niedrige Kosten eine übergeordnete Rolle. So können, um preislich kompetitiv zu bleiben, aufwändige Prozessschritte vermieden und auf Standard-Legierungen zurückgegriffen werden. Bei einem Fensterhebermotor beispielsweise ist die Erwärmung und Lebensdauer gegenüber der möglichen Gewichtseinsparung nur geringfügig von Bedeutung. Im Bereich der Elektromobilität spielt die Effizienz der Motoren zur Vergrößerung der Reichweite und damit auch das Gewicht und die Leistungsdichte eine große Rolle. Durch die Wahl dünner, hochwertiger Bleche kann diese optimiert werden. Jedoch müssen zahlreiche Einflussfaktoren und deren Wechselwirkungen in Betracht gezogen werden. In der großindustriellen Anwendung muss im Rahmen von Kosten und Effizienz ein sinnvolles Konzept erarbeitet werden, da gesteigerte Effizienz die dabei anfallenden Kosten unter Umständen nicht ausgleichen kann. Im Motorsport, bei medizinischen Anwendungen oder in der Raumfahrt hingegen sind Kosten meist deutlich weniger problematisch. Der Forschungsbedarf hinsichtlich der Untersuchung, Modellierung und Optimierung der weichmagnetischen Materialien ist groß und das Potenzial bei Weitem noch nicht ausgeschöpft.

Durch die Auswahl geeigneter Elektrobänder werden in der Regel auch die Auslegungsparameter der elektrischen Maschinen positiv beeinflusst. Die Verluste und thermischen Eigenschaften bestimmen die Dimensionierung und die Auslegung des Kühlsystems. Die mechanische Festigkeit bestimmt die Breite der Rotorstege. Bei der Auswahl von Elektroband gibt es viele Wechselwirkungen zu beachten.

Elektroband wird bereits seit vielen Jahren untersucht. Die möglichst vollständige Modellierung der tatsächlich für die Maschine relevanten Effekte (Anregungsform, mechanischer Spannungszustand, Anisotropie), aber auch neue Themen sind aktuelle Forschungsschwerpunkte im Bereich der Elektrobänder. Die Themen Additive Fertigung oder die Nutzung umformtechnisch induzierter Eigenspannungen zur gezielten Flussführung, die Auswahl neuer Legierungskonzepte zur Gewichtseinsparung oder die Untersuchung der magnetischen und mechanischen Alterung sind nur einige der Themen, die derzeit die Forschungslandschaft prägen.

[1] K. Honda, S. Kaya, Y. Masuyama, On the magnetic properties of single crystals of iron, Nature 117 (2952) (1926) 753–754. doi: 10.1038/117753a0.

[2] Leuning, Nora Ricarda (2020): “Tailor-Made” Elektroband und bestmögliche Werkstoffauswahl auf Basis struktureller Materialparameter. 1. Auflage. Düren: Shaker (Aachener Schriftenreihe zur Elektromagnetischen Energiewandlung, 40).

5 Magnetische Messtechnik

Sebastian Wältring

Die Überprüfung magnetischer Eigenschaften von Werkstoffen und Baugruppen ist zur Sicherstellung ihres Funktionsumfanges unabdingbar. Messtechnik für weichmagnetische Materialien wird im Kapitel weichmagnetische Messtechnik dargestellt. Messgeräte für Permanentmagnete und Magnetfelder werden im Kapitel Hartmagnetische Messtechnik dargestellt. Ziel dieser Kapitel ist die übersichtliche Darstellung gebräuchlicher Geräte und Methoden.

5.1 Weichmagnetische Messtechnik

In magnetischen Systemen spielen weichmagnetische Werkstoffe eine maßgebliche Rolle. Sie werden zur Leitung oder zur Konzentration von magnetischem Fluss genutzt. Um eine maximale Flussleitung zu erzielen, zeichnen sie sich durch leichte Magnetisierbarkeit sowie durch eine geringe umschlossene Fläche der Hystereseschleife aus.

Je nach Anwendung sind unterschiedliche Merkmale der Werkstoffe von Bedeutung. Werden weichmagnetische Werkstoffe vorwiegend genutzt, um statische Felder zu leiten, so ist i. d. R. der Leistungsverlust durch Ummagnetisierung nicht von Bedeutung. Beispiele sind: Relais, magnetische Bremsen, Lautsprecher etc. Für Elektromotorenhersteller sind dagegen die Ummagnetisierungsverluste von zentraler Bedeutung, da durch sie Flussleitung verhindert und Wärme erzeugt wird. Eine Charakterisierung der Verluste und der Magnetisierbarkeit ist zur Qualitätssicherung und zur Auslegung von Magnetsystemen notwendig. Dabei bildet die Hystereseschleife die Grundlage der Charakterisierung von magnetischen Materialien.

5.1.1 Kennwerte der Hystereseschleife

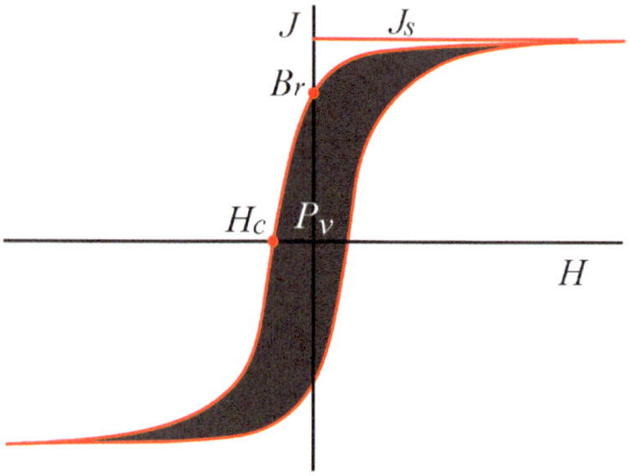

Abb. 1: Hystereseschleife *J(H)*

Werkstoffangaben beziehen sich auf Kenndaten der Hystereseschleife:

J_s Sättigungsinduktion: maximal erreichbare Polarisation

P_v Ummagnetisierungsverluste:

P_v wird abhängig von Frequenz und J_{max} angegeben. Ergibt sich aus der ein geschlossenen Fläche der Schleife, welche einer Energiedichte entspricht.

H_c Koerzitivfeldstärke: Nulldurchgang durch *H*-Achse

B_r Remanenz: J bei $H = 0$

Die Form der gemessenen Schleife ist stark abhängig von der eingestellten Amplitude der Feldstärke. Mit zunehmender Amplitude und konstanter Frequenz weitet sich die Schleife auf, bis sie die äußere Kurve erreicht hat. Ist die Frequenz annähernd 0 Hz, so werden ausschließlich Hystereseverluste gemessen. Diese ist die rein für die Ummagnetisierung benötige Energie. Zur Charakterisierung eines Werkstoffes werden bei 50-Hz- bzw. 60-Hz-Messkurven unterschiedlicher Polarisationsamplituden aufgenommen.

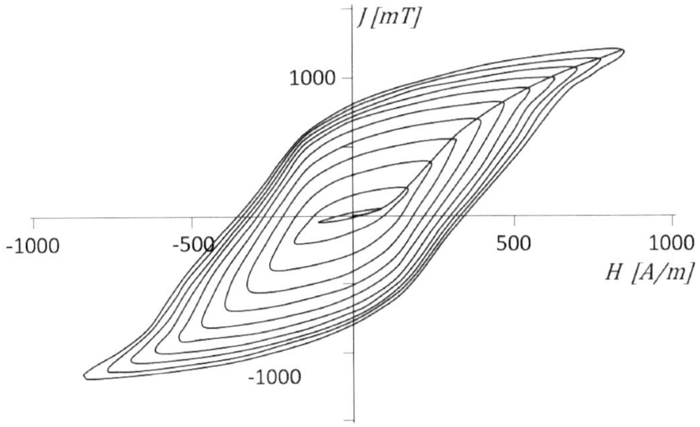

Abb. 2: Aufweitung der Hystereseschleife bei steigender Amplitude der Induktion

Die Verbindungslinie der Spitzen im 1. Quadranten ergibt die Neukurve eines zuvor entmagnetisierten Bleches.

Variiert man anstelle der Amplitude der Polarisation die Frequenz, so weitet sich die Schleife aufgrund der Wirbelstromverluste ebenfalls auf:

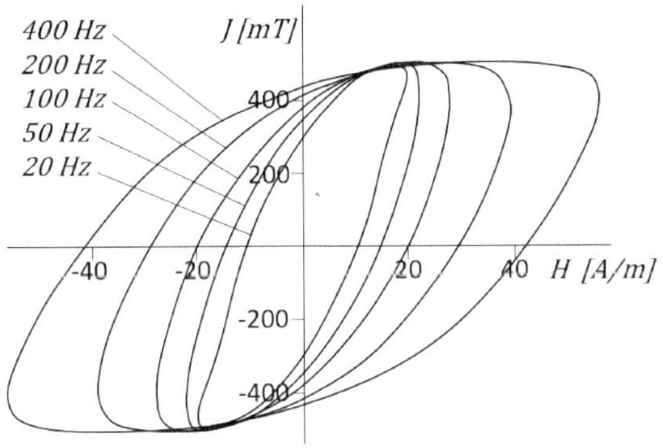

Abb. 3: Hystereseschleifen eines Elektrobleches bei 500 mT und verschiedenen Frequenzen

5.1.2 Fehlerbilder

Typische Fehlerbilder in geblechten weichmagnetischen Systemen:

1. Zu hohe Hystereseverluste *Pv*
2. Zu geringe Sättigungspolarisation *Js*
3. Zu große Wirbelstromverluste (Leitfähigkeit σ)
4. Beschädigung der Blechisolationsschicht, dadurch Blechübergreifende Kurzschlüsse
5. Kurzschlüsse durch leitende Verbindungen der Bleche z. B. durch Bolzen, oder Gehäuse
6. Verstellung der Eigenschaften aufgrund hoher mechanischer Spannungen

Bei der Herstellung von Elektroblech sind vorwiegend die physikalischen Parameter *Pv*, *Js* und σ von Interesse.

Die magnetischen Kennwerte *Pv* und *Js* werden durch den weiteren Bearbeitungsprozess der Bleche nochmals an den Schnitt- oder Biegekanten verändert. Insbesondere Stanzverfahren üben einen negativen Einfluss auf die Qualität der Bleche in den Randbereichen aus, wenn die Werkzeuge stumpf sind und so eine hohe mechanische Spannung im Material erzeugen. Mechanische Kräfte, welche z. B. beim Einbau ins Motorgehäuse auf die Bleche wirken, verstimmen ebenso die magnetischen Eigenschaften. Daher ist die Messung von fertigen Stanzpaketen (Ringkernen) sowie fertig zusammengebauten Motoren mitunter sinnvoll.

Hier eine kurze Einschätzung verschiedener Bearbeitungseinflüsse bezüglich ihres Einflusses auf die Verlustleistung (+ bedeutet Zuwachs der Verluste):

Blechbearbeitung:

Stanzen	++ (sehr vom Zustand des Werkzeugs abhängig)
Biegen	++
Lasern	+ / 0
Erodieren	0

Krafteinwirkung:

Druckkraft	–
Zugkraft	+

5.1.3 Aufbau eines Hysteresegraphen:

Der Messaufbau zur Bestimmung der magnetischen Eigenschaften ist i. d. R. ein System aus:

1. Prüfmaterial in Form eines geschlossenen magnetischen Kreises mit bekannter Pfadlänge *lm* und magnetischem Querschnitt *A*
2. Primärwicklung mit *N1* Windungen und Strom *I* zur Erzeugung des äußeren Magnetfeldes *H*
3. Sekundärwicklung mit *N2* Windungen zur Messung des aus *H* resultierenden magnetischen Flusses durch die Fläche *A*

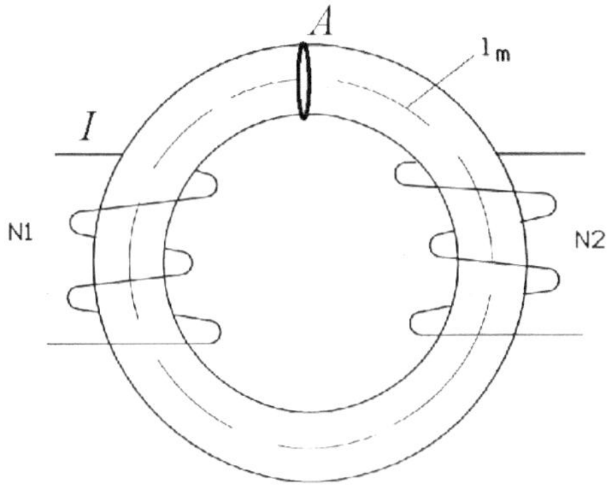

Abb. 4: Ringprobe; Quelle: (Brockhaus Messtechnik)

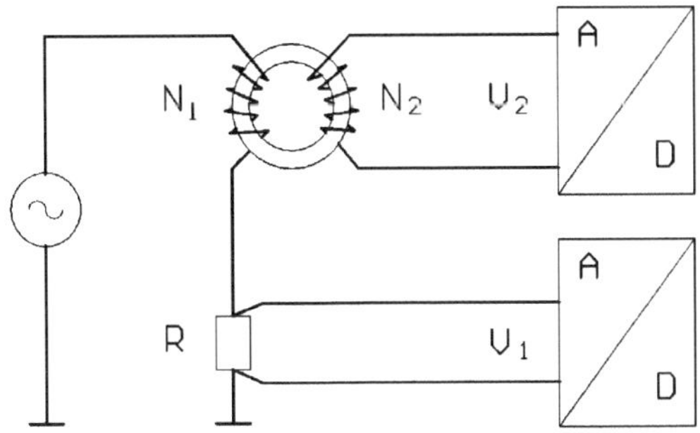

Abb. 5: Prinzipaufbau eines Hysteresegraphen
Quelle: (Brockhaus Messtechnik)

Bestimmung der Feldstärke H

Die Feldstärke berechnet sich aus dem Primärstrom *I* über

$$H = \frac{I \cdot N_1}{l_m}$$

Der Strom wird i. d. R. über die an einem Messshunt abfallende Spannung gemessen.

Magnetische Flussdichte B

Die magnetische Flussdichte wird über die Induktionsspannung der Sekundärwicklung gemessen. Aufgrund des Induktionsgesetzes

$$\Phi = -\frac{1}{N}\int_{t_1}^{t_2} U(t)dt$$

erhalten wir den magnetischen Fluss durch Integration der Induktionsspannung über die Zeit. Die Integration kann analog über ein Fluxmeter oder digital über eine Summenbildung erfolgen.

Die magnetische Flussdichte ergibt sich aus der Division mit der Querschnittsfläche *A* der Probe:

$$B = \frac{\Phi}{A}$$

Magnetische Polarisation J

Möchte man die reine Werkstoffeigenschaft beschreiben, so spricht man von der magnetischen Polarisation.

Die magnetische Polarisation *J* beschreibt die reine Werkstoffeigenschaft ohne einen Luftflussanteil. Sie kann aus der gemessenen Flussdichte *B* wie folgt ermittelt werden:

$$J = B - (\mu_0 H)$$

Dabei wird der Luftflussanteil $\mu_0 H$ in jedem Punkt der Hystereseschleife von *B* abgezogen. In der Darstellung der Hystereseschleifen zeigt sich der Unterschied zwischen einer *J(H)*- und einer *B(H)*-Darstellung.

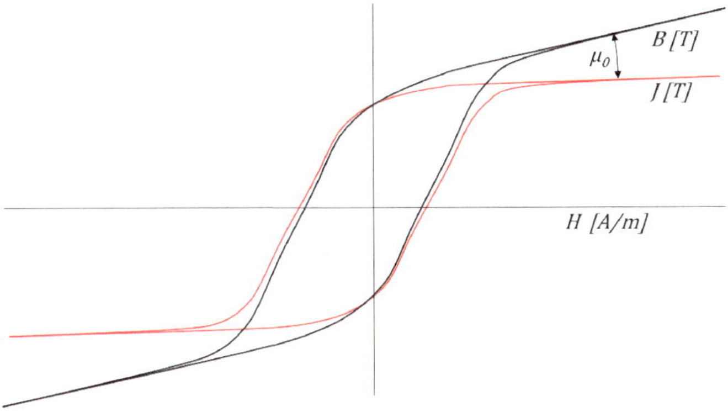

Abb. 6: Hystereseschleife in *B(H)*- und in *J(H)*-Darstellung

Regelschleife:

Typischerweise beziehen sich die Verlustleistungsangaben auf einen sinusförmigen Flussverlauf.

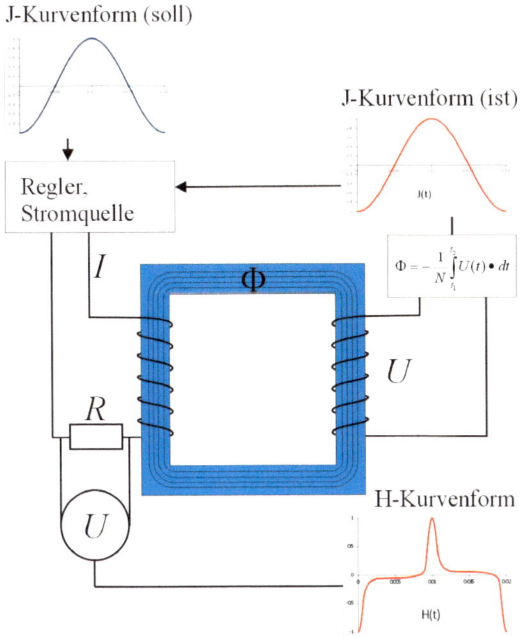

Abb. 7: Regelschleife eines Hysteresegraphen

Da sich der Fluss aus dem magnetischen Feld ergibt, muss die Bestromung der Primärwicklung so geregelt werden, dass der Fluss einem vordefinierten Kurvenverlauf folgt. Für normierte Werkstoffdatenangaben werden sinusförmige Verläufe vorgeschrieben. Dazu werden unterschiedliche Regler verwendet. Analoge sowie digitale Regler sind im Einsatz. Analoge Regler haben den Vorteil, schnell einzuregeln. Digitale Regler lassen dagegen ein breiteres Spektrum von Ziel-Kurvenverläufen der Polarisation zu – bis hin zu frei definierten Kurven.

5.1.4 Einstellbare Kurvenverläufe der Polarisation

Bei Transformatoren am starren Netz muss die Verlustleistung bei 50 Hz und sinusförmigem Polarisationsverlauf gemessen werden. Transformatorkerne von getakteten Übertragern dagegen sind aufgrund der hohen Betriebsfrequenzen i. d. R. nicht mehr aus Elektroblechen, sondern elektrisch nichtleitenden Ferriten aufgebaut. Gerade bei Verwendung von Elektroblechen in Elektromotoren treten komplexe Kurvenverläufe der Polarisation auf. Um diese nachzustellen, lassen sich bei modernen Prüfgeräten die Kurvenverläufe frei einstellen.

Dazu werden verschiedene Editoren angeboten:

- Grundfrequenz, Harmonische (FFT)
- Eingabe mit Hilfe von Stützstellen

Solche Kurvenverläufe können aufgrund der überlagerten Frequenzen Teilschleifen (minor loops) erzeugen:

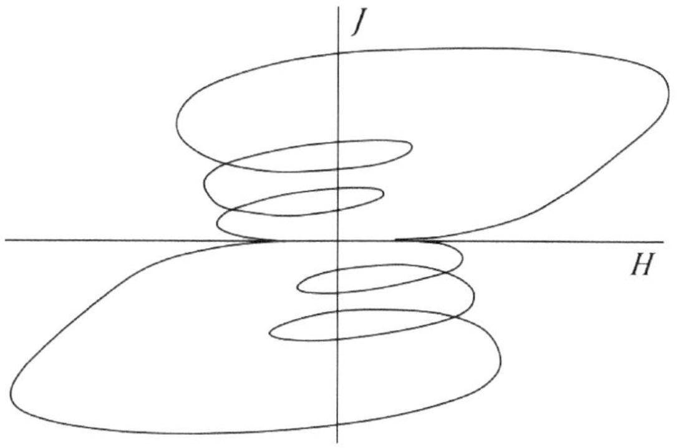

Abb. 8: Hystereseschleife bei überlagerten Schwingungen

5.1.5 Gebräuchliche Sensoren für weichmagnetische Hysteresegraphen

Epsteinrahmen (EPS):

Anwendbare Normen:

IEC 60404-2 (0–400Hz)
IEC 60404-10 (400–10000Hz)

Im Epsteinrahmen werden Blechstreifen der Länge 300 mm und der Breite 30 mm vermessen. Die Blechdicke ist nicht vorgegeben, muss aber bekannt und konstant sein. Je 4 Bleche werden im Quadrat in 4 Spulen eingeschoben. Mehrere Lagen können aufgeschichtet werden. Die Walzrichtung muss normal oder orthogonal zur Pfadrichtung sein und darf bei kornorientiertem Blech um max. ±1° und bei nicht kornorientiertem Blech ±5° von der Pfadrichtung abweichen.

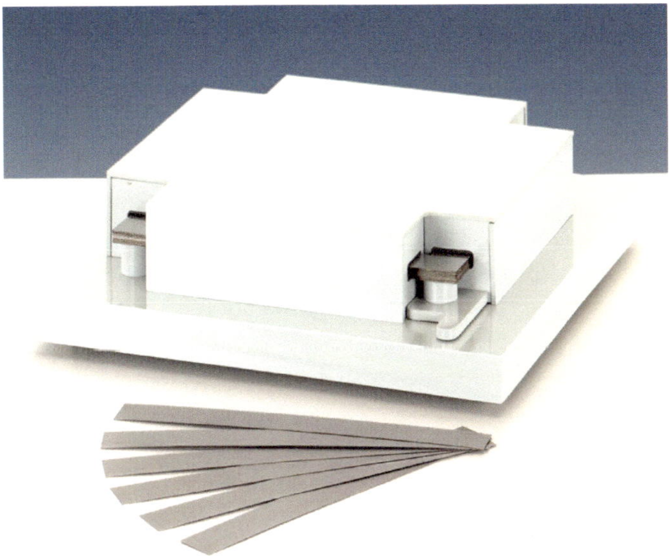

Abb. 9: Epsteinrahmen der Fa. Brockhaus Messtechnik

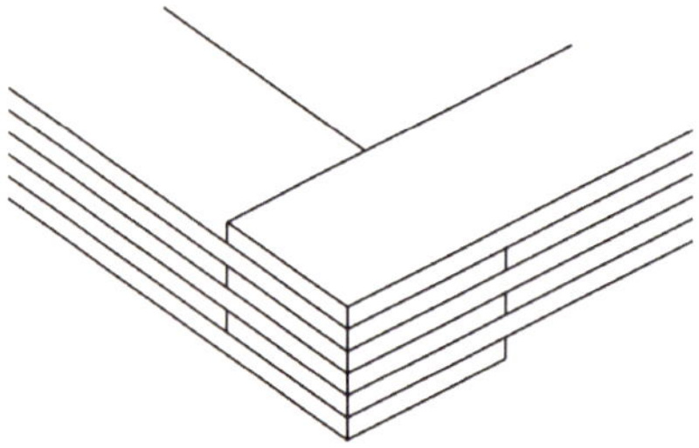

Abb. 10: Überlappende Schichtung der Bleche im Epsteinrahmen

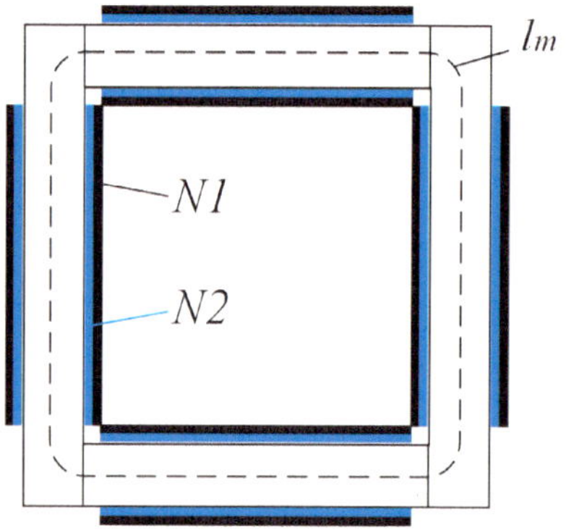

lm: Länge des magnetischen Pfades: 0,94m

N1: Windungszahl Primärwindung

N2: Windungszahl Sekundärwicklung

Abb. 11: Aufbau eines Epsteinrahmens

Die Anzahl der eingelegten Streifen definiert die Induktivität der Primärspule und somit die benötigte Leistung, um das benötigte H-Feld bei der benötigten Frequenz zu erzeugen.

Die magnetische Pfadlänge *lm* ist abhängig vom Sättigungsgrad der Streifen. Per Definition ist sie 940 mm.

Über die Windungszahlen von Primär- und Sekundärwicklungen können die Leistungsanpassungen des Rahmens so vorgenommen werden, dass sie zur Messung bei entweder hohen Feldstärken oder hohen Frequenzen optimiert sind. Manche Epsteinrahmen verfügen daher über umschaltbare Windungszahlen.

<u>Vorteile Epsteinrahmen</u>:

- Basis für Kalibrierungen
- Hohe Reproduzierbarkeit: < 2 % bei verschiedenen Herstellern

Nachteile Epsteinrahmen:

- Aufwändig zu Bestücken
- Einfluss durch Schnittkanten, falls die Bleche nach dem Zuschnitt nicht weichgeglüht werden
- Pfadlänge *lm* ist abhängig von der Sättigung und daher nicht konstant

Single Sheet Tester (SST)

Anwendbare Norm: IEC 60404-3

Im Tafelmessgerät (Single Sheet Tester) werden Bleche der Größe 500 mm x 500 mm vermessen. Andere Größen zu vermessen ist mit entsprechend gebauten Testern ebenfalls möglich aber nicht genau nach Norm.

Abb. 12: Tafelmessgerät (Single Sheet Tester) nach IEC60404-3 (Brockhaus Messtechnik)

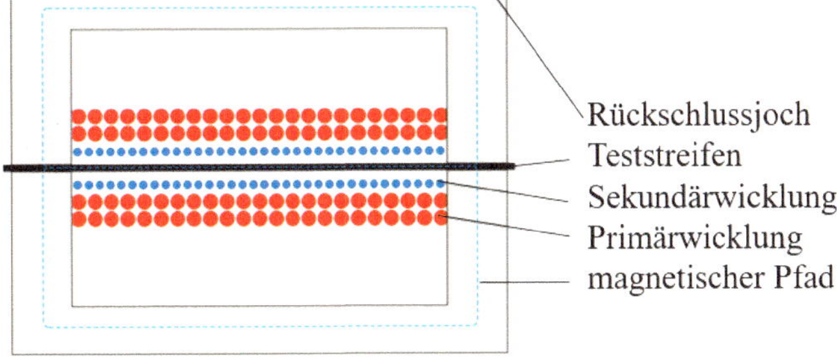

Abb. 13: Prinzip Single Sheet Tester

Nach der Norm (IEC 60404-3, 2010-05) werden Bleche der Größe 500 mm x 500 mm benötigt. Solche Proben lassen sich einfach von Blechrollen (Coils) schneiden. Es gibt auch SST, welche dünnere Streifen testen, beispielsweise einzelne Epstein-Streifen. Anders als beim Epsteinrahmen ist der Einfluss der Schnittkanten geringer, da diese im Verhältnis zum Blechvolumen kleiner werden.

Vorteile SST:

- Hohe Reproduzierbarkeit: < 2 % bei verschiedenen Herstellern
- Einfache Bereitstellung der Proben

Nachteile SST:

- Andere Ergebnisse im Vergleich zum Epsteinrahmen (aufgrund der Veränderten Pfadlänge bei höherer Polarisation)
- Aufwändiges und daher teures Spulensystem

Abweichungen Epsteinrahmen – Single-Sheet-Tester

Es ist bekannt, dass Epsteinrahmen und Single-Sheet-Tester zueinander nicht immer korrelieren.

Johannes Sievert (Sievert, 2000) hat die relative Abweichung δP zwischen SST und EPS bei verschiedenen Stahl-Sorten untersucht.

Diese zeigen eine starke Abhängigkeit der Materialsorte auf. Dennoch lässt sich erkennen, dass die Abweichungen bei hohen Polarisationswerten zunehmen.

Er schlägt daher eine Anpassung der Pfadlänge beim Epsteinrahmen vor, welche die erhöhte Sättigung in den 90°-Kurven des Epsteinrahmens kompensieren soll.

Zudem wird vermutet, dass Spannungen im Kristallgefüge zu den Abweichungen führen.

Auf Basis dieser Erkenntnisse ist in der Norm (IEC 60404-3, 2010-05) eine Abweichung in Bezug auf die Verlustleistung beschrieben.

Statortester / Ringkerntester

Der Statortester basiert auf den Betrachtungen eines Ringkerntesters. Beim Ringkerntester wird ein Ringkern gleichmäßig mit einer Sekundär- und Primärwicklung umwickelt.

Bedingungen an den Ringkern:

- Geschlossener Ring (ohne Luftspalt)
- Außen / Innendurchmesser max. 1,4

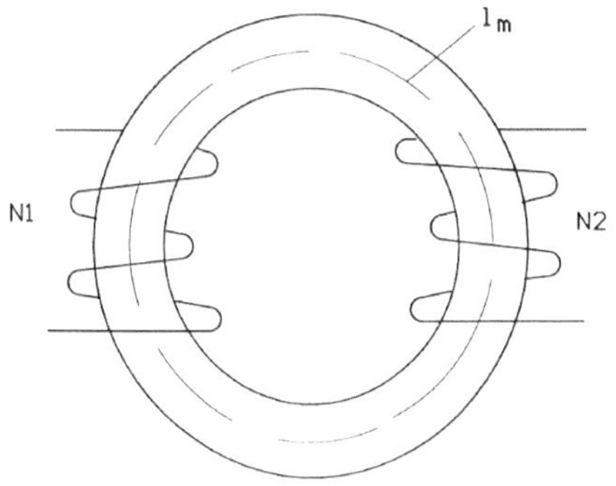

Abb. 14: Ringkern

Während die Qualität des Bleches bereits beim Lieferanten oder im Wareneingang überwacht werden kann, ist die Qualität des Statorblechpaketes durch neue Fehlerquellen gefährdet:

Stanzen:

Scharfe neue Stanzwerkzeuge formen einen kleinen Bereich der Verformung im Stahl und somit auch geringe Spannungen im Gefüge. Da sie jedoch einer Abnutzung unterliegen, ergeben sich mit der Zeit größere Spannungen, welche einerseits in den Randbereichen größere Hystereseverluste und geringere Polarisation zur Folge haben und andererseits häufig zur Durchtrennung der Lackisolation zwischen den Lamellen führen.

Paketieren:

An scharfen Stanzgraten kommt es zu Kurzschlüssen zwischen den Lamellen. Diese haben einen sehr großen Einfluss auf die Verlustleistungen in Motoren und führen reihenweise zu Ausfällen beim EOL-Test, wenn die Stanzwerkzeuge gealtert sind.

Einhausen:

Aufgrund des Einbaus eines Blechpakets in ein Gehäuse kann es zu Spannungen in den Blechen kommen. Druckkräfte auf die Bleche wirken sich negativ aus.

Häufig bestehen fertige Statorblechpakete aus einer hohen Anzahl von Blechen.

Große Blechmengen lassen sich aber mit normalen Stromverstärkern, wie z. B. die eines Epsteinrahmens, nur schwach polarisieren. Somit beschränkt sich die Messung im Statortester eher auf die elektrischen Verluste.

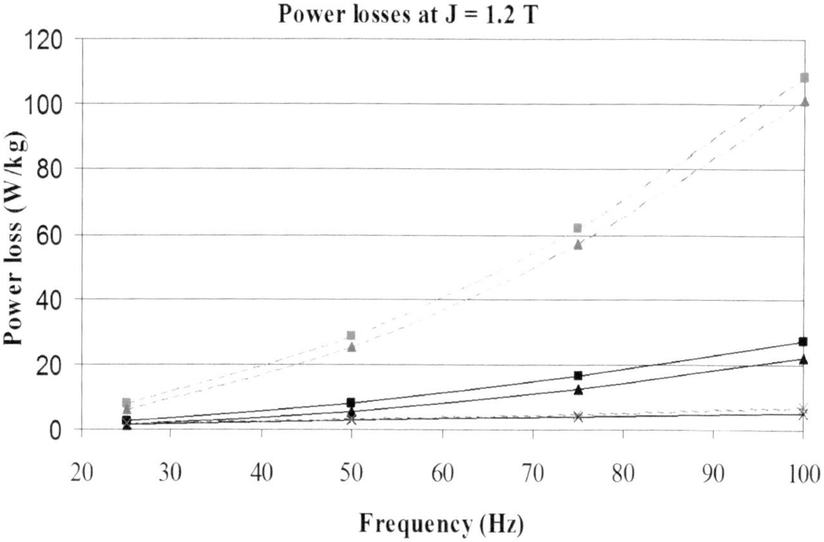

Abb. 15: Verluste zweier verschiedener Statoren (gestrichelt bzw. durchgängige Linien): ■ Gesamte Verluste, x=Hystereseverluste, ▲=Wirbelstromverluste
Quelle: (Brockhaus Messtechnik)

Hier sehen wir eine große Abweichung der Wirbelstromverluste bei konstanten Hystereseverlusten. Dies ist ein typischer Ausfall verursacht von Kurzschlüssen im Lamellenpaket.

Abb. 16: Statortester für 100 %-Prüfung der Fa. Brockhaus Messtechnik Testdauer: 2-3 Sekunden
Voll automatisiert, kann in Fertigungslinie integriert werden
Gekoppelt an Datenbank

Bei dem dargestellten Tester schließen sich die Spulen über ein Steckersystem zusammen.

Franklin-Tester:

Wie aus dem vorigen Kapitel ersichtlich, spielt die Blechisolation eine wichtige Rolle. Die Isolierung kann beim Lieferanten oder im Wareneingang normiert getestet werden (IEC 60404-11, 2013).

Abb. 17: einseitiger Franklin-Tester (Fa. Brockhaus Messtechnik)

Zwei Test-Bohrer kontaktieren das Blech elektrisch. Zusätzlich werden 10 Test-Köpfe mit einer definierten Kraft einzeln auf das Blech gedrückt.

An den Test-Köpfen wird eine Prüfspannung von 0,5 V angelegt. Ein Isolationsfehler in der Lackschicht der Bleche wird durch den Einbruch dieser Prüfspannung detektiert.

Franklin Tester können fest montiert im Labor genutzt werden. Dabei wird das Blech unter den Kontakten manuell an unterschiedlichen Stellen getestet.

Dieser Test ist automatisierbar. Dabei bewegen sich die Test-Köpfe entlang eines Blechstreifens und testen verschiedene Positionen.

Eine gleichzeitige Prüfung der Ober- und der Unterseite ist ebenfalls möglich.

5.2 Hartmagnetische Messtechnik

Bei der Messung von hartmagnetischen Werkstoffen stehen nicht die Verluste, sondern die Magnetisierung und ihre Stabilität im Vordergrund.

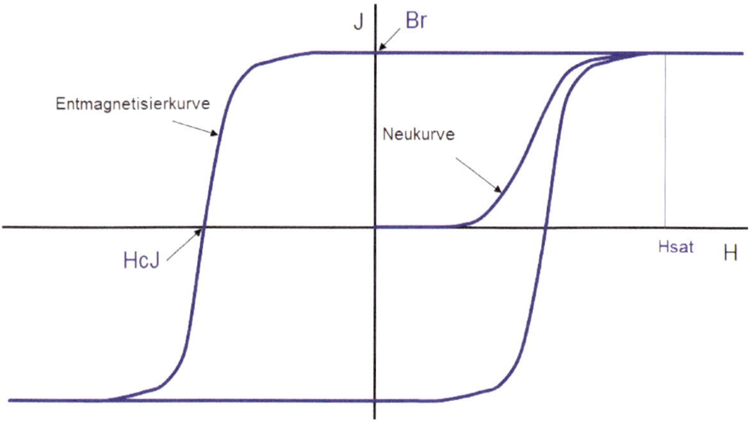

Abb. 18: Hystereseschleife eines hartmagnetischen Werkstoffes

Die folgenden Fehlerbilder sollen durch die Messtechnik erkannt werden:

- Zu geringe oder falsch dimensionierte magnetische Wirkung:
  Diese hängt von der Magnetisierung und dem Magnetvolumen ab.
  Als Zielgröße wird dabei häufig die Remanenz B_r definiert. B_r ist der Wert der Hysteresekurve bei H =0 A/m und entspricht dem Wert J_r. Die gemessene Flussdichte oder Polarisation lässt sich bei einfachen Geometrien auf diesen Punkt zurück rechnen.

- Irreversible Entmagnetisierung bei Belastung des Magneten:
  Bei Motoren ist das ein wichtiges Kriterium der Kurzschlussfestigkeit. Als Messgröße dient dabei die (intrinsische) Koerzitivfeldstärke der Polarisation H_{cJ} bzw. die gesamte Entmagnetisierungskurve
- Falsches Temperaturverhalten in Bezug auf B_r und H_{cJ}
- Falscher Winkel der Magnetisierrichtung
- Fehlender Magnet (oder Teil davon)
- Falsche Magnetisierungsgeometrie

Zur genauen Ermittlung der Hysteresekurve und somit aller relevanten Messwerte ist ein recht aufwändiges Verfahren notwendig. Dafür müssen die Magnete einzeln in einen Hysteresegraphen eingelegt werden. Ggf. müssen die Magnete zuvor in eine vorgegebene geometrische Form gebracht und temperiert werden. Magnete, welche in einem Joch-Hysteresegraphen vermessen wurden, sind ggf. aufgrund ihrer Entmagnetisierung für die vorgesehene Anwendung unbrauchbar.

Abbildung 19 zeigt den zweiten Quadranten der Hystereseschleife. Dieser Quadrant wird typischerweise in Werkstoffangaben dargestellt, da er den Magneten im normalen Belastungsfall charakterisiert.

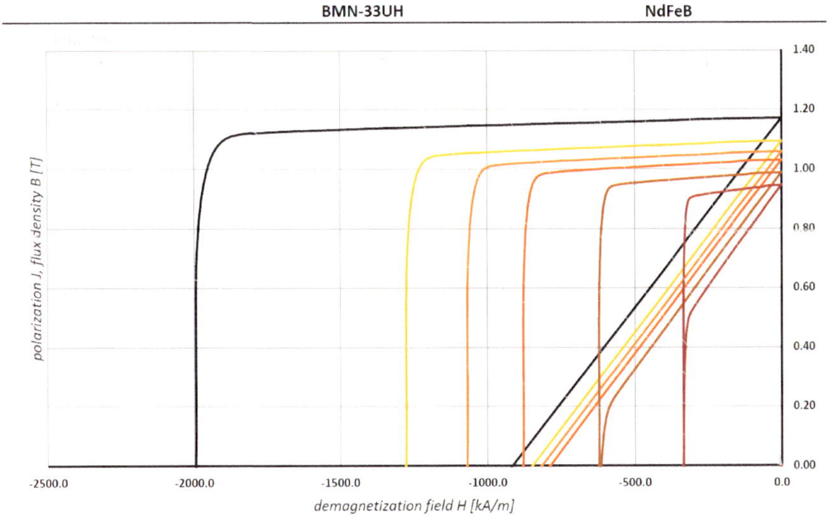

Abb. 19: Kurvenschar der Entmagnetisierungskurven bei verschiedenen Temperaturen. Quelle: Bomatec Produktdatenblatt BMN-33UH, 2019

5.2.1 Arbeitspunktbezogene Messungen

Die einfachste Form der Messung von Magneten ist, sie in dem Zustand zu untersuchen, in welchem sie verbaut oder verfügbar sind.

Man kann u. U. in Kauf nehmen, dass andere Einflussgrößen des Magnetsystems (z. B. Dicke des Luftspalts, Magnetvolumen, Lage des Arbeitspunktes) in das Ergebnis mit eingehen. Dabei wird allerdings nur ein Punkt auf der Entmagnetisierkurve ermittelt. Je nach Geometrie des Magnetsystems, in dem der Magnet eingebaut ist, nimmt er einen Arbeitspunkt auf seiner Hysteresekurve ungleich B_r ein. Die Verbindung dieses Arbeitspunktes mit dem Achsenursprung nennt man Scherungsgerade. Die Steigung der Scherungsgeraden wird mit dem Permeanz Koeffizienten P_c angegeben.

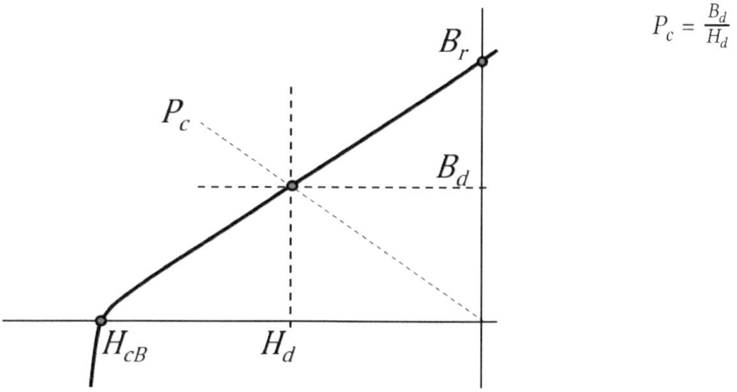

Abb. 20: Die Linie zum Permeanz Koeffizient *Pc* stellt die Scherungsgerade dar. (Parker, 1990)

Befindet sich der Magnet in Luft, lässt sich P_c aus der geometrischen Form des Magneten ermitteln.

5.2.2 Messungen mit dem Fluxmeter

Das Fluxmeter ist wohl das universellste magnetische Messmittel. Es misst die Veränderung des magnetischen Flusses durch eine Spule. Je nach Bauform der Spule lassen sich sehr unterschiedliche magnetische Messgrößen ermitteln.

$$\Phi = -\int U_{ind} dt + \Phi_0$$

Der Zusammenhang des magnetischen Flusses durch eine Spule mit der induzierten Spannung an den Spulenanschlüssen ist durch das Induktionsgesetz beschrieben. Wird die Induktionsspannung über die Zeit integriert, so ergibt sich die Änderung des magnetischen Flusses $\Delta\Phi = \Phi - \Phi_0$.

Das Fluxmeter ist also ein Integrator der Eingangsspannung über die Zeit. Die Integration kann digital durch Aufsummierung der Eingangsspannungen geschehen oder durch analoge Integratoren. Je nach Signalfrequenz können die Eingangssignale eine sehr weite Bandbreite von nV bis zu kV aufweisen. Das begünstigt eine Verwendung eines analogen Integrators. Dagegen ist ein digitaler Integrator zur Analyse des Eingangssignals besser geeignet, um Störgrößen zu filtern.

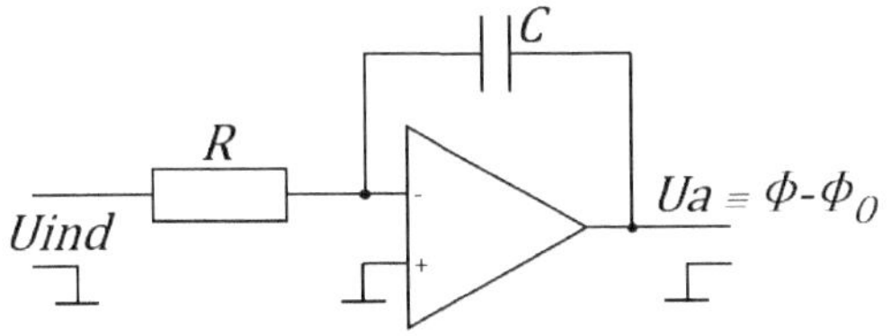

Abb. 21: Analoger Integrator

Generell wird immer die Änderung des magnetischen Flusses $\Delta\Phi$ einer Spule gemessen. $\Delta\Phi$ bezieht sich auf den Referenzwert Φ_0. Dieser Referenzwert wird durch den Benutzer zu 0 gesetzt, wenn der Fluss in der Spule einem Referenzwert entspricht. Das kann z. B. sein, wenn der Fluss in der Spule annähernd 0Vs beträgt, oder sich ein Magnet mittig in der Spule befindet.

Danach wird die Änderung des magnetischen Flusses in der Spule gemessen.

Messgrößen des Fluxmeters:

Messgröße	*Zeichen*	*Einheit (SI)*	*Einheit (CGS)*	*Messspulen*
Magnetischer Fluss	*F*	Vs Wb (Weber)	Mw (Maxwell)	Luft-Umspulen, Spulen um magnetische Leiter, angepasste, mehrpolige Spulen
Flussdichte	*B*	T (Tesla) Vs/m^2	G (Gauß)	Punktmesspulen
Feldstärke	*H*	A/m	Oe (Oersted)	Punktmesspulen
Moment	$m, \vec{m}$	Am^2		Helmholtzspulen
Dipolmoment	$j, \vec{j}$ $\vec{j} = \mu_0 * \vec{m}$	Vsm		Helmholtzspulen
Magnetisches Potential	F_m	A	Gilbert	Potentialspulen

Messung des magnetischen Flusses:

Die Flussmessung ist die ursprüngliche Funktion des Fluxmeters. Der Fluss durch eine Spule kann als Messgröße interessant sein, wenn die Geometrie der Messanordnung bestimmt ist. Beispielsweise interessiert der magnetische Fluss eines Antriebmagneten für Festplatten-Leseköpfe (VCM-Magnet) durch eine Messspule mit einer dem Magneten angepassten Form in einem definierten Abstand zum Magneten. Dieser Magnet hat zwei Pole, welche mit invertiert verschalteten Messspulenhälften erfasst, werden:

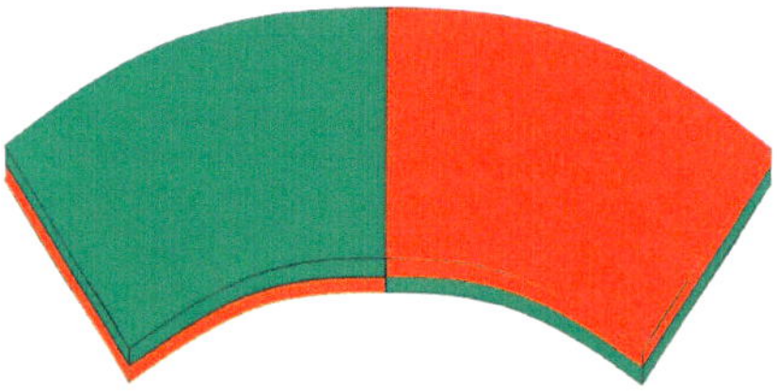

Abb. 22: VCM-Magnet 2-polig axial

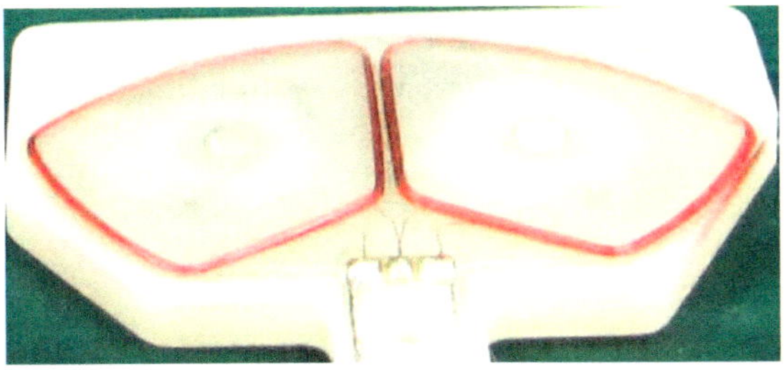

Abb. 23: Umspulen für VCM-Magnete

$\Phi = -\frac{1}{N}\int U dt$ mit N = Windungszahl

Die Einheit des Flusses ist Vs, Wb oder Maxwell

1 Vs = 1Wb = 10^8Mx

Die Messung des magnetischen Flusses eines Magnetkreises wird exemplarisch im Kapitel 3.1.3 beschrieben, wo der Fluss durch die weichmagnetische Materialprobe gemessen werden muss.

Gesamtflussmessung von Rotoren im Magnetisierprozess:

Es ist problemlos möglich, in einer eisenbehafteten Magnetisierspule für mehrpolige Rotoren neben der Magnetisierwicklung auch eine Messwicklung zu integrieren. Die Messwicklung ist aufgrund der Flussleitung des umgebenden Stahlpaketes magnetisch gekoppelt, aber elektrisch isoliert von der Magnetisierwicklung. Sie ist an ein Fluxmeter angeschlossen.

Der Messablauf ist wie folgt:

1. Ein unmagnetisierter Rotor wird in die Magnetisierspule eingesetzt.
2. Durch einen Impulsstrom in der Magnetisierspule werden die Magnete magnetisiert.
3. Wissend, dass nun der gesamte magnetische Fluss die Spule durchflutet, wird das Fluxmeter auf 0 zurückgesetzt.
4. Der Rotor wird aus der Spule entnommen. Dabei ergibt sich so lange eine Flussänderung, bis der Rotor keinen Einfluss mehr auf die Durchflutung der Spule nimmt.
5. Dann wird der Messwert ausgewertet.

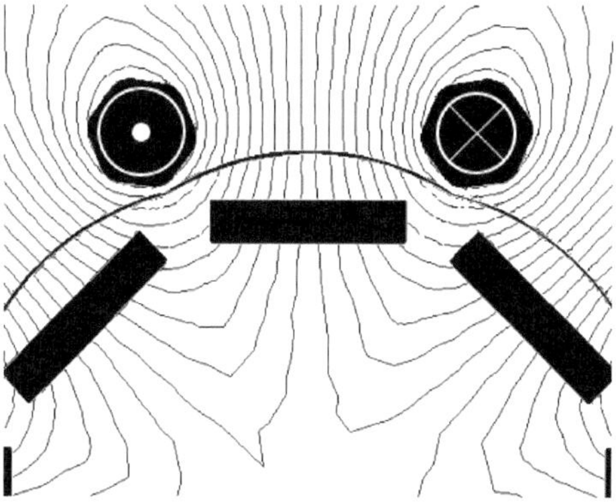

Abb. 24: Flusslinien während Magnetisierung; es fließen ca. 50 kA

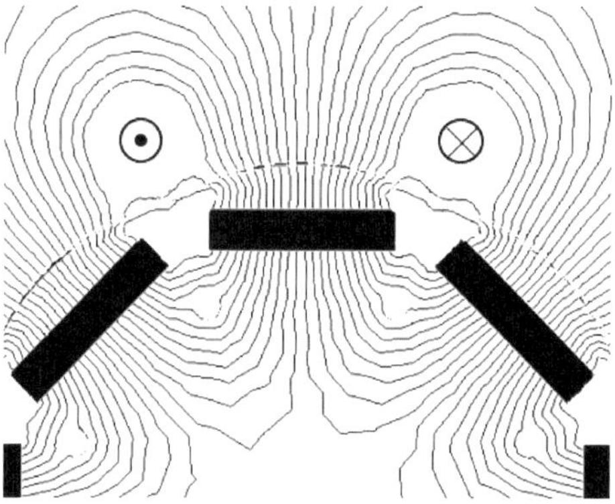

Abb. 25: Flusslinien nach Magnetisierung; es fließt kein Strom

Mit diesem Verfahren wird der Gesamtfluss eines Rotors ermittelt.

Ein geringer Nebenfluss verläuft vor der Messspule als Kurzschluss. Dieser Teil wird nicht mitgemessen. Er entspricht annähernd einer Konstante, welche dünne Stahl-Stege sättigt und dann nicht weiter ansteigt. Der Gesamtfluss ist ein Maß für den Rotor-abhängigen Anteil zur Amplitude der EMK des Rotors bei konstanter Drehzahl.

Die Magnetisierung der Blechpakete der Magnetisierspule und des Rotors hält sich aufgrund der guten magnetischen Leitung nach der Magnetisierung recht stabil. Sie überlagert sich der Messung der Magnete. Nach der Entnahme des Rotors bricht sie aufgrund der Unterbrechung des Magnetkreises zusammen. Daher ist der Messwert eines vorher magnetisierten Rotors, welcher in die Messspule eingesetzt wird, aber nicht nochmals magnetisiert wird, um den Anteil der Magnetisierung des Stahls geringer. Für eine Vergleichbarkeit der Messwerte ist die Stahlmagnetisierung als Konstante diesem Messwert hinzuzurechnen.

Es wird häufig genutzt für:

- Überprüfung des Magnetisierungs-Prozesses
- Überprüfung der Magnetqualität – da der Gesamtfluss als einzelner Wert ermittelt wird, ist die Relevanz für Einzelmagnete nur bei geringer Anzahl Magnete gut. I. d. R. sind die Toleranzen der Einzelmagnete so groß, dass bei ca. < 16 Magneten gerade noch erkannt werden kann, ob alle Magnete bestückt wurden.

Messung mit Punktmessspulen:

Zur Bestimmung der mittleren Flussdichte innerhalb einer Spule wird der magnetische Fluss durch die Spulenfläche $A_{gesamt}=n^*A$ (n= Windungszahl) dividiert.

$$B = \frac{\Phi}{A_{gesamt}}$$

Die Flussdichte B wird in Tesla oder Gauß angegeben. $1T = 10^4\ G$

$$H = \frac{\Phi}{\mu \cdot A_{gesamt}}$$

Die Feldstärke H wird in A/m oder Örsted angegeben. $1A/m = 4\pi\ 10^{-3}\ Oe$

Wird die Fläche der Spule minimiert, so ergibt sich eine höhere örtliche Auflösung der Flussdichte in inhomogenen Feldern. Allerdings muss für sehr kleine Spulendurchmesser die Signalstärke durch mehr Windungen verbessert werden.

Abb. 26: Transversale Punktmessspule mit einer Fläche A_{gesamt} von 100 cm²

Messungen mit einer Helmholtzspule

Das magnetische Dipolmoment $\overrightarrow{j}$ ist ein Maß dafür, wie groß das Drehmoment M eines Magneten in einem homogenen Magnetfeld $\overrightarrow{B}$ ist:

$$\vec{M} = \mu_0 * \left(\vec{j} \times \vec{B}\right)$$

Die Helmholtzspule dient zur Messung des magnetischen Dipolmomentes. Sie setzt sich aus zwei baugleichen Spulen zusammen, welche im Abstand des halben Spulendurchmessers übereinanderstehen. Dadurch ergibt sich bei Bestromung der Spule im Innern ein recht großer Bereich mit einem sehr homogenen Feld. Wird die Helmholtzspule dagegen an ein Fluxmeter angeschlossen, ergibt sich eine große Lagetoleranz des Magneten in der Spule:

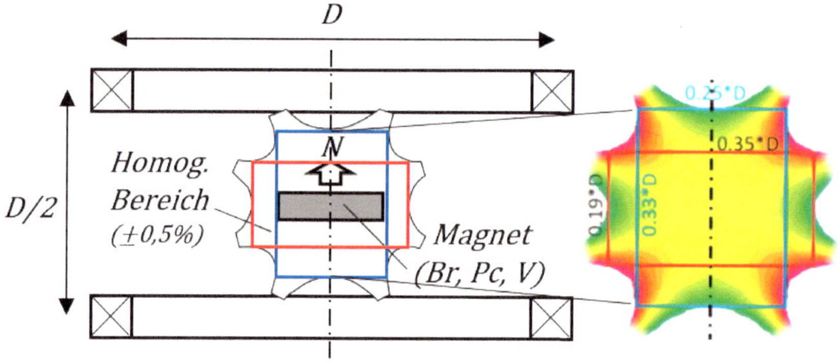

Abb. 27: Magnet in Helmholtzspule und homogener Bereich mit einer maximalen Inhomogenität von ±0,5 %

Das Messverfahren mit einer Helmholtzspule ist normiert (IEC 60404-14, 2002).

1. Ein Dipol-Magnet wird so weit außerhalb der Helmholtzspule platziert, dass er keinen störenden Einfluss auf den Fluss durch die Spule mehr ausübt. Hilfreich ist dabei, die Magnetachse senkrecht zum Abstandsvektor Magnet-Spule zu halten. Das Fluxmeter wird zurückgesetzt.
2. Ein Dipol-Magnet (axial gerichteter Nord-Süd-Pol) wird ausgerichtet in den homogenen Bereich (s. u.) der Helmholtzspule geführt.
3. Ablesen des Messwertes in Vsm am Fluxmeter

Alternativ kann der Magnet vor dem Rücksetzen des Fluxmeters in die Spule gehalten werden und danach um 180° umgedreht werden. Dabei wird der doppelte Messwert aufgenommen.

Weichmagnetische Materialien in der Nähe der Spule erhöhen den magnetischen Fluss durch die Helmholtzspule und verfälschen die Messung. Deshalb sollte im Bereich von 5*Durchmesser der Spule kein weichmagnetisches Material platziert werden.

Das magnetische Dipolmoment ist ein Maß für die Polarisation und das Volumen eines Magneten. Hinzu kommt ein Einfluss des Arbeitspunktes, in dem der Magnet sich befindet. Da hier in Luft gemessen wird, hängt dieser von der Magnetgeometrie und seiner permanenten Permeabilität μ_{rec} ab. Das Dipolmoment ist eine vektorielle Größe, welche in die Richtung der Polarisation weist. Eindimensionale Helmholtzspulen nehmen die axiale Komponente des Dipolmomentes auf. Der Magnet muss also ausgerichtet in die Spule eingebracht werden.

In einer eindimensionalen Helmholtzspule ist das magnetische Dipolmoment j:

$$j = \frac{\Phi}{k_M \mu_0} = \iiint J_z dv$$

Bzw. das magnetische Moment m:

$$m = \frac{\Phi}{k_M} = \iiint M_z dv$$

Magnetischer Fluss φ

Kalibrierfaktor der Helmholtzspule k_M

Feldkonstante μ_0

Die Einheit des magnetischen Dipolmomentes j ist Vsm

Die Einheit des magnetischen Momentes m ist Am^2

Da in einer Helmholtzspule der Magnet in Luft gemessen wird, kann das magnetische Dipolmoment j durch Division mit μ_0 zu magnetischen Moment m umgerechnet werden.

$$1\ Vsm = \mu_0\,Am^2 = 4\pi 10^{-7}\frac{Vs}{Am}\,Am^2$$

Beide Angaben sind gebräuchlich.

Der Versuch, aus dem Dipolmoment auf andere Größen der Hystereseschleife zurückzuschließen, ist bedingt nützlich. Es müssen dazu einige Annahmen getroffen werden:

1. Das Volumen V des Magneten muss bekannt sein. Es kann über die Dichte und eine nicht magnetische Waage gemessen werden.
2. Der Permeanz-Koeffizient P_c des Magneten muss ermittelt werden. Dazu gibt es einige Literatur, z. B. (Parker, 1990) sowie (Arnold Magnetics, 2015). Über die Magnetsorte und Magnetgeometrie kann ein Permeanz-Koeffizient bestimmt werden, welcher ein gutes Mittelmaß über die im Magneten stark variierenden Gegenfeldbelastungen darstellt. Der P_c wird als Belastungslinie bezeichnet und entspricht dem Quotienten B/H eines Wertes auf der $B(H)$-Kurve.
3. Die Magnetsorte gibt ein Maß für die permanente Permeabilität (recoil permeability) μ_{rec} vor.
4. Diese kann den meisten Magnet-Datenblättern entnommen werden.

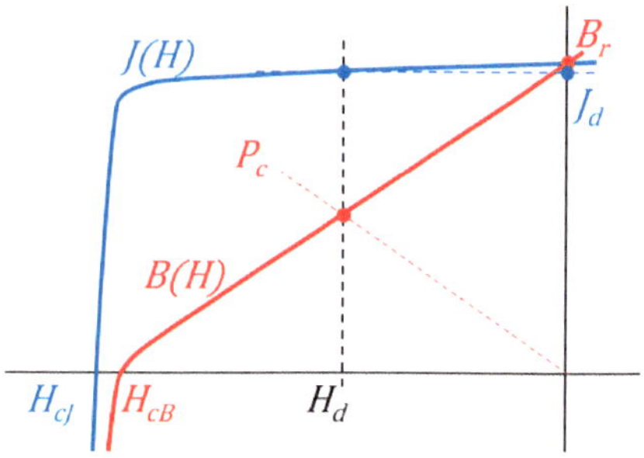

Abb. 28: Scherungsgerade *Pc*, Arbeitspunkt *Hd*

Das Dipolmoment j entspricht über das Volumen gemittelt $J_d{}^*V$. J_d ist nur nahe an B_r. Um B_r zu errechnen, muss Das Dipolmoment j durch das Volumen V dividiert werden. Zudem muss noch der Anstieg μ_{rec} von $J(H_d)$ bis $H=0$ hinzugerechnet werden. Das ist der Teil der Polarisation, welcher durch die Eigenfeldbelastung (Scherung) verringert ist.

Die Remanenz B_r lässt sich dann wie folgt berechnen:

$$B_r = J_d \frac{\mu_{rec} + P_c}{1 + P_c} = \frac{\Phi}{k_M \mu_0 V} \frac{\mu_{rec} + P_c}{1 + P_c}$$

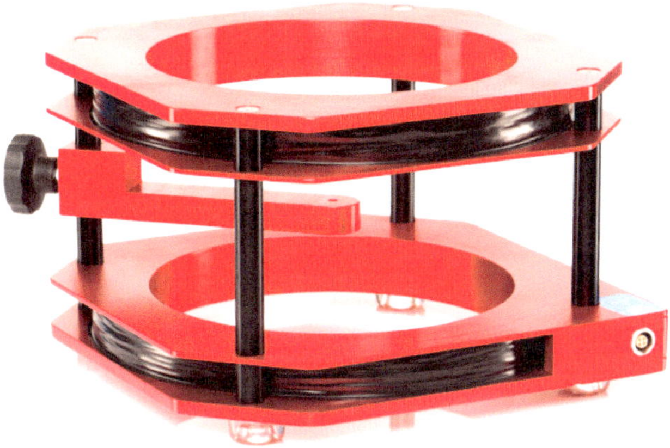

Abb. 29: Helmholtzspule mit Ø160 mm (M-Pulse)

3-dimensionale Helmholtzspule:

Mit der eindimensionalen Helmholtzspule wird nur der axiale Anteil des Dipolmomentvektors gemessen. Es gibt häufig den Bedarf, die Abweichung der Magnetisierungsrichtung von der vorgegebenen Richtung zu messen. Ebenso kann ein schief zu seiner Grundfläche magnetisierter Magnet in seiner Richtung vermessen werden. Das geschieht mit einer dreidimensionalen Helmholtzspule.

Das magnetische Dipolmoment als Vektor, der in die Magnetisierrichtung des Magneten weist, wird wie folgt berechnet:

$$\overrightarrow{m} = \frac{\overrightarrow{\Phi}}{k_M} = \iiint \overrightarrow{M}\, dv$$

$$\overrightarrow{j} = \frac{\overrightarrow{\Phi}}{k_M \mu_0} = \iiint \overrightarrow{J}\, dv$$

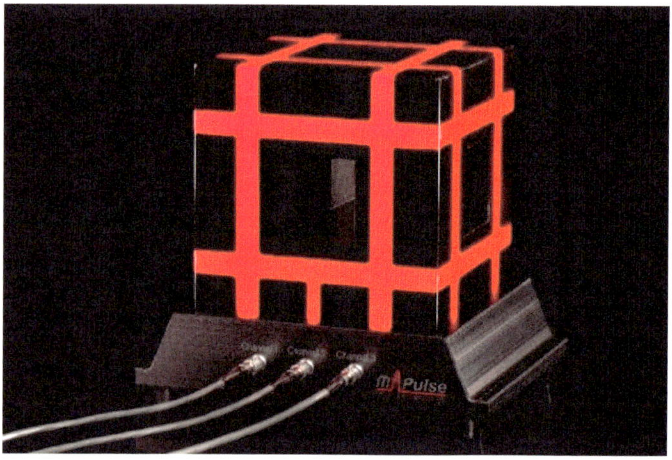

Abb. 30: Dreidimensionale Helmholtzspule mit Ø120mm (M-Pulse)

Zur Messung muss der Magnet auf einer Teilaufnahme präzise ausgerichtet in die Spule eingeführt werden. Ist die Spule ideal aufgebaut, ergibt sich der Vektor direkt aus den drei Flussmesswerten. Anderenfalls ist eine Koordinatentransformation zur Korrektur kleiner Achsversätze zwischen Spulenachse und Raumkoordinate erforderlich.

Im Fluxmeter wird der Vektor oder die richtungsunabhängige Vektorlänge berechnet. Zusätzlich wird der Winkel zwischen dem Dipolvektor und der z-Achse berechnet und ausgewertet. Diese wird häufig benötigt, um Fehler im Magnetisierungswinkel bei Blockmagneten festzustellen.

Messungen mit der Potentialspule

Die Potentialspule misst die Veränderung des Betrages des magnetischen Skalarpotentials θ zwischen zwei Punkten. Die Potentialmessspule ist eine sehr dünne stabförmige Spule mit homogener, dichter Bewicklung. Damit wird die Differenz des magnetischen Skalarpotentials vom Anfang der Spule zum Ende der Spule ermittelt.

Setzt man beim Zurücksetzen des Fluxmeters die gesamte Spule in einen Feldfreien Raum $\theta = 0A$, so erhält man beim Heranführen der Spulenspitze die Potentialabweichung an einem Feldpunkt mit $\theta <\ > 0A$, wenn das Ende im Feldfreien Raum bleibt.

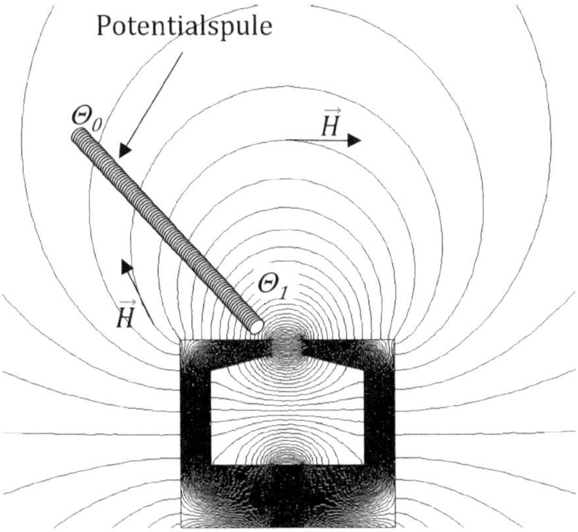

Abb. 31: Potentialspule im Streufeld

In strom- und magnetfreien Gebieten gilt für das magnetische Skalarpotential θ:

$$\theta = \int_s \overrightarrow{H}\, d\overrightarrow{s} + \theta_0$$

Die Spulenspitze ist am Messpunkt anzubringen, während das Spulenende das Referenzpotential θ_0 angibt.

Die Spule muss daher ausreichend lang sein, damit θ_0 im feldfreien Raum liegt, und somit während der Messung konstant bleibt.
Anwendung:

- Ermittlung des magnetischen Potentials an Magnetsystemen, Magneten etc.
- Berechnung der Feldstärke zwischen zwei Punkten $H = \frac{(\theta_1 - \theta_0)}{d}$ mit d = Abstand

5.2.3 Messungen mit einem Magnetometer

Magnetometer werden auch Gaußmeter oder Teslameter genannt. Sie messen die Flussdichte oder die Feldstärke. Auch das Fluxmeter kann wie erwähnt als

Flussdichte- oder Feldstärkemessgerät genutzt werden. Darüber hinaus gibt es noch weitere Möglichkeiten, die magnetische Feldstärke zu erfassen.

Hall-Messgerät

Der gebräuchlichste Sensor ist wohl der Hall-Sensor. Dieser basiert auf dem Hall-Effekt. Der Hall-Effekt beruht auf der Lorentzkraft, welche fließende Ladungsträger in einem magnetischen Feld erfahren.

In einer Hall-Sonde werden Elektronen durch einen Halbleiter bewegt (ein konstanter Strom wird eingeprägt). Durch die Lorentzkraft, welche auf die bewegten Ladungsträger wirkt, wird eine Spannung an den Querseiten erzeugt. Diese Spannung ist ein Maß für die magnetische Feldstärke.

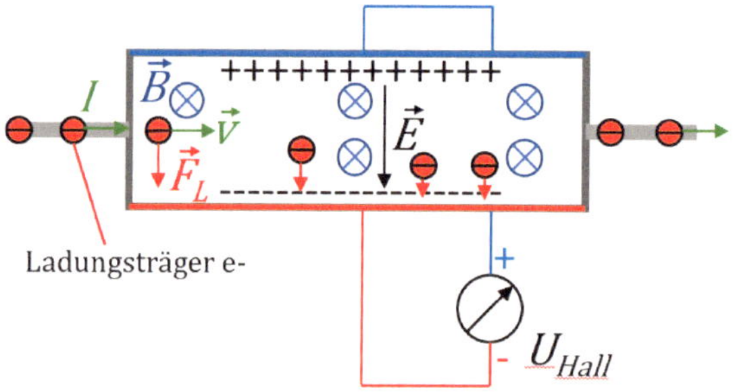

Abb. 32: Hall-Effekt

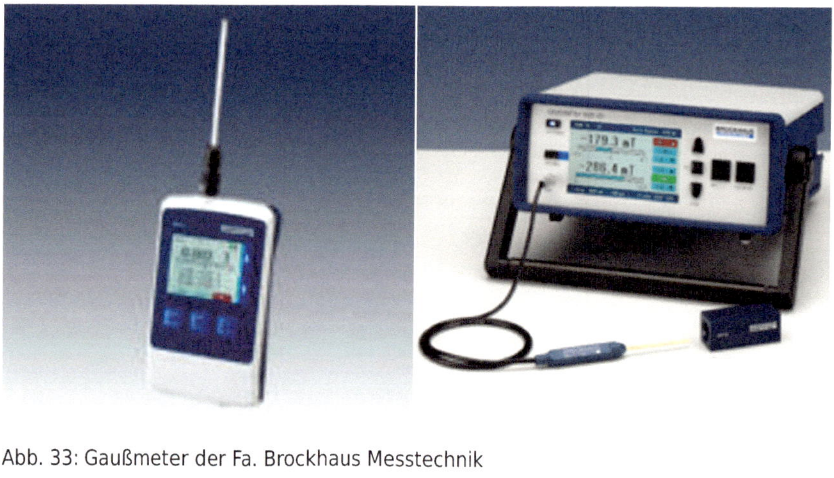

Abb. 33: Gaußmeter der Fa. Brockhaus Messtechnik

Das Gaußmeter hat gegenüber dem Fluxmeter die folgenden

Vorteile:

- Der Hallverstärker ist kein Integrator. Damit ist er driftfrei. Langzeitmessungen sind somit problemlos möglich.
- Die Sonde kann sehr klein sein. Dadurch kann eine hohe räumliche Messauflösung bei großen Feldgradienten erzielt werden.
- Auch 3D-Sonden sind in einem kleinen Volumen integrierbar. Der Feldstärkevektor kann an einem Punkt mit einem Durchmesser von ca. 100 µm aufgenommen werden.
- Auch sehr kleine Feldstärken können mit entsprechenden Sonden präzise gemessen werden.

Nachteile:

- Die Linearität ist abhängig von der Sonde und muss korrigiert werden.
- Die maximal messbare Flussdichte ist begrenzt. Gängige Sonden gibt es bis 20 mT, 200 mT, 2 T, 10 T
- Hall-Sonden weisen eine Temperaturabhängigkeit auf, welche kompensiert werden muss.
- Die Sondenanschlüsse sind in Wechselfeldern einer Induktionsspannung ausgesetzt, welche einen Fehleranteil der Messung überlagert. Daher müssen die Anschlüsse möglichst gut verdrillt sein.

Weitere Magnetometer

Magnetoresistive (AMR-, GMR-) Sensoren:
Die Änderung des elektrischen Widerstandes einer sehr dünnen Schicht aus einem ferromagnetischen Material (z. B. Permalloy) bei Änderung des anliegenden Magnetfeldes lässt sich messtechnisch auswerten.

Fluxgate-Magnetometer:
Das Fluxgate-Magnetometer basiert auf einem induktiven Messverfahren der Sättigungspunkte gegenläufig bewickelter Spulenkerne. Eine sekundäre Spule nimmt die Verschiebung der Sättigungspunkte auf und kann dadurch äußerst geringe Flussdichten im Bereich von 0,1 nT bis 1 mT detektieren. Sie werden z. B. in Smartphones als Kompass verwendet.

NMR-Magnetometer:

Dieses Messgerät beruht auf der Kernspinresonanz einer Probe aus Atomen mit magnetischem Dipol. Die Dipole werden zur Resonanz-Schwingung (Larmor-Frequenz) erregt. Die Larmor-Frequenz ist sehr präzise und ausschließlich von einem äußeren Magnetfeld abhängig. Das NMR-Magnetometer ist das genaueste Messgerät für konstante und homogene Magnetfelder am Markt. Es löst Felder zwischen 20 mT und 20 T mit 0,01 ppm bzw. min. 0,5 µT auf. Aufgrund seiner Unabhängigkeit von Temperatureinflüssen und anderen Störgrößen, wird es in vielen Laboren für Referenzmessungen genutzt.

5.2.4 Messung der Feldverteilung eines Magnetsystems

Häufig möchte man die Verteilung des Magnetfeldes in einem ganzen Bereich um ein Magnetsystem messen.

Viele Messysteme werden dazu angeboten, welche eine Sonde entlang der Magnetoberfläche führen. Kartesische Systeme sowie zylindrische Systeme werden verwendet, um Magnetblöcke, Magnetsysteme oder Rotoren zu vermessen.

Rotatorische Systeme werden verwendet, um magnetisierte Rotoren zu vermessen:

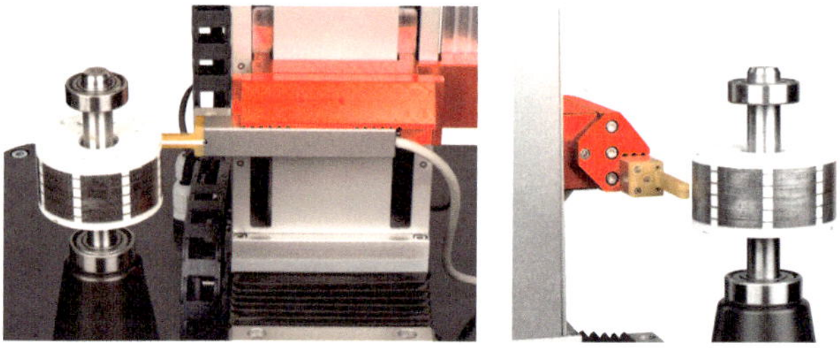

Abb. 34: Rotorscan (M-Pulse)

Es gibt viele verschiedene Messauswertungsmöglichkeiten. Unter anderen:

- Polbreiten
- Gesamtfluss eines Poles, Gesamtfluss aller Pole
- FFT über eine Kurve zur Ermittlung von Oberwellen
- Ermittlung der Polschrägung
- Auffindung fehlender oder schwach magnetisierter Magnete
- Auffindung von Fehlstellen in Magneten (bei Oberflächenmagneten)

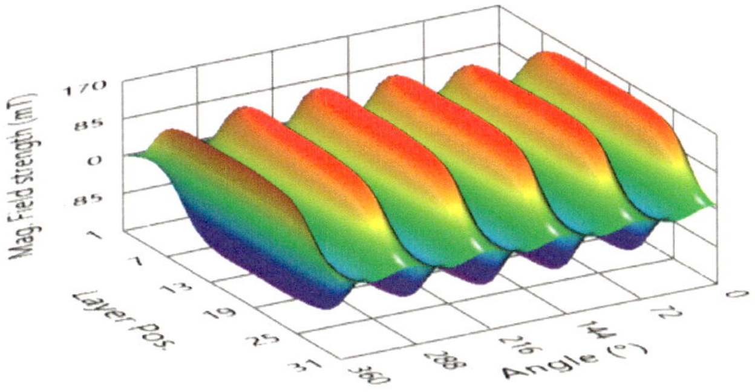

Abb. 35: Feldverlauf entlang eines 10-poligen Rotors

Eine schnellere Methode, Magnetblöcke an ihrer Oberfläche zu vermessen, ist die Nutzung eines 2-dimensionalen Hall-Arrays. Mit einem solchen Sensor kann die Feldstärke in der Fläche des Arrays „fotografiert" werden.

Die Firma MagCam hat einen Chip mit 16384-Pixel-Array von 3D-Hall-Sensoren entwickelt. Die Fläche des Chips hat eine Größe von 12,7 mm x 12,7 mm.

Damit lässt sich die Feldverteilung von kleinen flachen Magneten sehr schnell und präzise vermessen. Eingesetzt in einen Scanroboter lassen sich auch große Magnetsysteme vermessen.

Abb. 36: Feldkamera der Firma MacCam

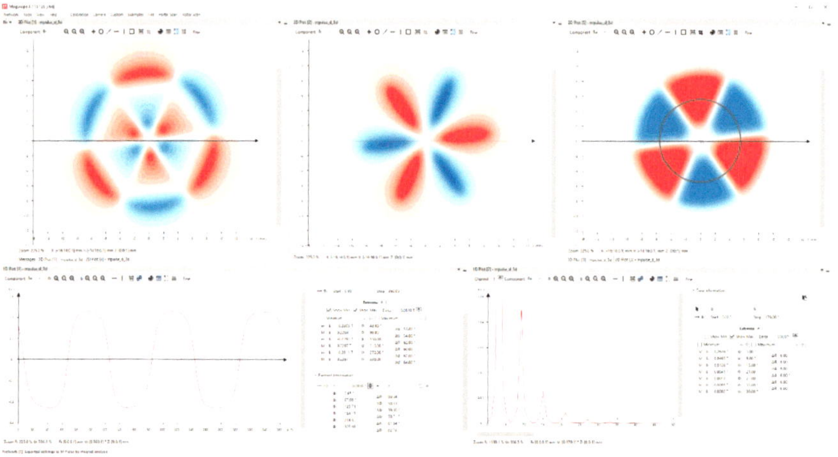

Abb. 37: 2D-Darstellung der Feldverteilung eines 6-pol Magneten; Quelle: MagCam

Erwähnenswert ist, dass nach der vollständigen 3-dimensionalen Bestimmung des Magnetfeldes über den kompletten Magneten der weitere Feldverlauf mit größerem oder kleinerem Abstand berechnet werden kann. Dabei wird angenommen, dass kein magnetisierbares Material im Raum vorhanden ist.

Das ermöglicht eine sehr schnelle und umfassende Bewertung z. B. des Streufeldes eines Sensormagneten.

5.2.5 Messung der gesamten Hysteresekurve

Zur Messung der gesamten Hysteresekurve wird ein Magnet mit einer variierenden Feldstärke beaufschlagt. Dabei wird die sich verändernde Polarisation gemessen und aufgezeichnet. Es sind die folgenden Geräte verfügbar:

- Jochhysteresegraph (Hystograph, Permagraph) – Normiert durch IEC 60404-5
- Pulse Field Magnetometer – Vornorm IEC 62331:2003 (PFM)
- (SQUID-) Vibration Sample Magnetometer (VSM)

Hysteresegraph entspr. IEC 60404-5

Der Hysteresegraph mit einem Stahljoch ist nach (IEC 60404-5) normiert.

Den Kern dieser Methode bildet ein weichmagnetisches Joch, welches mit einer DC-Spule magnetisiert wird.

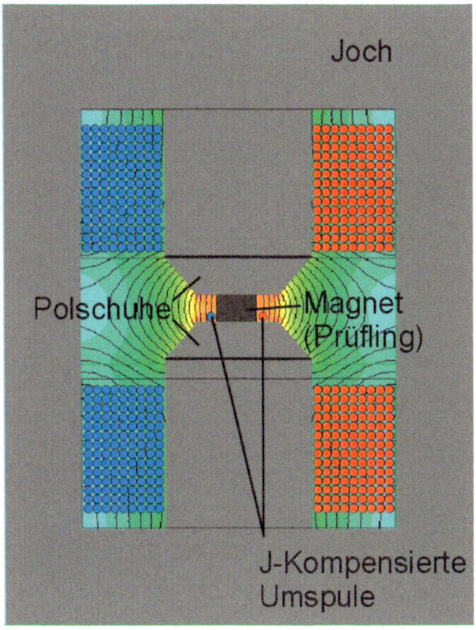

Abb. 38: Aufbau des Hysteresegraphen

Der Magnet (Prüfling) wird in den Luftspalt des Joches eingespannt. Dafür ist der obere Joch-Stempel vertikal verfahrbar.

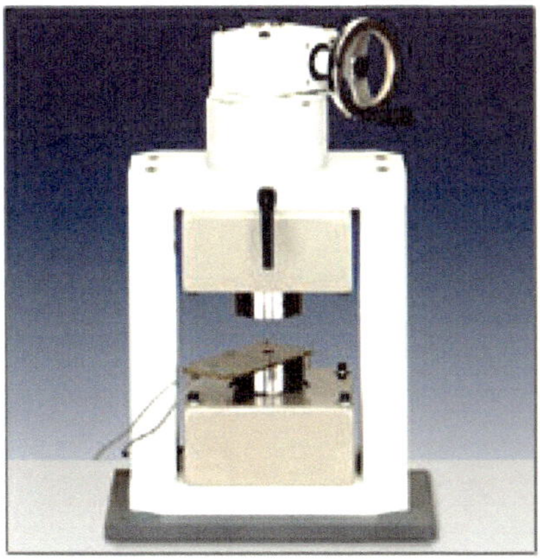

Abb. 39: Magnetjoch eines Hystographen HG200 (Brockhaus Messtechnik)

Zur Messung wird der Magnet im Vorfeld in einem Magnetisiergerät voll in Sättigung getrieben. Dann wird er auf den unteren Polschuh aufgelegt. Um den Magneten wird eine Umspule gelegt, welche die Magnetisierung (Polarisation) des Magneten aufnimmt. Für die direkte Messung der Polarisation $J(H)$ anstelle der Flussdichte $B(H)$ wird der Luftfluss abgezogen. Dafür beinhaltet die Umspule eine Kompensationswindung. Diese Kompensationswicklung kann zugleich zur Messung des (äußeren) H-Feldes mit genutzt werden. Die Umspule sollte möglichst dicht am Magneten anliegen, damit kleine Inhomogenität der Feldstärke im Luftspalt nicht ins Gewicht fallen. Daher gibt es sie in verschiedenen Größen.

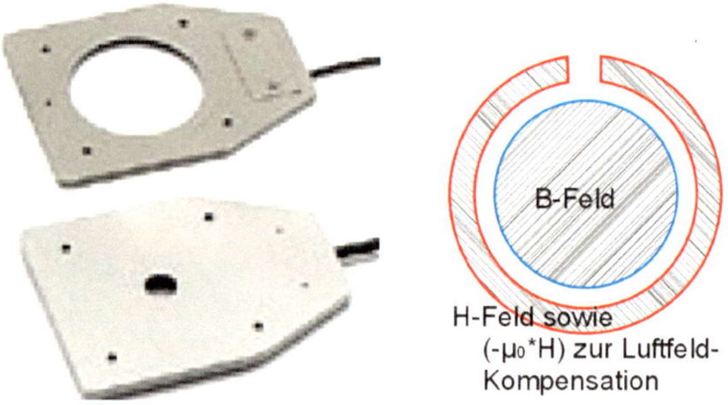

Abb. 40: Umspulen

Aus der Entmagnetisierungskurve werden die folgenden Kennwerte ermittelt:

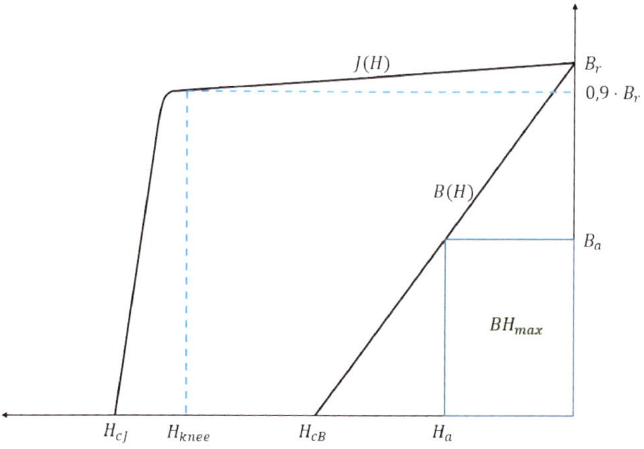

Abb. 41: Kennwerte der Entmagnetisierungskurve

Br: Remanenz

HcB: Koerzitivfeldstärke

HcJ: Intrinsische Koerzitivfeldstärke

BHmax: Max. Energieprodukt des Magneten

Ha, Hb: H und B im Punkt BHmax

Hknee: H bei 90 % Br

HD5: alternative Definition der Kniefeldstärke

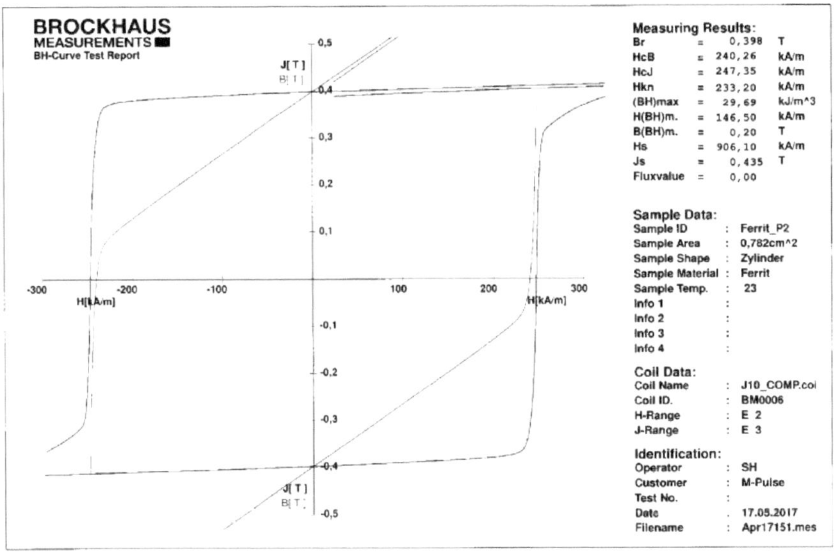

Abb. 42: Hystereseschleife eines Ferrit-Magneten

Da Magnete einen starken Temperaturgang in den Kennwerten aufweisen, ist es erforderlich, die Messungen bei verschiedenen Temperaturen durchzuführen. Dazu können die Polschuhe ausgetauscht werden gegen Polschuhe mit eingebauter Heizung und thermischer Isolierung zum Joch. Damit lassen sich die Magnete auf bis zu 200 °C aufheizen.

Sättigung der Polschuhe:

Selten-Erd-Magnete weisen hohe Remanenzwerte und auch hohe Koerzitivfeldstärken auf. Allen Berechnungen dieses Verfahren liegt zugrunde, dass der Magnet durch das Joch vollständig kurzgeschlossen wird. Alle seine Flusslinien werden also durch das Joch zurückgeführt. Das ist bis zur einsetzenden Sättigung des Stahls an den Polschuhen der Fall. Polschuhe aus Stahl sättigen bei ca. 2 T. Bessere Polschuhe aus Kobalteisen sättigen erst bei 2,3 T.

Darüber hinaus erfährt der Magnet zusätzlich ein Gegenfeld aus seiner eigenen Magnetisierung. Da die Feldstärke außerhalb des Magneten gemessen wird, ist die angegebene Koerzitivfeldstärke dann ein Minimalwert. Real kann er höher liegen, da sie im Magnet höher sein kann.

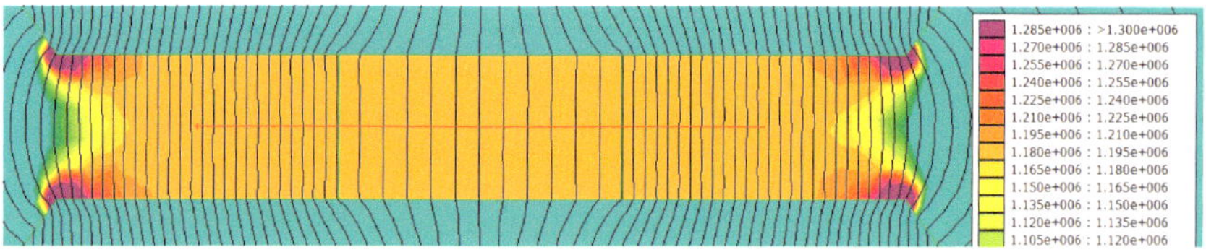

Abb. 43: Feldstärke im Luftspalt bei 20 A liegt bei 1200 kA/m

Der Feldstärkeverlauf entlang der Line in Abbildung 39 zeigt aufgrund der Stahlsättigung der Polschuhe eine Überhöhung im Magneten ab 1700 kA/m:

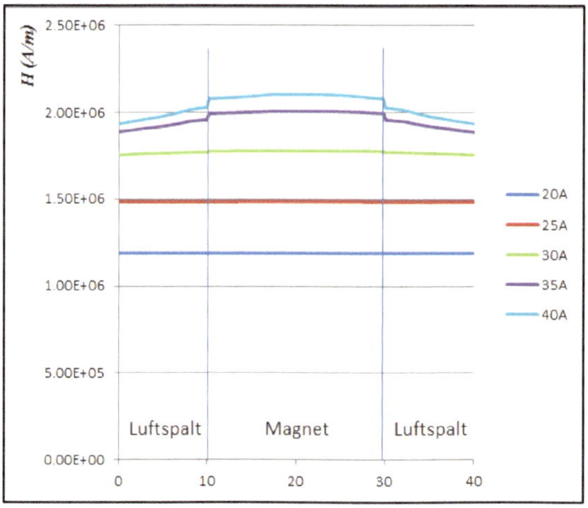

Abb. 44: Sättigung der Polschuhe ab 1600 kA/m verzerrt das Feld

Vorteile des Joch-Hysteresegraphen:

- Genormtes Verfahren
- Sehr präzise für Felder bis 1600 kA/m
- Messung ohne Entmagnetisierungsfaktor (geschlossenes System), daher präziser Verlauf der Entmagnetisierungskurve
- Messung findet quasistatisch statt → wirbelstromfrei

Nachteile:

- Lange Messdauer
- Magnete müssen flach sein oder Polschuhe müssen Magnetform aufnehmen
- Sättigung der Polschuhe beginnt bei $H = 1600$ kA/m.

Messung der Hystereseschleife mit einem Impulshysteresegraphen

Ein Impulshysteresegraph, oft auch Puls-Feld-Magnetometer (PFM) genannt, ist dadurch charakterisiert, dass der Magnet in einer Luftspule gepulst magnetisiert und entmagnetisiert wird.

Durch die Kürze des Magnetfeldpulses können weitaus höhere Feldstärken erzeugt werden, was bei Magneten mit hohen Koerzitivfeldstärken >1600 kA/m wichtig ist.

Die Pulsdauer beträgt einige Millisekunden. Sie ist ein Kompromiss aus minimaler Erwärmung der felderzeugenden Spule (kurzer Puls) und minimierten Einflüssen von Wirbelströmen in der zu messenden Probe (langer Puls). Der Umgang mit dem Einfluss der Wirbelströme wird im weiter unten beschrieben.

Eine wesentliche Herausforderung bei der Verwendung eines PFM liegt darin, dass die Messung der Hysterese im magnetisch offenen Kreis geschieht. Die Probe wird in Luft vermessen und nicht in einem Stahljoch, wie beim oben beschriebenen Hysteresegraphen. Dadurch sind die gemessenen Magnetisierungswerte abhängig von der Scherung der Probe im jeweiligen Arbeitspunkt. Die gemessene Hysteresekurve muss um ihre lokalen Arbeitspunkte kompensiert werden.

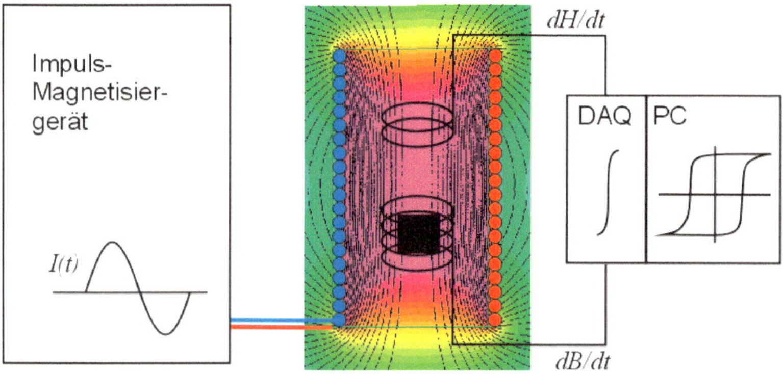

Abb. 45: Aufbau Impulshysteresegraph

Felderzeugung:
Zur Felderzeugung wird ein Magnetisiergerät mit einer axialen Feldspule genutzt. Während beim Joch-Hysteresegraphen ein Selten-Erd-Magnet vor der Messung voll aufmagnetisiert werden muss, ist hier zum Aufmagnetisieren ausreichend Feldstärke vorhanden. Bis zu 8000 kA/m sind gängig. Um einen Magneten charakterisieren zu können, muss zusätzlich zum magnetisierenden Feld ein ummagnetisierendes Feld angelegt werden, damit die magnetischen Eigenschaften im II. und III. Quadrant der Hysteresekurve beschrieben werden.

Die Umpolung kann durch einfaches Umschwingen des Schwingkreises (1) realisiert werden oder durch Umpolung der Spule (2).

1. Schwingkreis:
   Es muss darauf geachtet werden, dass das ummagnetisierende Feld ausreichend hoch ist, um den Magneten vollständig umzupolen. Daraus resultiert ein übermäßig hohes Feld für die Magnetisierung. Jedoch kann kontinuierlich gemessen werden und es entfällt der Aufwand für eine Umpolung der Anlage.
2. Umpolung:
   Nach der Magnetisierung durch einen positiven Feldimpuls werden die Kondensatoren negativ aufgeladen. Die zweite Entladung erfolgt entsprechend durch einen negativen Strom. Dieses Umschalten geschieht also als zeitlich getrennter Arbeitsschritt. Die Schwingung wird unterbrochen und damit verbunden die harmonischen Verläufe der Wirbelströme.

Treten beim Schwingkreis harmonische Einflüsse der Wirbelströme im Nulldurchgang der Feldstärke auf, so werden sie nun unterbrochen, was zu einer komplizierteren Bewertung der Scherung des Magneten führt. Vorteilhaft dagegen ist, dass durch die Nachladung der Kondensatoren die negative Halbwelle mit gleicher Amplitude wie die positive Halbwelle erzeugt wird.

Die Magnetisierspule muss ein möglichst homogenes Feld erzeugen, damit im Magnetvolumen gleiche Bedingungen herrschen. Ferner sollte der Puls höchstens eine Frequenz von 50 Hz aufweisen, damit Wirbelströme im Magneten minimal ausfallen. Die Feldstärke sollte für Selten-Erd-Magnete bei min. 6000 kA/m liegen, damit sie ummagnetisiert werden können.

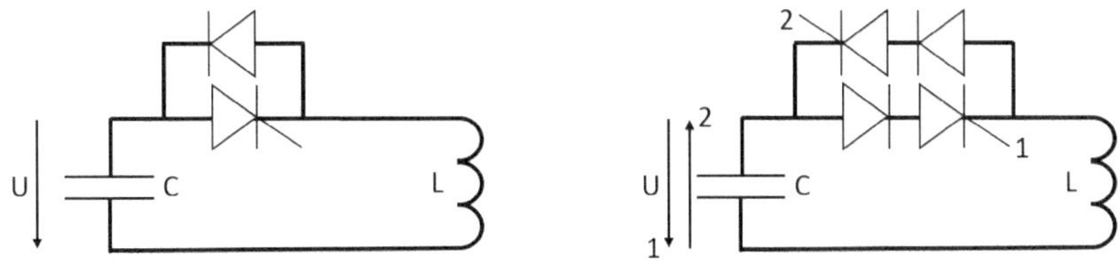

Abb. 46: Schaltungen für Impulsgeneratoren

Entmagnetisierung durch Eigenfeld – Demagnetisierungsfaktor:
Wie schon angesprochen, wird der Magnet im offenen Kreis gemessen und unterliegt damit der Scherung. Dementsprechend ist das angelegte Feld nicht äquivalent zur effektiven Feldstärke im Magneten, welche sich nun aus zwei Teilen zusammensetzt.

$$H_{eff} = H_{app} + H_{demag}$$

Dabei beschreibt der erste Feldanteil das angelegte „applied" Feld und der demagnetisierende Feldanteil wird durch eine Konstante N (Demagnetisierungsfaktor) und der Magnetisierung des Magneten beschrieben.

$$H_{demag} = -N \cdot M$$

Die Größe des Demagnetisierungsfaktors hängt von der Magnetgeometrie ab und kann aus dem Scherungswinkel bestimmt werden. In Kapitel 3.2.2

wurde bereists der Permeanz Koeffizient P_c beschrieben, welcher die Steigung B/H der Scherungsgeraden angibt.

Somit muss die gemessene Kurve $\mathcal{J}(H_{app})$ um die Scherung des Magneten korrigiert werden, was zur endgültigen Kurve $\mathcal{J}(H_{eff})$ führt.

Die vereinfachte Annahme eines konstanten Demagnetisierungsfaktors gilt formal nur für Bereiche, in denen sich der magnetische Widerstand des Materials nicht verändert. In Bereichen, wo eine Änderung auftritt (Neukurve, Kniepunkt) kann es zu Fehlern in der Kurvenform kommen. Auch die Dynamik der Messspulen und die Integrationsmethode hat einen starken Einfluss auf die Kurvenform während der Aufmagnetisierung und ab dem Kniepunkt. Die Steigung $\frac{dJ}{dH}$ in diesen Punkten ist so hoch, dass die Messspulen in der Lage sein müssen, die Polarisation ungedämpft zu erfassen. Als Integrationsmethode ist eine analoge Integration zu bevorzugen.

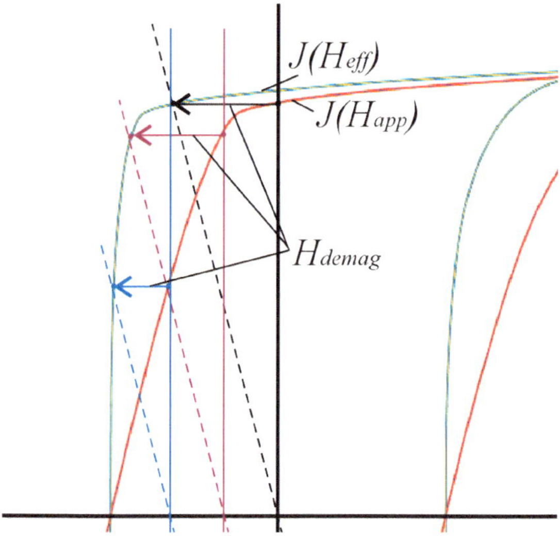

Abb. 47: Korrektur der Scherung

Wirbelströme:
Magnete sind elektrisch leitende Werkstoffe, setzt man diese einem zeitlich veränderlichen Feld aus, resultieren Wirbelströme. Diese Wirbelströme erzeugen wiederum ein zusätzlichen Polarisationsanteil, welcher mit gemessen wird.

$$J_{Mess} = J + J_{eddy}$$

Dabei ist der Wirbelstromanteil der Polarisation proportional zur zeitlichen Änderung der Flussdichte im Magneten multipliziert mit seiner Leitfähigkeit:

$$J_{eddy} \sim -\kappa_{Mag} \cdot \frac{dB_{Mag}}{dt}$$

Es liegt somit nah, die zeitliche Änderung der Flussdichte im Magneten möglichst gering zu halten, um den Einfluss der Wirbelstrompolarisation vernachlässigen zu können. So wird es auch in der Vornorm (IEC 62331:2003) empfohlen und z. B. von der Firma EMAJ (Electronic Materials Manufacturers Association of Japan) angewendet. Damit das gut funktioniert, sollte die Pulsfrequenz < 50 Hz und die Probe in ihrer Querschnittsfläche möglichst klein sein.

Kompensierende Methoden nutzen aus, dass die eigentliche Polarisation und die Wirbelstrompolarisation nicht miteinander gekoppelt sind. So lässt sich z. B. mit zwei Messungen bei unterschiedlicher Frequenz, die Polarisation auf den DC-Fall zurück extrapolieren (f/2f-Methode, J. Dudding, 2002). Oder man betrachtet die gemessene Kurve zu unterschiedlichen Zeiten $t_1 \& t_2$ an einem Punkt hoher Sättigung bei gleichem angelegtem Feld. Setzt man nun voraus, dass zu diesen beiden Zeitpunkten die Polarisation gleich sein muss, lässt sich die Wirbelstrompolarisation einfach ermitteln.

$$J_{eddy} = -\frac{J_{Mess,1}(t_1) - J_{Mess,2}(t_2)}{dH_{app,P1}(t_1) - dH_{app,P1}(t2)} \cdot dH_{app}$$

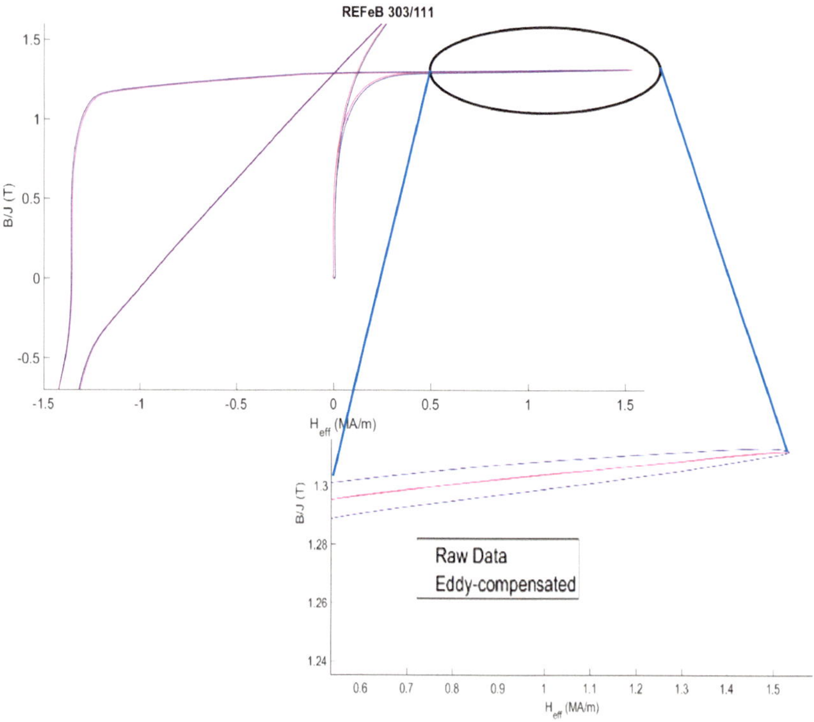

Abb. 48: Wirbelstromkorrektur

Vorteile des Impulshysteresegraphen:

- Theoretisch alle Magnetgrößen und Formen messbar
- Keine Vormagnetisierung nötig
- Auch Magnete mit hoher Koerzitivfeldstärke können vermessen werden
- Hohe Messgeschwindigkeiten können realisiert werden
- Der Impulshysteresegraph kann automatisiert in Fertigungslinie integriert werden.

Nachteile:

- Die Kurvenform wird nicht realgetreu gemessen und muss ggf. mit komplexen Methoden korrigiert werden.
- Die Probe muss in ihrer Geometrie genau bekannt sein, um mit analytischen Näherungsmethoden oder einer Simulation den Demagnetisierungsfaktor bestimmen zu können.
- Hohe Energien des Magnetisiergerätes zur Auf- und Ummagnetisierung nötig
- Es ist eine integrierende Messmethode, bei der die Probe die Messspulen nicht verlässt. Daher sollte die Integrationskonstante (Vormagnetisierung) bekannt sein oder der Magnet muss immer aus einem thermisch entmagnetisierten Zustand vermessen werden.

6 Magnetisiertechnologie

Sebastian Wältring

6.1 Sättigungsverhalten verschiedener Magnete

6.1.1 Sättigungskurve

Zur Magnetisierung von Permanentmagneten werden Feldstärken benötigt, die weitaus höher sind als die in normalen Magnetanwendungen üblichen Feldstärken. Der Magnet muss in Sättigung gebracht werden.

Die Sättigung ist dadurch gekennzeichnet, dass es bei weiter steigender Magnetisierfeldstärke zu keiner weiter steigenden Magnetisierung kommt.

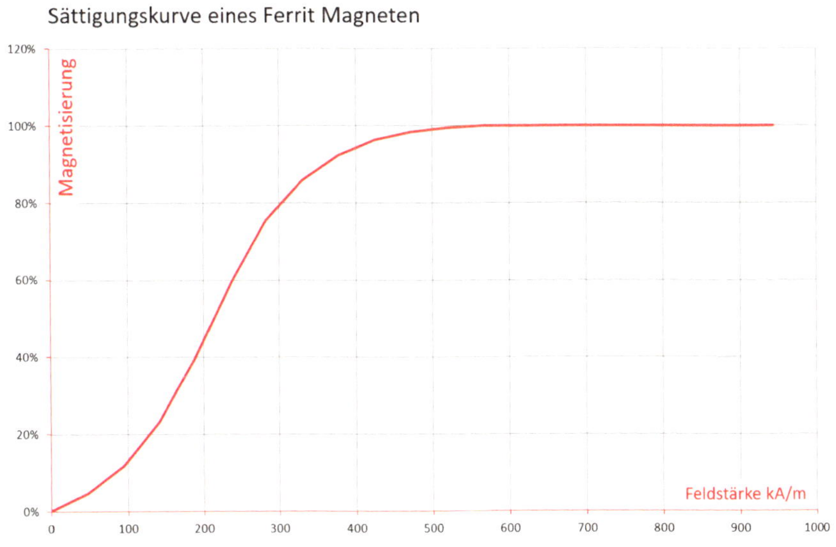

Abb. 49: Sättigungskurve eines Ferritmagneten

Ein unmagnetisierter Magnet enthält Domänen „Weiss-Bezirke“, welche in sich voll aufmagnetisierte Teilbereiche darstellen. Sie sind durch Bloch-Wände voneinander getrennt. Makroskopisch ergeben sie eine Gesamtmagnetisierung von null.

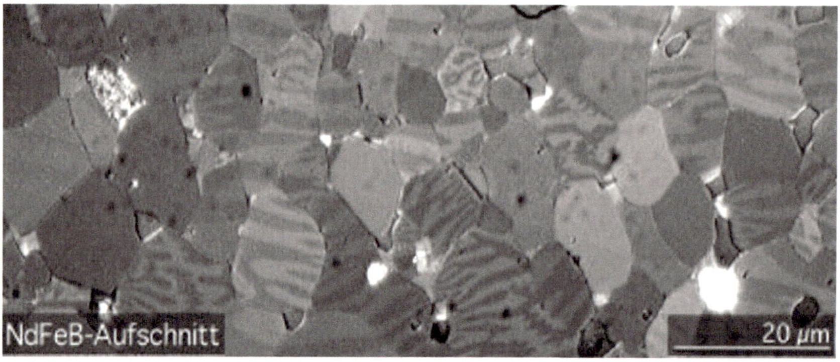

Abb. 50: Körner eines NdFeB-Magneten mit sichtbaren Domänen (Gorchy, 2005)

Mit Hilfe eines magnetooptischen Systems können diese Domänen sichtbar gemacht werden. Die Domänen des anisotropen Magneten bilden ein Gleichgewicht über das Kristallgefüge. Die beiden Bereiche sind entgegengesetzt magnetisiert. Sie haben die gleiche Fläche, sodass von außen keine Magnetisierung festgestellt wird.

Bei der Magnetisierung werden zunächst die Domänenwände zugunsten der Richtung des Magnetisierfeldes verschoben.

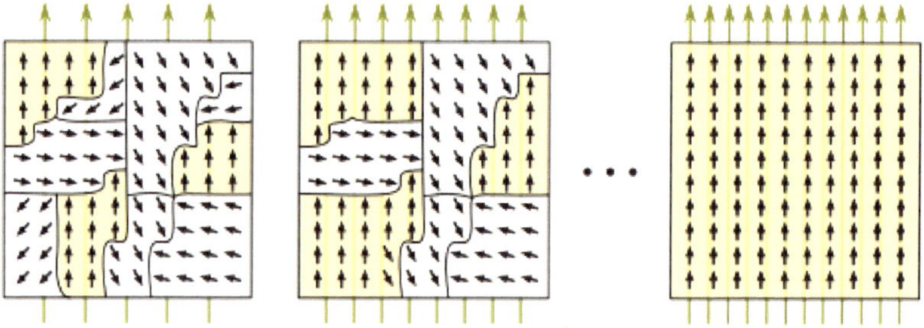

Abb. 51: Vergrößerung der Domänen mit zunehmender Feldstärke (MikeRun, 2020)

Dieser Vorgang geht vor der Sättigung in eine Verdrehung der Magnetisiervektoren in die Richtung des Magnetisierfeldes über. Aufgrund der Austauschwechselwirkung verbleiben die Magnetisiervektoren in dieser Position, auch wenn das äußere Feld wieder weggenommen wird. Dadurch entsteht eine dauerhafte Magnetisierung, die nun auch nach außen wirksam ist.

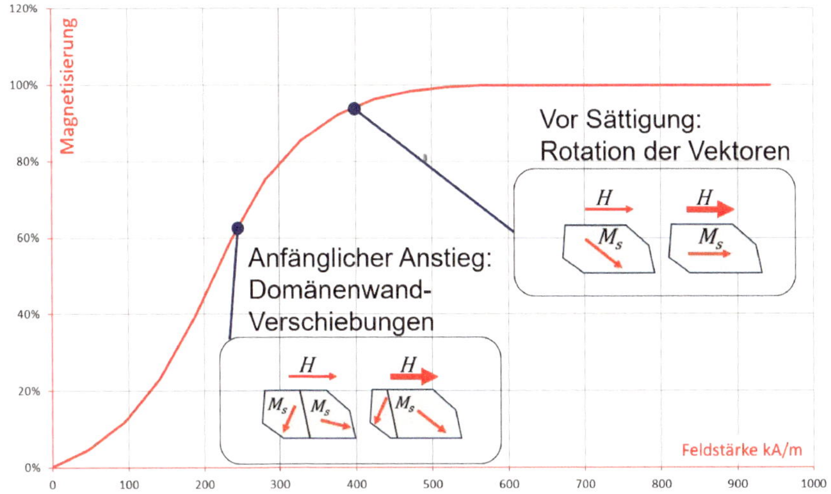

Abb. 52: Magnetisierungsprozess eines Pinning-dominierten Magneten

6.1.2 Nukleation / Pinning

Betrachtet man die Hystereseschleife eines Magneten, stellt man fest, dass ein thermisch entmagnetisierter Magnet während der Aufmagnetisierung eine zur restlichen Hysteresekurve verschiedene Neukurve durchfährt.

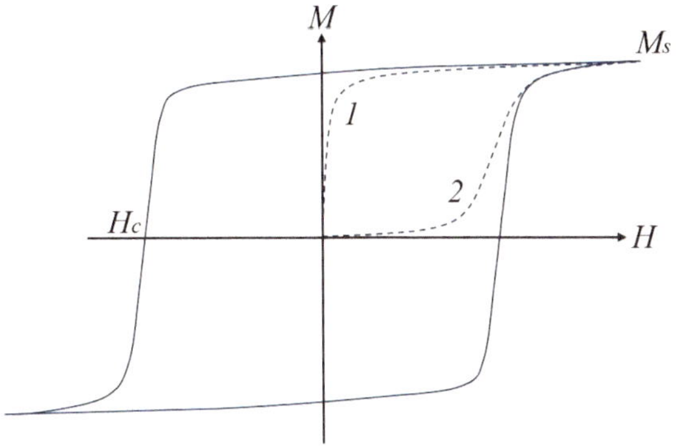

Abb. 53: Neukurve bei Nukleations- (1) bzw. Pinning- (2) Magneten

Hier unterscheidet man zwei unterschiedliche Mechanismen.

Pinning-dominierte Magnete zu denen u. a. Ferrite und Sm2Co17 gehören benötigen relativ hohe Feldstärken zur Aufmagnetisierung. Der Grund dafür ist, dass durch Störungen im Kristallgitter die Domänenwände an bestimmten Positionen festgehalten werden (Pinning). Um die Domänenwände über diese Störstellen hinweg zu bewegen, wird eine sehr hohe Feldstärke benötigt.

Bei Nukleations-dominierten Magneten wird die Verschiebung der Domänen durch Keimbildungsprozesse begünstigt. Sie werden daher Keimbildungs- oder Nukleationsmagnete genannt. Hierzu gehören gesinterte Nd2Fe14B-Magnete und auch der SmCo5-Magnet. Diese Magnete haben den Vorteil, dass sie mit einer geringeren Feldstärke aufmagnetisiert werden können, als sie bezogen auf ihre Koerzitivfeldstärke (Hc) benötigen würden. (Przybylski M., 2016)

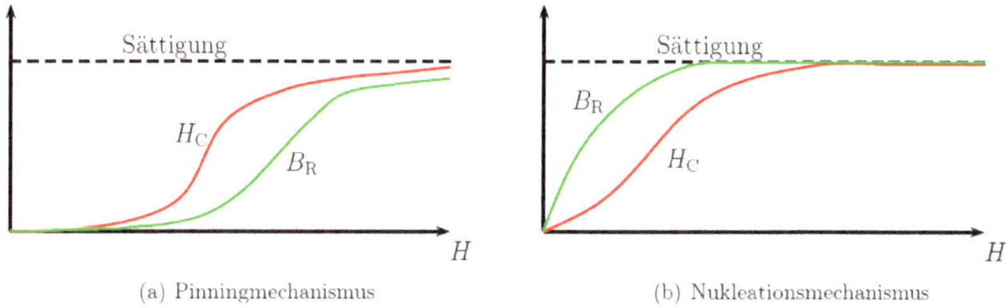

Abb. 54: Verhalten der Koerzitivfeldstärke und der Remanenz während der Aufmagnetisierung

Bei diesen Magneten ist zu beachten, dass sie ausschließlich nach thermischer Entmagnetisierung die Neukurve durchlaufen und somit schnell die Sättigung erreichen. Sind sie einmal magnetisiert oder teilweise magnetisiert, ist die Koerzitivfeldstärke ausschlaggebend für die Ummagnetisierung.

Bei der Verwendung von Nukleationsmagneten wie Nd2Fe14B ist daher unbedingt darauf zu achten, dass die neuen Magnete vor dem Magnetisieren keinem Magnetfeld ausgesetzt sind, da sie sonst ggf. eine höhere Sättigungsfeldstärke aufweisen als evtl. im Fertigungsprozess für die Magnetisierung vorgesehen.

6.1.3 Magnetsorten

Aufgrund Ihrer chemischen Zusammensetzung werden vorwiegend die folgenden Gruppen von Permanentmagneten eingesetzt:

AlNiCo	Aluminium-Nickel-Kobalt	Seit 1940
Hartferrite	Strontiumferrit, Bariumferrit	Seit 1950
SmCo	Samarium-Kobalt	Seit 1968
NdFeB	Neodym-Eisen-Kobalt	Seit 1983

Keimbildung (Nukleation) tritt bei den folgenden Magneten auf:

Werkstoff	Sättigungsfeldstärke	Ummagnetisierungsfeldstärke
Nd2Fe14B	~1400–2200 kA/m	~2*H_{cJ} (2000–5000 kA/m)
Sm1Co5	~1600–2000 kA/m	~2*H_{cJ} (5000–8000 kA/m)

Pinningdominiert sind die folgenden Sorten:

AlNiCo	~250 kA/m
Hartferrite	~800–1000 kA/m
Sm2Co17	~3500–5000 kA/m

Ferner gibt es nanokristalline (HDDR) NdFeB-Sorten, die sich aufgrund der geringen Korngröße ähnlich Pinningmagneten verhalten. Diese haben eine Sättigungsfeldstärke von 2500 kA/m – 3500 kA/m.

6.2 Magnetisierung in der Prozesskette:

Nach dem Gießen, Sintern, Spritzgießen oder Pressen sind die Magnete zunächst nicht magnetisiert. Sie müssen durch Anlegen eines äußeren Feldes in Sättigung aufmagnetisiert werden.

Dies kann geschehen:

- Nach der Montage
- Kurz vor der Montage
- Beim Magnethersteller

Je nach Magnetbaugruppe, Fertigungsprozess und Lieferkette wird der Ort der Magnetisierung ausgewählt.

Magnetisieren nach der Montage:
Zumeist werden zur Herstellung eines Magnetsystems (Rotor, Lautsprecher, etc.) die Magnete unmagnetisiert verbaut. Gründe, die dafürsprechen, sind u. a.:

- Einfacherer Transport der Magnete vom Lieferanten zum Montagesystem
- Leichtere Montage der Bauteile und Magnete
- Magnetisierungsverluste aufgrund hoher Temperaturen bei der Montage
  (z. B. durch Umspritzen) werden egalisiert
- Manche Systeme lassen sich nur in zusammengebautem System stabil magnetisieren – z. B. AlNiCo-Systeme
- Geringere Verletzungsgefahr

Magnetisieren vor der Montage:
Ob direkt die Magnetisierung vor der Montage oder insbesondere bereits beim Hersteller stattfindet – magnetisierte Magnete sind schwierig handzuhaben. In einigen Fällen lässt sich das nicht vermeiden, wie z. B.:

- Einzelmagnete in zusammengebautem System nicht mehr gezielt magnetisierbar (z. B. Speichenförmig in Stahlbleche eingeschobene Magnete)
- Kosten für die Investition einer Magnetisiereinrichtung
- Fehlende Erfahrung/Erprobung des den Magnetisierprozesses

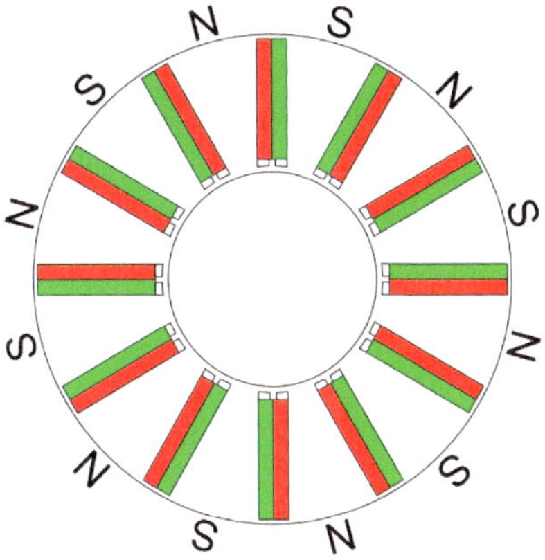

Abb. 55: Rotor mit Speichenmagneten

Nachteile bei der Handhabung magnetisierter Magnete

Transport magnetisierter Magnete:
Der Transport magnetisierter Magnete ist auf Land und Schiff möglich. Die Transportverpackung muss ausreichend Abstand zu den Magneten und ggf. eine Schirmung bereitstellen.

Für den Transport per Luftfracht wird durch die *IATA 953* eine sehr scharfe Anforderung an die Verpackung gestellt:

Werden Magnete per Luftfracht transportiert, so sind sie anzeige- und kennzeichnungspflichtig, wenn eine Kompassnadel in einem Abstand von 2,1 m zum Packstück um mehr als 2° verdreht werden. Das entspricht einer Flussdichte von 0,525 µT (ca, 1,2 % des Erdmagnetfeldes). Wird die gleiche Schwelle von 0,525 µT erst bei 2,1m Entfernung überschritten, so ist das Paket genehmigungspflichtig.

Generelle Verpackungshinweise:

- Magnete mit invertierten Polen nebeneinander sortieren
- Kurzschlussplatten über- und unter die Magnetpole heften
- Möglichst großer Abstand zur Kartonwand
- Kartonage mit Abschirmblechen auskleiden

Quetschgefahr:
Magnetisierte Magnete müssen zunächst vereinzelt und dann im Magnetsystem platziert werden. Dabei entsteht die Gefahr der Zerstörung der Magnete durch zusammenspringende Bauteile. Ferner birgt die Handhabung

der Magnete eine Quetschgefahr für Extremitäten wie Hautfalten, Finger oder Arme des Monteurs: Beispielsweise haftet ein Zylindermagnet (N40) Ø 50 mm x 25 mm mit ca. 1000 N (100 kg) auf einer Stahlplatte. Bei Zunahme des Luftspaltes nimmt die Kraft schnell ab, jedoch kann es zu schweren Hautquetschungen führen. Noch größere Magnete können zu Brüchen an Fingern führen.

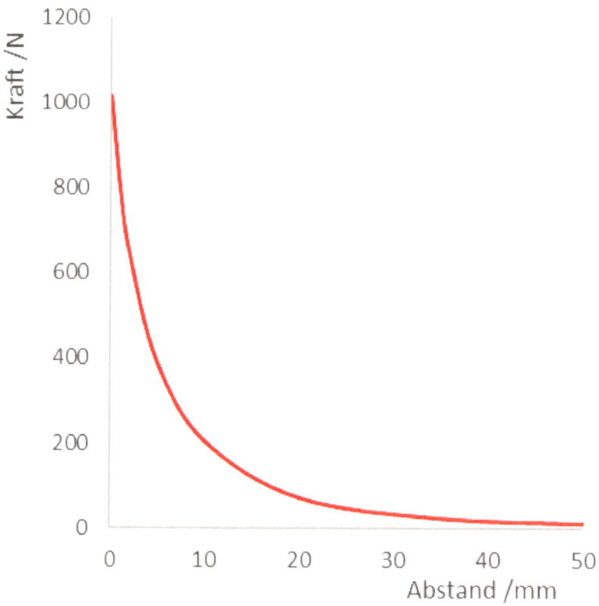

Abb. 56: Haftkraft Zylindermagnet Ø 50 mm x 25 mm auf Stahlplatte

Magnetschädigung

Ein magnetisierter Magnet lässt sich nicht immer schadenfrei über Stahlbauteile schieben. Das betrifft z. B. das Einschieben von Magneten in Taschen von Blechpaketen. Je nach Beschichtung, Rauheit und Kraft kann es zu Beschädigung der Schutzbeschichtung kommen.

Beim Aufsetzen benachbarter Magnete gleicher Polarität treten abstoßende Kräfte auf, welche durch komplizierte Haltemechanismen überwunden werden müssen. Ein Handhabungsfehler führt schnell zu Brüchen im Magnet.

Ferner ist zu bedenken, dass magnetisierte Magnete Eisenstaub aus der Umgebung anziehen, was zu einer Verunreinigung der Magnetsysteme führen kann. Rotoren werden daher im besten Fall direkt vor dem Einschieben in den Stator magnetisiert.

Entmagnetisierung
Besonders AlNiCo-Magnetsysteme sind nur im zusammengebauten Zustand stabil. Wird der gesättigte Magnet aus dem System gezogen, entmagnetisiert er sich durch sein eigenes Feld.

6.3 Magnetisiergeräte

Zur Erzeugung der Sättigungsfeldstärke werden verschiedene Möglichkeiten genutzt:

6.3.1 Permanentmagnet-Magnetisierjoch

Mittels Flusskonzentration in einem Stahljoch kann ein Magnetfeldstärke in einem dünnen Luftspalt von bis zu 1800 kA/m allein durch Permanentmagnete erzeugt werden.

Diese Möglichkeit wird aufgrund der nicht gegebenen Abschaltbarkeit selten genutzt. Das Joch sammelt Stahl- und Magnetpartikel, die nicht mehr gereinigt werden können.

Umliegende Metallteile werden angezogen.

- Ermöglicht die Magnetisierung ohne Wirbelströme
- Maximale Feldstärke 1600–1800 kA/m
- Großer Platzbedarf im Montagebereich

6.3.2 DC-Elektromagnetisierjoch:

- Ermöglicht die Magnetisierung ohne Wirbelströme
- Die Stromquelle kann abgeschaltet werden und das Joch von Eisenstaub gesäubert werden.
- Maximale Feldstärke ~2200 kA/m
- Großer Platzbedarf im Montagebereich

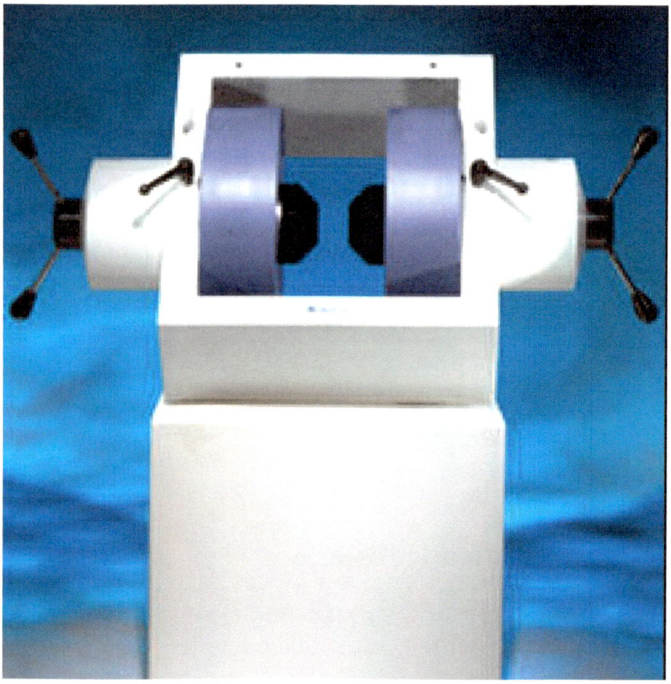

Abb. 57: DC-Magnetisierjoch Quelle: Lake Shore Cryotronics, Inc.

6.3.3 Impulsmagnetisiergeräte

Impulsmagnetisiergeräte sind die am häufigsten verwendeten Magnetisiergeräte. Dabei handelt es sich um Kondensatorbatterien, welche mit hoher Spannung aufgeladen werden und über eine Magnetisierspule entladen werden. Dabei wird ein hoher und kurzer Pulsstrom erzeugt, der wiederum ein hohes Magnetfeld erzeugt, ohne die Spule übermäßig zu erhitzen. Die Magnetisierspulen können bis an ihre mechanische Belastungsgrenze bestromt werden. Die folgenden Vorteile bieten Impulsmagnetisiersysteme:

- Sie ermöglichen im industriellen Einsatz magnetische Feldstärken von bis zu 8000 kA/m und in Forschungseinrichtungen weit darüber hinaus.
- Der Bauraumbedarf für die Spule im Montagebereich fällt klein aus.
- Mehrpolige Anordnungen können realisiert werden.

Abb. 58: Impulsmagnetisiergerät mit axialer Magnetisierspule und Wasserkühlgerät

Ein Impulsmagnetisiersystem besteht aus drei Komponenten:

1. Impulsgenerator
2. Magnetisierspule
3. Kühlgerät

Das System kann durch unterschiedliche Messgeräte ergänzt werden.

Aus Platzgründen wird der Generator zumeist neben der Produktionslinie positioniert. Hochstromkabel leiten den Magnetisierstrom zu der Spule. Diese ist direkt in der Linie platziert und wird manuell oder automatisiert beladen. Das Magnetisiergerät besteht aus der Leistungselektronik mit Niederspannungs- und Hochspannungsteil sowie der Steuerung mit dem Sicherheitskreis.

Hier das Blockschaltbild eines Impulsmagnetisierers der Firma M-Pulse:

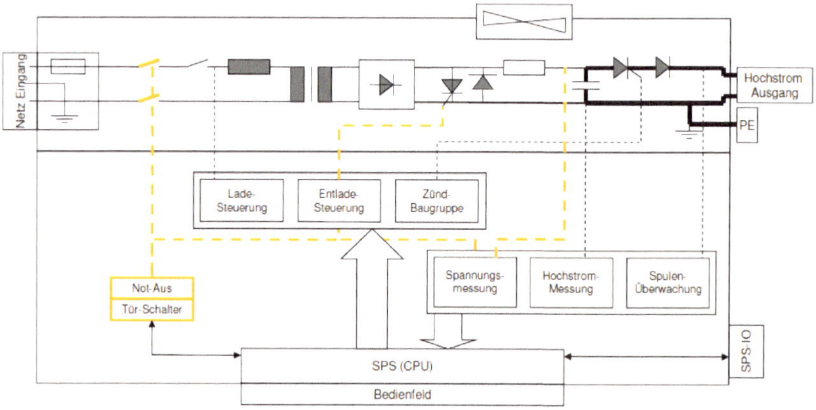

Abb. 59: Blockschaltbild Impulsmagnetisiergerät

Impulsmagnetisiergeräte können je nach Induktivität der Spule Magnetisierströme von bis zu 50000 A oder höher schalten. Am häufigsten sind Stromstärken zwischen 1000 A und 30000 A. Höhere Ströme sind begrenzt durch die Eigeninduktivität von Generator und Zuleitungen.

6.3.4 Grundschaltungen eins Impulsmagnetisiergerätes

Um die Erwärmung in der Magnetisierspule zu minimieren, ist es das Ziel, den Magnetisierimpuls so kurz wie möglich zu gestalten. Dem gegenüber steht die Leitfähigkeit des Magnetsystems, welche bei zu schnellem Feldanstieg Wirbelströme ausbildet und dadurch das Feld abschirmt. Daher muss bei der Auslegung des Systems die Pulsdauer genau bedacht werden. Der elektromagnetische Schwingkreis wird in unterschiedlichen Beschaltungen genutzt:

Erzeugung einer Sinushalbwelle:

Abb. 60: Schaltbild Sinushalbwelle

Hier blockiert die Diode das Rückschwingen. Dadurch wird die Magnetisierung in nur eine Richtung ermöglicht.

Diese Beschaltung ermöglicht die kürzeste Pulsdauer. Sie ist geeignet, Spulen mit sehr hoher Stromdichte im Leiter zu betreiben, da die Stromdauer nur sehr kurz ist.

Typisch sind Pulsdauern zwischen 50 µs und 5 ms.

Nutzung:

- Scharfe Polübergänge (z. B. hochpolige Rotoren)
- Kunststoffgebundene Magnete (keine Leitfähigkeit)
- Rotoren mit geblechten Kernen (Wirbelströme werden verhindert)

Beschaltung mit Freilaufdiode:

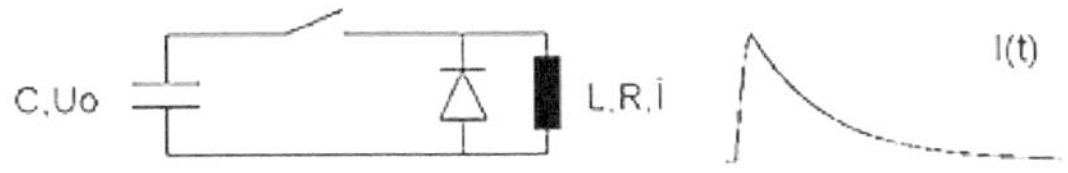

Abb. 61: Schaltbild mit Freilaufdiode (aperiodisch, e-Puls)

Diese Pulsform wird auch „aperiodisch" oder „e-Puls" bezeichnet.

Die Freilaufdiode verhindert das Umschwingen der Spannung an den Kondensatoren. Der Strom wird in die Spule eingeprägt, bis die Kondensatoren entladen sind. Zu diesem Zeitpunkt ist der Strom maximal und läuft von da an durch die Freilaufdiode.

Der Widerstand von Spule, Diode und Zuleitung dämpft den Strom, sodass er exponentiell ausklingt. Dieser sanfte Stromauslauf dient in einigen Fällen der Vermeidung von geometriebedingten entmagnetisierenden Wirbelströmen.

Ferner steht das Feld bei einem geringem Spulenwiderstand länger an, wodurch abschirmende Wirbelströme bei Baugruppen mit leitenden Werkstoffen sich weiter abbauen und mehr Feld zum Magneten dringt.

Ein dritter wichtiger Vorteil ist der Preis für die Kondensatoren. Da diese Kondensatoren nicht umschwingen müssen, ist deren Preis ca. 50 % günstiger gegenüber der Sinushalbwelle. Das macht sich vor Allem bei Geräten > 10 kJ bemerkbar.

Gedämpfte Sinusschwingung zur Entmagnetisierung (Demag):

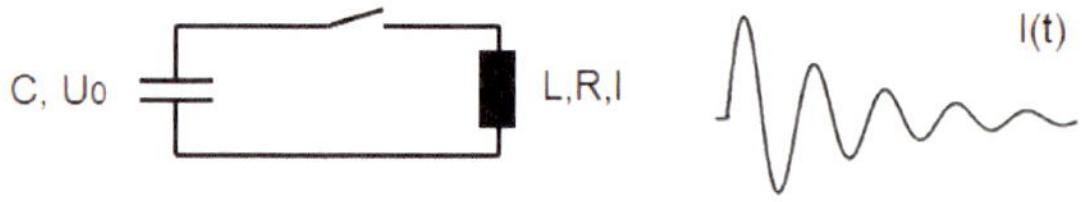

Abb. 62: Schaltbild Entmagnetisierung

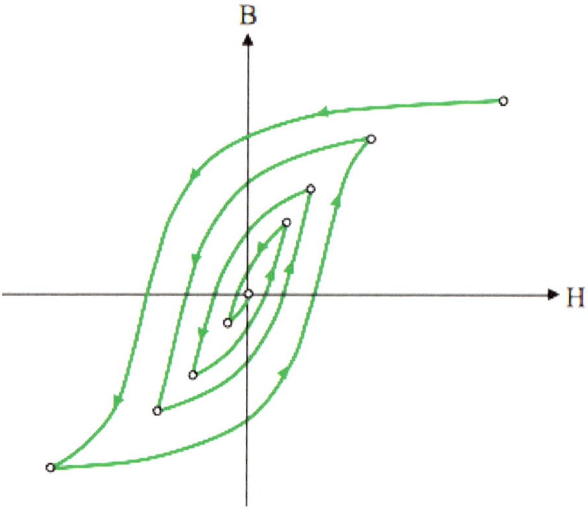

Abb. 63: Verlauf der Magnetisierung bei Applikation einer gedämpften Schwingung des H-Feldes

Wenn keine Diode angeschlossen ist, kann der Schwingkries frei schwingen. Es entsteht eine gedämpfte Schwingung.

Mit einer derartigen Beschaltung variiert das Magnetisierfeld ständig seine Polarität mit abnehmender Amplitude.

Der Magnet durchläuft die Hystereseschleife zunächst außen, dann immer weiter in inneren Teilzyklen, bis er nahe dem Nullpunkt endet.

6.3.5 Konfigurationsmöglichkeiten der Impulsmagnetisiergeräte:

Ein Impulsmagnetisiergerät kann in vielen Dimensionen variabel konfiguriert werden. Da es Teil eines RLC-Schwingkreises mit der Spule ist, sollten Kapazität und Spannung an die jeweilige Spule angepasst werden, um einen möglichst hohen Strom zu erzielen. Um die Wärmeentwicklung zu minimieren, ist es zu erstreben, den Stromimpuls möglichst kurz zu trimmen. Bei Magnetsystemen mit elektrisch leitenden Bauteilen ist es dagegen aber oft nötig, dass zuerst Wirbelströme abgebaut werden. Dann wird eine längere Pulsform gewählt.

Kapazität:
Die Kapazität kann in verschiedene Schaltstufen zusammengefasst werden. Dabei bietet sich an, die Einzelkapazitäten exponentiell zu staffeln. Z. B. 1 mF, 2 mF, 4 mF sodass eine möglichst feine Abstimmung mit geringstmöglichem Aufwand erzielt wird.

Ladespannung:
Die maximale Ladespannung wird im Vorfeld festgelegt. In der Regel werden 1000 V bis 4000 V verwendet. Hierbei werden Metall-Papier bzw. Metall-Folien Kondensatoren verwendet. Selten werden auch Elektrolytkondensatoren verwendet, welche die Spannung auf 500 V begrenzen. Diese sind kompakt, jedoch zusammengefasst zu einer großen Gesamtkapazität nicht völlig ungefährlich. Elektrolytkondensatoren altern und müssen entsprechend überwacht und ggf. ausgetauscht werden. Bis zur maximalen Geräte-Spannung lässt sich die Ladespannung variabel vorwählen. Dadurch wird auf einfachste Weise der Strom eingestellt.

Anschlüsse für Magnetisierspulen:
An eine Kondensatorbatterie können mehrere Hochstromschalter angeschlossen werden, die alternativ betrieben werden. An jeden Schalter lässt sich eine eigene Spule fest anschließen. Somit lassen sich bei hoher Typenvielfalt aber kleineren Produktionslosen Rüstkosten und Investitionskosten einsparen.

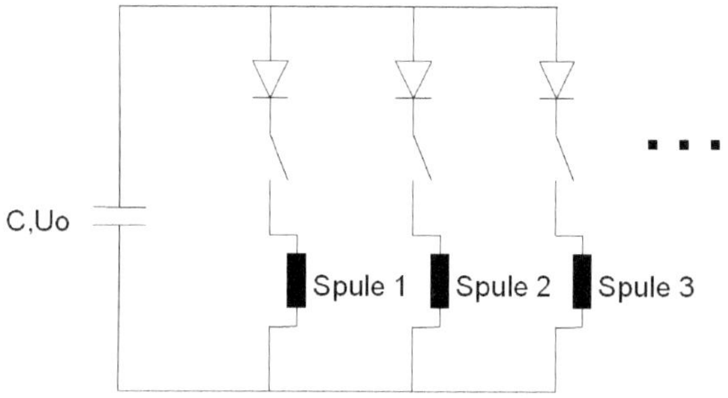

Abb. 64: mehrere Spulenanschlüsse an einem Gerät

Pulsform:
Die oben beschriebenen Grundschaltungen Sinushalbwelle, aperiodisch bzw. Demag lassen sich fest eingestellt oder auch elektronisch schaltbar realisieren.

Baugrößen von Magnetisiergeräten:
Magnete werden in verschiedensten Dimensionen verbaut. Für Mikromotoren haben Magnete mikroskopische Abmaße. Für Wind- oder Wasserkraftanlagen haben die Rotoren teilweise über 10 m Durchmesser.

Die physikalischen Verhältnisse in Magnetsystemen sind skalierbar. Magnetisiergeräte theoretisch auch. Praktisch gibt es allerdings einige Grenzen. Für die Schaltung von Ladespannungen größer 4000 V müssen Halbleiter seriell verschaltet werden, da diese am Markt nicht als Einzelelemente verfügbar sind. Das treibt den Preis deutlich nach oben. Der Preis für Kondensatoren und Magnetisierspulen ist für große Dimensionen sehr hoch. Häufig ist es günstig, den Prozess in mehrere Schritte aufzuteilen. Die Kosten für eine große Spule und eine große Kapazität werden gespart und ggf. in ein günstigeres Handling zum Verfahren der Teil-Spule um den Rotor investiert.

6.4 Elektrische Magnetisierspulen

Wie in Kap. 4.3.3 beschrieben, liefert das Impulsmagnetisiergerät kurze und hohe Stromimpulse, durch welche hohe Feldstärken und hohe Feldgradienten in den Magnetisierspulen ermöglicht werden.

Die Randbedingungen für die Auslegung einer Magnetisierspule sind in der Regel:

1. Magnetfeldgeometrie:
Die Spule muss ein Magnetfeld erzeugen, welches die in sie eingelegten magnetischen Baugruppen so vollständig wie möglich sättigt. Verschiedene Leiteranordnungen ermöglichen verschiedene Magnetisierungsarten.
2. Pulsverlauf/Wirbelströme:
Je nach Magnetsorte und Magnetsystem entstehen Wirbelströme während der Magnetisierung, welche ggf. die Magnete abschirmen. Zusätzlich erzeugen die Wirbelströme magnetische Kräfte, die das Werkstück ggf. sehr stark beschleunigen können.
3. Magnetische Kräfte:
Die in der Magnetisierspule erzeugten Magnetfelder wechselwirken mit den Strömen in den Spulenleitern. Sie erzeugen Lorentzkräfte. Damit sehr großen Feldern und Strömen gearbeitet wird, gehen die Kräfte schnell in den Bereich mehrerer kN.
Die Kräfte erhöhen sich mit dem Quadrat der Feldstärke. Somit sind die Kräfte in Magnetisierspulen für NdFeB-Magnete ca. 8-fach höher als für Ferrit-Spulen. In SmCo-Spulen sind die Kräfte folglich ca. 20-fach höher als für Ferrit-Spulen.
4. Thermische Belastung:
Bei jedem Stromimpuls wird eine hohe Energiemenge in die Leiter der Spule eingebracht. Nehmen wir eine aperiodische Beschaltung der Spule, so wird annähernd die gesamte Kondensatorladung in der Spule in Wärme umgesetzt. Aufgrund der Wärmeausdehnung führt das zu mechanischen Spannungen, die sich in jedem Puls auf- und abbauen. Bei falscher Auslegung führt das schnell zu Ermüdungsbrüchen. Neben dieser Pulsbelastung ist der gemittelte Wärmestrom zu bedenken, welcher sich durch die Zykluszeit von einem Puls zum nächsten ergibt. Dieser ist Grundlage für die Auslegung der Kühlung mittels Konvektion, Gebläse oder Wasser.
5. Handling/Zuführung
Natürlich muss der Magnet/das Werkstück in die Spule eingebracht werden können. Gerade bei Magneten für Sensoranwendungen kommt es auf Präzision an.

6.4.1 Axialspulen

Eine Magnetisierspule ist im einfachsten Fall eine axial gewickelte Spule: Dabei wird ein Leiter zylindrisch um die Spulenachse gewickelt. Im Zentrum der Spule ist das Magnetfeld annähernd homogen.

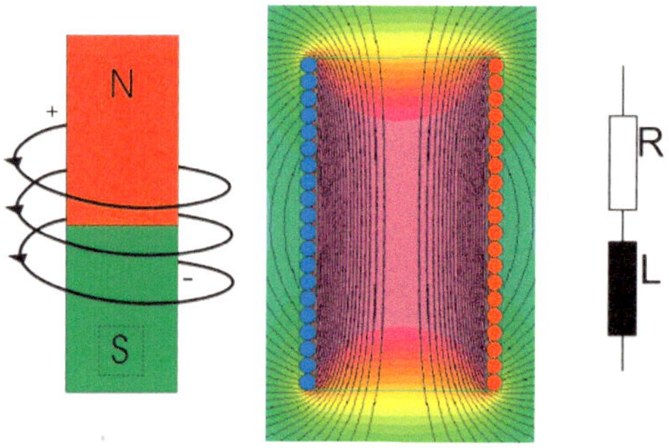

Abb. 65: Feld einer axialen Magnetisierspule

Magnetkräfte wirken radial nach außen. Eine runde Spule verteilt diese Kraft homogen über den Wickel. Dabei ist auf die maximale Zugbelastung im Kupfer zu achten.

Bei einer eckigen Spule drücken große Kräfte die Spulenseiten auseinander. Dadurch kann es leicht zu Rissen in den Ecken der Leiter kommen.

Axialspulen finden Anwendung z. B. für folgende Bereiche:

- Magnetisierung einzelner Magnetblöcke
- Lautsprecher
- Z. T. Haftmagnete
- Magnetisierung im Labor
- Klauenpolläufer

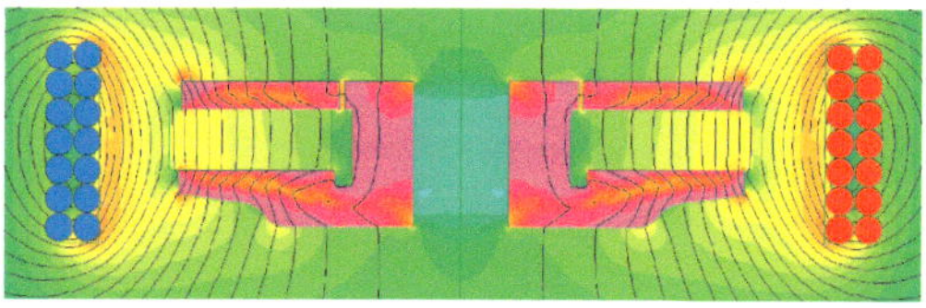

Abb. 66: Feldlinien und Flussdichteverlauf während der Magnetisierung eines Ferrit-Lautsprecher-Systems

Abb. 67: Wassergekühlte Axialspule für Lautsprecher

Abb. 68: Luftgekühlte Axialspule aus Cu-Blechen aufgeschichtet

6.4.2 Radiale Magnetisierung

Für einige Anwendungen werden Ringmagnete mit radialer Orientierung verwendet, bei denen ein Pol innen und der andere außen liegt.

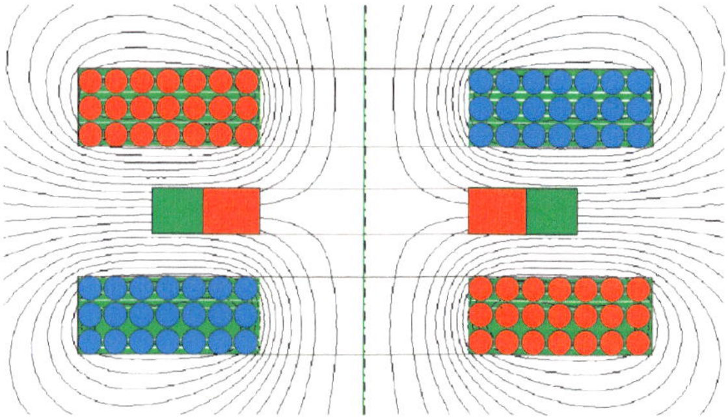

Abb. 69: Anordnung einer radialen Magnetisierspule

Zum Aufmagnetisieren werden zwei Axialspulen übereinandergelegt, die gegenpolig bestromt werden. Die Feldlinien verlaufen dann radial zwischen den Spulen von innen nach außen. Zu beachten ist die große Kraft, mit welcher sich die beiden Spulenhälften abstoßen.

Der Magnetring ist im günstigsten Fall flach, damit er im starken Feld zwischen den beiden Spulen platziert werden kann. Ist er eher ein langes Rohr, so lässt dich das Feld zwischen den Spulen nicht ausreichend stark ausbilden, da die Spulen einen zu großen Abstand zur Magnetmitte haben.

6.4.3 Mehrpolige radiale Spulen für permanentmagnet-erregte Innenläufer

Die häufigste Variante einer Magnetisierspule ist die radiale mehrpolige Spule für Innenläufer-Rotoren.

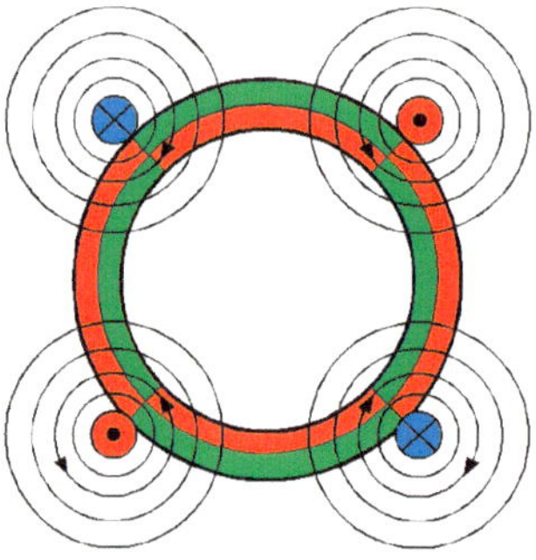

Abb. 70: 4-polige radiale Magnetisierspule

Die Magnetisierspule ist zum Rotor ähnlich einem gleichpoligen Stator aufgebaut. Die Leiter verlaufen entlang der Pol-Übergänge des Rotors. Bei der Betrachtung der Geometrie erkennt man schnell, dass Spule und Rotor genau zueinander passen müssen.

Ein Permanentmagnet-erregter Rotoren benötigen eine spezifische Magnetisierspulen bei jeder Änderung von:

- Polzahl
- Durchmesser
- Ggf. Schrägungswinkel

Lediglich eine Varianz in der Rotorlänge kann bei ungeschrägten Rotoren auch mit einer einzigen Spule abgedeckt werden.

Die meisten Geometrien lassen sich mit einer Magnetisierspule im zusammengebauten Zustand magnetisieren. Es gibt jedoch einige Aspekte, welche physikalische Begrenzungen darstellen:

- Leiterquerschnitt:
  Sollen scharfe Polübergänge gezeichnet werden, müssen die Magnetisierleiter so dicht wie möglich an die Magnete herangeführt werden. Dabei muss der Leiterquerschnitt minimiert werden. Aufgrund der Erwärmung während des Pulses muss der Querschnitt eine minimale Größe aufweisen, die mit zunehmender Feldstärke stark zunimmt.
- Lage der Magnete:
  Aufgrund der dünnen Leiter werden hohe Feldgradienten erzeugt. Das hat zur Folge, dass nah an den Leitern ein hohes Feld entsteht, dieses sich aber schnell zur Rotor-Mitte hin abschwächt. Sind die Magnete tief unter der Rotor-Oberfläche vergraben, so sind die tiefsten Stellen ggf. nicht mehr mit ausreichendem Feld erreichbar. Generell nimmt dieses Problem mit steigender Polzahl zu.
- Rotorvolumen:
  Bei Rotoren für Motoren größer 250 kW muss untersucht werden, wie wirtschaftlich die Herstellung einer Magnetisierspule für den Gesamtrotor ist, da die benötigte Energie des Impulsmagnetisiergerätes enorm hoch wird. Ggf. muss daher entweder vor der Montage magnetisiert werden, oder der Rotor in Segmenten aufmagnetisiert werden.
- Ausrichtung der Feldlinien im Verhältnis zur Vorzugsrichtung bei anisotropen Magneten:

In den Zentren der Pole verlaufen die Feldlinien genau radial. An den Polübergängen verlaufen sie tangential. Die Tangentiale Ausrichtung ist bei Verwendung von anisotropen (vorzugsgerichteten) Magneten problematisch, da keine Magnetisierung resultiert.

Spulendurchmesser: 45 mm
Max. Rotorlänge: 60 mm
Magnetmaterial: NdFeB gesintert
Nennstrom: 13000 A
Zykluszeit: 12 Sekunden

Abb. 71: Aufbau einer 8-poligen Spule mit Luftkühlung

6.4.4 Mehrpolige radiale Rotorenspulen für Außenläufer

Physikalisch wird die Spule für Außenläufer gleich aufgebaut, wie für Innenläufer. In diesem Falle liegen die Magnete außen an der Spule an.

Im Gegensatz zu den Spulen für Innenläufer (Außenspulen) ergeben sich hier weitere Einschränkungen beim Spulendesign:

1. Begrenzter Kühlbereich:
   Während die Außenspulen nach außen nahezu beliebig viel Platz zur Kühlung bieten, ist der Kühlbereich für Innenspulen begrenzt.
   Häufig ist dann eine Wasserkühlung die einzige Wahl.
2. Streufeld schwächt sich stärker ab.
   Aufgrund des nach außen zunehmenden Durchmessers schwächt sich das Feld stärker nach außen ab. Aufgrund der invertierten Wölbung liegt die Polmitte (Punkt mit geringstem Feld) nicht mehr zwischen den Leitern, sondern weiter außerhalb.
3. Das Rotorgehäuse schließt knapp über dem oberen Magnetrand ab.
   Dadurch ergibt sich teilweise sehr wenig Platz für die Wickelköpfe der Magnetisierspule.

Einige Systeme lassen sich gut von innen magnetisieren. Bei einigen ist eine Nutzung beider Seiten (Magnetisierung von innen und von außen) vorteilhaft.

Spulendurchmesser: 90 mm
Max. Rotorlänge: 30 mm
Magnetmaterial: Ferrit
Nennstrom: 3600 A
Zykluszeit: 6 Sekunden

Abb. 72: Aufbau einer luftgekühlten 8-poligen Spule mit Innen- und Außenwicklung

6.4.5 Axiale mehrpolige Rotorenspulen

Axiale Rotoren werden durch partielle Axialspulen magnetisiert, die in passender Geometrie nebeneinander angeordnet sind. Je nach Zugänglichkeit der Magnete kann die Magnetisierung einseitig (z. B. nur von unten) oder beidseitig (von oben und unten) zugleich geschehen.

Spulendurchmesser: 80 mm
Magnetmaterial: Ferrit
Nennstrom: 2800 A
Zykluszeit: 8 Sekunden

Abbb. 73: einseitiger 8-poliger Wickel für axialen Ferritring

Viele axialen Selten-Erd-Rotoren benötigen eine Magnetisierung von oben und unten zugleich („Sandwich"). Anders als bei radialen Magnetisierspulen heben sich bei axialen Magnetisierspulen die Haftkräfte zum Eisenkern der Spule nach der Magnetisierung nicht auf. Daher sind eisenlose Spulen, bei denen die Rotoren sich kraftfrei entnehmen lassen, hier von besonderem Vorteil.

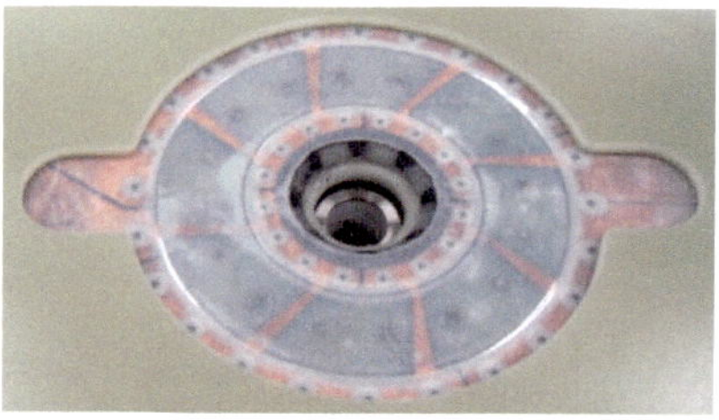

Spulendurchmesser: 158 mm
Magnetmaterial: NdFeB
Nennstrom: 35000 A
Zykluszeit: 30 Sekunden

Abbb. 74: 8-poliger Wickel für axialen NdFeB-Scheibenläufer

6.5 Kalibriergeräte

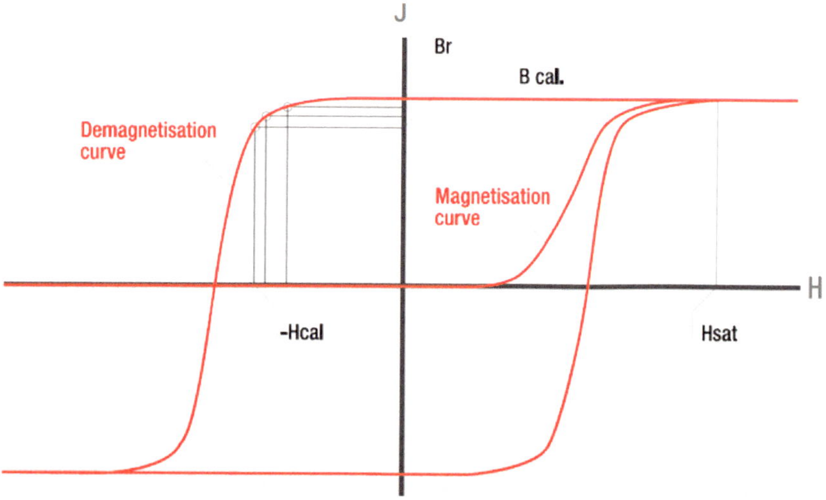

Abb. 75: schrittweise Erhöhung der Entmagnetisierung zur magnetischen Kalibrierung

Magnetsysteme lassen sich in einigen Fällen gut nach der Komplettmontage über die gesamte Toleranzkette kalibrieren. Dazu wird der Magnet im System zunächst voll aufmagnetisiert. Danach wird ein Prüfwert des Systems gemessen und die Magnetisierung durch ein Gegenfeld schrittweise so weit geschwächt, bis der Prüfwert im Zielfenster liegt. Der Magnet muss im System also leicht überdimensioniert sein, sodass die untere Grenze der Systemtoleranz noch im engen Zielfenster liegt. Der Prüfwert kann z. B. der magnetische Fluss, die magnetische Flussdichte oder auch eine Schaltschwelle eines elektrischen Stroms sein. Das Gegenfeld kann entweder durch einen einfachen Gegenpuls erzeugt werden oder durch eine ausklingende Schwingung.

Typische Anwendungen für Kalibrierung und Zielgröße:

- FI-Schutzschalter / Schaltpunkt: Strom durch Erregerspule
- Magnetische Bremsen / Schaltpunkt: Spannung an Erregerspule
- Lautsprecher mit besonderer Anforderung an Konstanz der Leistung
- Motoren mit besonderer Anforderung an Gleichheit / Geräuschminimierung, Drehmomentabgleich
- Einzelmagnete für Wanderwellenröhren (z. B. Radar-Röhren) / Flussdichte
- Drehspulinstrumente / Drehwinkel
- Leistungszähler, Tachometer / Drehwiderstand

6.5.1 Einschränkungen:

Bei der Kalibrierung werden Teilbereiche der Magnete um- bzw. entmagnetisiert. Diese Bereiche sind naturgemäß die, welche das höchste Gegenfeld erhalten. Das Gegenfeld ist abhängig von:

- Arbeitspunkt des Magneten
- Lage in der (z. T. inhomogenen) Entmagnetisierspule
- Höhe des Stromes in der Entmagnetisierspule

Aufgrund der Inhomogenität des Feldes werden also einige Bereiche bevorzugt entmagnetisiert.

Beispiel: Rundmagnet in Axialspule:
Eine Axiale Magnetisierspule erzeugt ein homogenes Feld mit zwischen 312 und 315 kA/m:

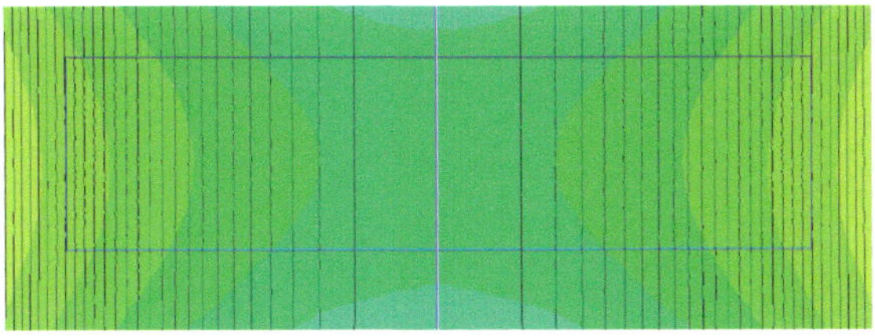

Abb. 76: Homogenes Feld einer axialen Magnetisierspule

Wird ein Magnet in die bestromte Spule eingesetzt, so verzerren sich die Flusslinien durch die Überlagerung mit seinem intrinsischen Feld.

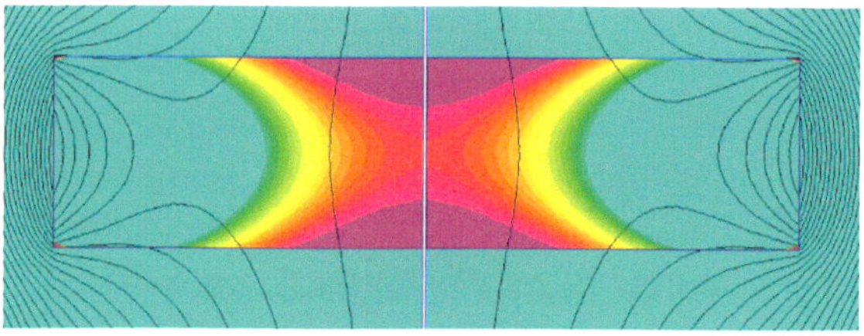

Abb. 77: Feld mit eingelegtem NfFeB-Magneten

Durch die Überlagerung seines eigenen Magnetfeldes mit dem Gegenfeld der Spule ist die Feldstärke im Magneten inhomogen. Im obigen Beispiel werden die inneren violetten Bereiche an der Ober- und Unterseite zuerst entmagnetisiert. Somit ergeben sich in diesem Fall im Zentrum der Magnete ummagnetisierte Bereiche, welche im System mitbedacht werden müssen.

Bei der Verwendung von anisotropen Magneten verläuft die Entmagnetisierkurve sehr steil. Die Magnetisierung fällt im Kniepunkt extrem schnell ab.

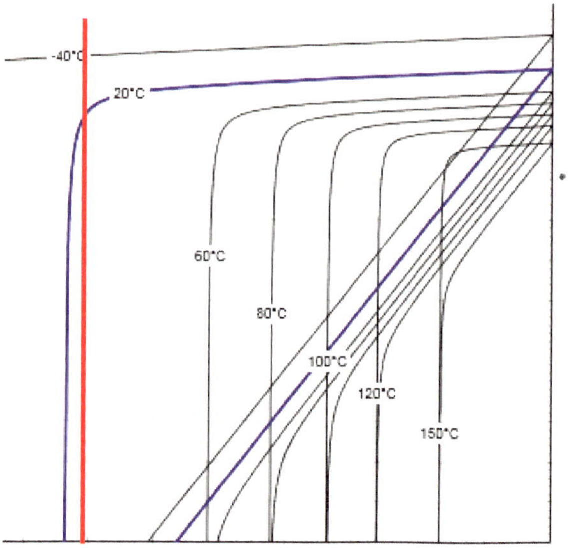

Abb. 78: Entmagnetisierkurven eines anisotropen NdFeB-Magneten

Makroskopisch ergibt sich eine Magnetisierung, welche aus dem Bereich der Vormagnetisierung minus den Bereich der Ummagnetisierung besteht. Magnete mit großer Inhomogenität lassen sich daher recht gut kalibrieren, da mit zunehmender Entmagnetisierfeldstärke zunehmende Teilbereiche ummagne-tisiert werden. In Systemen, wo der Magnet in einen Stahlrückschluss eingefasst ist (das ist z. B. bei IPM-Rotoren oder Lautsprechern der Fall), ist das Feld im Magnete eher homogen. Dann ist eine Kalibrierung von >10 % kaum einstellbar, weil ab dem Kniepunkt der gesamte Magnet auf einmal ummagnetisiert wird.

Eine generelle Verbesserung der Teilbereiche ergibt sich, wenn anstelle eines einmaligen Gegenfeldes eine Schwingung mit ausklingender Amplitude appliziert wird. Dabei wird am obigen Beispiel nicht der Innenteil des Magnetes ummagnetisiert, sondern er wird in viele einzelne entgegengerichtete Teilbereiche ummagnetisiert, welche sich makrospopisch magnetisch neutralisieren. Diese Art der Kalibrierung hat den Vorteil, dass die Teilbereiche feiner untergliedert sind. Das kann zu besserer Homogenität der Feldverteilung führen und je nach Magnetmaterial und Anwendungsfall auch zu besserer Stabilität der Magnetisierung.

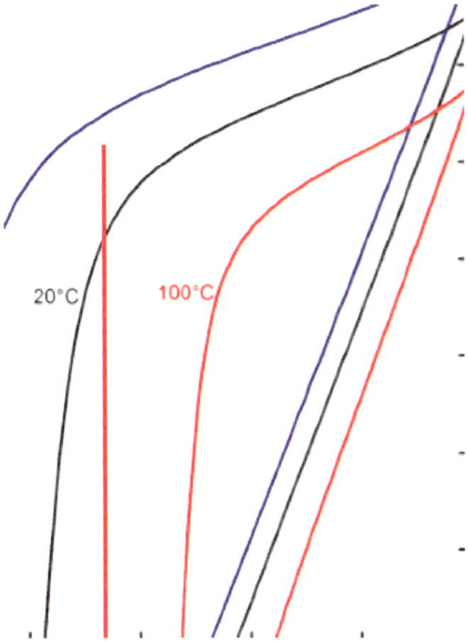

Abb. 79: Entmagnetisierkurven eines isotropen Magneten

Noch besser lassen sich Isotrope Magnete kalibrieren. Diese haben einen wesentlich weicheren Übergang bei der Ummagnetisierung. Der Kniepunkt der Entmagnetisierungskurven ist sehr viel stärker gerundet. Dadurch lässt sich der Entmagnetisierwert in einem wesentlich größeren Bereich einstellen.

6.6 Literaturverzeichnis

1, 60404-3, DIN EN. (2010-05). *Magnetische Werkstoffe – Teil 3: Verfahren zur Bestimmung der magnetischen Eigenschaften von Elektroband und -blech mit Hilfe eines Tafelmessgerätes.* Berlin: DIN e. V., Beuth Verlag GmbH.

60404-11, D. E. (kein Datum). *Magnetische Werkstoffe – Teil 11: Messverfahren für die Bestimmung des Oberflächenisolationswiderstandes von Elektroblech und -band .* Berlin: DIN e. V., Beuth Verlag.

60404-14, D. E. (kein Datum). *Magnetische Werkstoffe – Teil 14: Verfahren zur Messung des magnetischen Dipolmomentes einer Probe aus ferromagnetischem Werkstoff mit dem Abzieh- oder dem Drehverfahren.* Berlin: DIN e. V., Beuth Verlag.

60404-2, D. E. (kein Datum). *Magnetische Werkstoffe – Teil 2: Verfahren zur Bestimmung der magnetischen Eigenschaften von Elektroband und -blech mit Hilfe eines Epsteinrahmens.* DIN e. V., Beuth Verlag GmbH, Berlin.

Arnold Magnetics. (2015). *Understanding Permanent Magnets.* Arnold Magnetics Technologies Corp.

Brockhaus Messtechnik. (kein Datum). Vorträge und vertriebliche Informationen.

Parker, R. J. (1990). *Advances in Permanent Magnetism, Seite 149-154.* New York: John Wiley & Sons, Inc.

Sievert, J. A. (2000). Relationship of Epstein to SST Results for Grain-Oriented Steel. In A. P. Di Barba, *Non-Linear Electromagnetic Systems, Studies in Applied Electromagnetics and Mechanics, Vol. 18* (S. 3-6). Amsterdam: IOS Press.

Register